珍珠　琥珀　珊瑚

何明跃　王春利　编著

中国科学技术出版社
·北　京·

图书在版编目（CIP）数据

珍珠　琥珀　珊瑚 / 何明跃，王春利编著 . —北京：中国科学技术出版社，2021.7

ISBN 978-7-5046-9046-3

Ⅰ.①珍…　Ⅱ.①何…　②王…　Ⅲ.①珍珠　②琥珀　③珊瑚虫纲　Ⅳ.① S966.23 ② P578.98 ③ Q959.133

中国版本图书馆 CIP 数据核字 (2021) 第 087681 号

策划编辑	赵　晖　张　楠　赵　佳
责任编辑	赵　佳　高立波
封面设计	中文天地
正文设计	中文天地
责任校对	张晓莉
责任印制	李晓霖

出　　版	中国科学技术出版社
发　　行	中国科学技术出版社有限公司发行部
地　　址	北京市海淀区中关村南大街 16 号
邮　　编	100081
发行电话	010-62173865
传　　真	010-62173081
网　　址	http://www.cspbooks.com.cn

开　　本	889mm × 1194mm　1/16
字　　数	350 千字
印　　张	19.5
版　　次	2021 年 7 月第 1 版
印　　次	2021 年 7 月第 1 次印刷
印　　刷	北京华联印刷有限公司
书　　号	ISBN 978-7-5046-9046-3 / S · 778
定　　价	258.00 元

内容提要
Synopsis

本书对有机宝石中三个最重要的种类——珍珠、琥珀、珊瑚进行了全面系统的介绍，重点论述了它们的历史与文化、宝石学特征、分类与特征、主要品种、开采与贸易、优化处理、相似品及其鉴别、质量评价、设计加工与选佩等方面的专业知识和技能。

本书概念清晰、层次分明，语言流畅、通俗易懂，配以丰富精美的三大有机宝石的原石、裸石、成品和镶嵌首饰等典型图片，图文并茂，实用性强。读者通过对本书的学习，辅以实物观察与市场考察，可以在赏心悦目中系统掌握珍珠、琥珀、珊瑚三大有机宝石的专业知识及实用技能。

本书既可作为珠宝鉴定、销售、拍卖、评估等相关专业人员的参考书以及高等院校宝石学专业、首饰设计专业的配套教材，又可作为宝石爱好者和收藏者的指导用书。

序言
Foreword

在人类文明发展的悠久历史上，珠宝玉石的发现和使用无疑是璀璨耀眼的那一抹彩光。随着人类前进的脚步，一些珍贵的品种不断涌现，这些美好的珠宝玉石首饰，很多作为个性十足的载体，独特、深刻地记录了人类物质文明和精神文明的进程。特别是那些精美的珠宝玉石艺术品，不但释放了自然之美，魅力天成，而且凝聚着人类的智慧之光，是人与自然、智慧与美的结晶。在这些作品面前，岁月失语，唯石、唯金、唯工能言。

如今，我们在习近平新时代中国特色社会主义思想指引下，人民对美好生活的追求就是我们的奋斗目标。而作为拥有强烈的社会责任感和文化使命感的北京菜市口百货股份有限公司（以下简称“菜百股份”），积极与国际国内众多珠宝首饰权威机构和名优企业合作，致力于自主创新，创立了自主珠宝品牌，设计并推出丰富的产品种类，这些产品因其深厚的文化内涵和历史底蕴而引领大众追逐时尚的脚步。菜百股份积极和中国地质大学等高校及科研机构在技术研究和产品创新方面开展合作，实现产学研相结合，不断为品牌注入新的生机与活力，从而将优秀的人类文明传承，将专业的珠宝知识传播，将独特的品牌文化传递。新时代、新机遇、开新局，菜百股份因珠宝广交四海，以服务走遍五湖。面向世界我们信心满怀，面向未来我们充满期待。

通过本丛书的丰富内容和诸多作品的释义，旨在记录我们这个时代独特的艺术文化和社会进程，为中国珠宝玉石文化的传承有序做出应有的贡献。感谢本丛书所有参编人员的倾情付出，因为有你们，这套丛书得以如期出版。

中国是一个古老而伟大的国度，几千年来的历史文化是厚重的，当代的我们将勇于担当，肩负起中华优秀珠宝文化传承和创新的重任。

北京菜市口百货股份有限公司董事长

作者简介
Author profile

何明跃，理学博士，教授，博士生导师。中国地质大学（北京）珠宝学院党委书记，原院长。国家珠宝玉石质量检验师，教育部万名全国优秀创新创业导师。主要从事宝石学等教学和科研工作，已培养研究生百余名。曾荣获北京市高等学校优秀青年骨干教师、北京市优秀教师、北京市德育教育先进工作者、北京市建功立业标兵、北京市高等教育教学成果奖一等奖（排名第一）等。现兼任全国珠宝玉石标准化技术委员会副主任委员、全国珠宝玉石质量检验师考试专家委员会副秘书长、中国资产评估协会珠宝首饰艺术品评估专业委员会委员、中国黄金协会科学技术奖评审委员等职务，在我国珠宝行业中很有影响力。

主持数十项国家级科研项目，发表五十余篇学术论文和十余部专著，所著《翡翠鉴赏与评价》《钻石》《红宝石 蓝宝石》《祖母绿 海蓝宝石 绿柱石族其他宝石》《翡翠》等在珠宝玉石收藏和珠宝教学等方面有重要的指导作用，其中《翡翠》获自然资源部自然资源优秀科普图书奖，对宝石学领域科学研究、人才培养、公众科学普及提供有效服务。

作者简介
Author profile

王春利，研究生学历，现任北京菜市口百货股份有限公司董事、总经理，中共党员，长江商学院EMBA，高级黄金投资分析师，比利时钻石高层议会钻石分级师，中国珠宝首饰行业协会副会长、中国珠宝首饰行业协会首饰设计专业委员会主任、彩宝专业委员会名誉主席、全国珠宝玉石标准化技术委员会委员、全国首饰标准化技术委员会委员、上海黄金交易所交割委员会委员。

创新、拼搏、奉献、永争第一是菜百精神的浓缩，王春利用自己的努力把这种精神进一步诠释，“老老实实做人，踏踏实实做事”，带领菜百股份全体员工，确立了“做每个人的黄金珠宝顾问”的公司使命；以不断创新、勇于改革为目标，树立了“打造集团化运营的黄金珠宝饰品供应和服务商”这一宏伟愿景。

主要参编人员

陈捷　夏恬　时磊　邓怡　李沄沚

孙成阳　申俊峰　李晓瑶　何子豪　王鑫

聂欣　姜金培　李佳　方忆雯　张宇

郑秋婷

刘皓

前言
Preface

在珠宝玉石大家族中，有机宝石是特殊的一支，与自然界中的生物有着直接的成因关系。生命体的参与，赋予了有机宝石特殊的结构和形态，也使它们拥有了与众不同的美感和文化寓意。有机宝石在一定程度上保留了地球生命演化的记录，为人类解开地球生命和生态历史的奥秘提供了重要信息。当它们在某些地质体中出现时，会颠覆人类的认知，从而改写地球历史。这就是有机宝石，承载了生命之美、晶石之美和科学之美的自然之灵。

珍珠、琥珀和珊瑚为三大有机宝石，伴随着人类文明的进步而发展，它们的开发利用承载着深厚的历史与文化内涵。随着人们审美水平的提升和对自然生态文明认识的深入，越来越多的人追求宝石的天然独特之美，有机宝石的自然属性尤其能满足人们审美的需求。近年来，有机宝石在珠宝市场占据着重要地位，它们的物质性和文化性价值得到了世人的高度重视，展望未来，人们对有机宝石收藏与探索的热情将会持续升温。

珍珠享有“宝石皇后”的美誉，它那圆润饱满的形态和典型的珍珠光泽，真切地表达着人们对圆满、团圆和富贵美好寓意的向往。在我国的民间传说里，古代美女西施便是由珍珠托生而来，有“尝母浴帛于溪，明珠射体而孕”的美谈，而她的故乡诸暨，正是著名的珍珠之乡。自古以来，女性与美不可分割，追求美丽是女性的天性，珍珠是美丽与圣洁的化身，它有让女性变得更光彩照人的魔法。因此，珍珠成为人类最早发现并使用的华贵饰品，使无数女性为之倾心。在古代，珍珠的闪烁光彩呈现在帝王的皇冠上，成为皇权与财富的象征。中国是最早利用贝蚌养殖珍珠的国家，早在宋代就有养殖珍珠的记载，如今随着我国珍珠养殖业的发展，出产的高质量珍珠正在满足人们对美好生活的追求，使珍珠焕发崭新的时尚魅力。

琥珀柔和明亮的树脂光泽和绚丽缤纷的颜色，赋予其独特的质感和美丽，琥珀是已知宝石中最轻的品种，显示出独有的飘逸和灵动。中国的传统文化认为琥珀有趋吉避凶、禅定心境等奇妙功效。琥珀是由松科、柏科等植物的树脂经数千万年以上的石化作用而形成的有机物，其品种极为丰富，按照其外观和内部包裹体的特征，划分为金珀、血珀、棕珀、茶珀、蓝珀、蜜蜡、根珀、花珀、虫珀、植物珀、水胆珀、矿物珀等十余个品种。琥珀中有丰富的动植物和矿物包裹体，将数十甚至数百个百万年前的生物包裹保存在内部。有“天然时间胶囊”特征的琥珀生动地展示出古生物时期的生态环境，为现代科学尤其是古生物学的研究提供了重要信息，也为科学家解密地球生命演化历史提供了直接证据和基因密码。

珊瑚是由海洋中的珊瑚虫长时间缓慢地累积分泌物堆砌而成，生长于几十至几千米深的海底世界。根据生物种属的不同，常见品种有阿卡珊瑚、莫莫珊瑚和沙丁珊瑚等，各具特色。“千年珊瑚万年红”，自古以来，珊瑚是尊贵祥瑞的象征。汉武帝时期，珊瑚经丝绸之路传入中原，开启了珊瑚在中国的权贵之路。随着珊瑚捕捞和贸易的严格限制，使得珊瑚原料更加珍稀。千年的历史积淀，承载带着吉祥、幸福、永恒的寓意和独有的魅力，珊瑚是不可多得的宝贵财富。

本书是在我国珠宝玉石市场蓬勃发展的形势下，为满足广大从业人员及爱好者对主要有机宝石品种实用知识和鉴别技能的需要编写出版的。在撰写过程中，作者多次考察珍珠、琥珀、珊瑚的产地和市场，并对国内外的各大珠宝展进行实地调研，掌握了这些有机宝石从开采、设计、加工到销售的系统过程和一手资料。在调研的基础上，与众多同行专家、研究机构、商家进行了深入交流和探讨，系统查阅了发表和出版的有关论文及专著等研究成果。同时，还全面收集整理了北京菜市口百货股份有限公司（以下简称“菜百股份”）多年珍藏品的实物、图片和资料，总结了珠宝业务与营销人员的实际鉴定、质量分级、挑选和销售的知识与经验。菜百股份董事长赵志良勇于开拓、锐意进取，长期积极倡导与高校及科研机构在技术研究和产品开发等方面的合作。菜百股份总经理王春利亲自带领员工到国内外珠宝产地、加工镶嵌制作和批发销售的国家和地区进行调研，使菜百股份在技术开发和人才培养方面取得了很大进展。

本书对有机宝石中三个最重要的种类珍珠、琥珀、珊瑚进行了全面系统的介绍，重点论述了它们的历史与文化、宝石学特征、分类与特征、主要品种、开采与贸易、优化处理、相似品及其鉴别、质量评价、设计加工与选佩等方面的专业知识和技能。这些内容反映了校企在宝玉石领域的合作研究中取得的丰硕成果，将对珠宝玉石行业从业人员和收藏爱好者有很大的指导作用。

本书由何明跃、王春利负责撰写，其他参与人员有陈捷、夏恬、时磊、邓怡、李沄沚、孙成阳、申俊峰、李晓瑶、何子豪、王鑫、聂欣、姜金培、李佳、方忆雯、张宇、郑秋婷、刘皓等。在本书的前期研究以及撰写过程中，我们得到了国内外学者、机构、学校和企业的鼎力支持，国家科技资源共享服务平台（国家平台）“国家岩矿化石标本资源共享平台”（http://www.nimrf.net.cn）提供了丰富的图片和资料，中国珠宝玉石首饰行业协会、欧亿珠宝、中国科学院动物研究所、台湾大东山珊瑚宝石股份有限公司等为本书提供了典型特色的原石、首饰和作品图片，在此深表衷心的感谢。

目录
Contents

第一篇　珍　珠

第二篇　琥　珀

第三篇　珊　瑚

Part 1
第一篇

珍珠

第一章

Chapter 1

珍珠的历史与文化

在珠宝界，珍珠享有“宝石皇后”的美誉，其形态圆润饱满，具有与众不同的珍珠光泽，被人们赋予圆满、团圆和富贵的美好寓意（图 1-1），是六月份的生辰石和结婚三十周年的纪念石。

世界上发现最早的珍珠化石产于匈牙利的三叠纪地层中，该地层距今已有两亿年的历史。作为一种非常古老的宝石，在漫长的历史长河中，珍珠跨越了时间和地域的界限，出现在世界各个角落，深受人们喜爱。

图 1-1　珍珠项链局部图
（图片来源：摄于中国国家博物馆宝格丽珠宝展）

第一节

珍珠名称的由来

一、珍珠中文名称的由来

“珠”字早在篆书中就已出现，最初就是专用来指珍珠的。东汉许慎所著《说文解字》对“珠”的解释是，“珠（写作 珠），蚌之阴精，从玉朱声”。在汉以前的文献中，珍珠都称“珠”。而单字词“珠”演变为双字词的“珍珠”，主要有两种说法。

一种说法是：最初的“珠”字确实是专指珍珠，东汉班固的《汉书》提道：“二郡在大海中，崖岸之边，出真珠，故曰珠崖。”（东汉应劭注。）但随着生产力的不断进步，人类认知也不断开阔，具有圆润外表的不只局限于天然的珍珠了，如东汉《神农本草经》云：“青琅玕……一名石珠，一名青珠。”颜师古注：“琅玕，石之似珠者也。”许多圆而小的宝石及其他球状物也渐渐开始混称为“珠”，如清代段玉裁的《说文解字注》中指出：“出于蚌者为珠，则出于地中者为似珠。”而古代同音不同字现象非常普遍，最初的“真”逐渐演变成现在的“珍”。我们可以看到，许多医学典籍中仍沿用“真珠”一词，字典里“真珠”也都同“珍珠”。

另一种说法是：“珍”字本身就是对“珠”的描述。“珍珠”二字连在一起出现最早是在西汉刘向的《战国策》中，有“君之府藏珍珠宝石”之语。很明显，此处“珍珠”并非如今的珍珠，“珍”“宝”都是来形容“珠”和“石”的。“珍，宝也”，珍珠即为宝珠之意。也有学者认为，珠之较轻者称为“珍珠”，较重者称为“宝珠”，清代王士祯的《香祖笔记》中有“珠重七分为珍珠，八分为宝珠”的说法。

二、珍珠英文名称的由来

珍珠的英文名称为Pearl。Pearl一词源于法语Perle，而Perle一词是源于拉丁文Perna，原意是指产于那不勒斯和西西里岛附近的一种海洋双壳类贻贝。关于它的记载很少，古罗马博物学家普林尼将其描述为“羊腿形状的贻贝”，而这种贻贝很有可能就是一种原始的珍珠母贝。

珍珠的另一个英文名称Margarite，源于法语Margaret，词源为拉丁文Margarita，由古代波斯梵语衍生而来，字面的意思为“海中之石”，在梵语中类似于“繁花”之意，也意为“珍贵的、优秀的、无价的品质或属性”，后成为女性的名字，后有印度语言学家研究认为其有“珍珠”之意。

第二节

珍珠的历史与文化

早在远古时期，人们就发现了这种由双壳类贝蚌体内分泌物质而成的有机宝石，并对其加以利用。

我国先秦古籍《山海经》有明确记载:“楚水出焉，而南流注于渭，其中多白珠。”也就是说，早在两千多年前，我国古人就已经发现了白色珍珠，并将它记录了下来。而在战国时期魏国人所著的《尚书·禹贡》中，有“厥贡惟土五色，……淮夷玭珠暨鱼”的说法，其中的“玭”意思是蚌，根据这个记载，可以推断出早在四千多年前的大禹时代，珍珠已经被定为贡品了。

一、珍珠的传说故事

（一）国内的珍珠传说故事

珍珠在中国古代的神话故事中有着非常重要的地位，自古便有诸多与之相关的传说，在许多著名的神话古籍中均有记载。

1. 点露成珠

汉代郭宪所著的《别国洞冥记》卷一有记载："元光中，帝起灵寿坛，坛上列植垂龙之木，似青梧，高十丈。有朱露，色如丹，汁洒其叶，地皆成珠。"这是后世流传的汉武帝时期有关珍珠的一则神奇之事。垂龙之木上面的露水落地皆化为珍珠，这个情节和先民对珍珠由来的理解密切相关。《庄子・列御寇》写道："夫千金之珠，必在九重之渊而骊龙颔下。"意思是价值千金的宝珠必定在深渊中骊龙的颔下，也侧面说明古人认为珍珠的由来与龙有关。

2. 鲛人泣珠

《别国洞冥记》卷二又有记载："乘象入海底取宝，宿于鲛人之舍，得泪珠，则鲛所泣之珠也，亦曰泣珠。"这个故事是渔人下海取宝的神奇经历：住在鲛人的居所，得到了鲛人的眼泪，而这眼泪就是珍珠。鲛人泣珠的故事在后世也多有记载，晋代张华的《博物志》中有"鲛人从水出，寓人家，积日卖绢，将去，从主人索一器，泣而成珠满盘，以与主民。"这里的鲛人借住于人家，并以珍珠为报。同时代干宝的《搜神记》卷十二也有记载："南海之外有鲛人，水居如鱼，不废织绩。其眼泣，则能出珠。"

3. 黑蚌育珠

东晋王嘉的《拾遗记》中记载了春秋时期千年黑蚌生奇珠的故事。黑蚌能飞，历经千年而生珠，此珠有"销暑招凉"之奇效。原文如下：

> 昔黄帝时，雾成子游寒山之岭，得黑蚌在高崖之上，故知黑蚌能飞矣。至燕昭王时，有国献于昭王。王取瑶漳之水，洗其沙泥，乃嗟叹曰："自悬日月以来，见黑蚌生珠已八九十遇，此蚌千岁一生珠也。"珠渐轻细。昭王常怀此珠，当隆暑之月，体自轻凉，号曰"销暑招凉之珠"也。

4. 感月生珠

我国民间常有"千年蚌贝，感月生珠"的说法，这与上文提到的千年黑蚌生珠有相似之处，认为珍珠是蚌吸收月之精华而成。康熙年间屈大钧的《广东新语・货语》谈珍珠的生成也是这种说法，并有诗一首：“珠池千里水茫茫，蚌蛤秋来食月光。取水月中珠有孕，精华一片与天长。”

关于珍珠的故事还有很多，如凡人向神仙索珠、美女由珍珠孕育而来等，可以看到，在这些传说故事中，多以对珍珠由来的演绎为主，并且珍珠均是以宝物的形象出现。这些传说，体现了人们对于珍珠的好奇和求索，由露珠到鲛珠再到蚌珠，故事的变化也是人们认知不断进步的过程。

（二）国外的珍珠传说故事

在波斯神话中，珍珠是神的眼泪，满月时的泪水会变成浑圆的珍珠，月愈亏珍珠形状愈奇异；罗马人则将珍珠的诞生同爱与美之神维纳斯结缘，传说当她由充满泡沫的蚝壳沐浴完毕走出来时，其身上滴下的水珠被她发出的光彩凝结成珍珠（图 1-2）；丹麦人将珍珠与美人鱼联系在一起，美人鱼思念王子而不得，泪洒相思地，被守护在身边的母贝珍藏起来，时间长了，眼泪就变成颗颗珍珠；而古印度人认为，珍珠是海底的大贝浮到海面，吸收了天上降下的雨露育成。

国内外关于珍珠的传说故事不胜枚举，这些故事有一个共同的特点，那就是珍珠往往都是美丽与圣洁的化身。千百年来，人们用自己的奇思妙想，为珍珠的诞生增添了层层神秘绚丽的色彩。珍珠承载着人们对美好生活的祝愿，愈加散发出迷人的光彩。

图 1-2　油画《维纳斯的诞生》（意大利画家桑德罗·波提切利）
（图片来源：Wikimedia Commons，Public Domain）

二、珍珠与皇权

古代养殖技术不够发达，珍珠大多为天然珍珠，难于采集。这使得珍珠成为稀贵之物，往往作为贡品进献给掌权者，平民难以拥有。千百年来，珍珠的光彩闪烁在帝王的皇冠、贵妇的装饰、佛像的宝座上，是皇权与财富的象征。

（一）国内

据《海史·后记》记载，早在四千多年前，中国传说中五帝之一的大禹将“南海鱼草、珠玑大贝”定为贡品，这里的“珠玑”便指珍珠。在此后各时代的记载中，珍珠主要是官采官用，对老百姓中采珠用珠者限制甚严。

到了清代，承袭明制，官府继续控制珍珠的开发和使用，并以高价收购。朝珠是清代冠服制度中最有特色的一个组成部分，据《大清会典》记载，只有皇帝、皇太后、皇后可以佩戴东珠制成的朝珠（图 1-3）。历代统治者为维护其统治地位都要制定一整套的礼仪法规，而冠服制度正是其重要部分，其目的是辨等威、昭品秩。朝珠一般用名贵的珍珠、珊瑚、青金石、红宝石等串制而成，尤其以珍珠朝珠最为珍贵（图 1-4）。乾隆四十五年（1780 年）明确规定：“真珠朝珠，定例惟御用，至皇子及亲王郡主不但不准戴用真珠，即东珠亦不准用，嗣后分封王爵俱不必赏给珠子朝珠。”东珠又称北珠，是产于我国东北地区的淡水珍珠，由此我们看到，清制规定东北地区满族特产的东珠朝珠只有皇室中地位最高的帝、后可以用，其他任何人都不可以用，即以珍珠作为至高无上权力的象征。珍珠因其珍贵，还与黄金、翡翠及各色珠宝搭配，运用到凤冠（图 1-5）、耳坠（图 1-6）、手镯（图 1-7）和带扣（图 1-8）等首饰中，使首饰奢华无比，也更衬托佩戴者身份的尊贵。

图 1-3　清代咸丰皇帝佩戴珍珠朝珠画像
（图片来源：Wikimedia Commons，Public Domain）

图 1-4　东珠朝珠（清代）
（图片来源：摄于故宫博物院）

图 1-5　金累丝嵌珍珠宝石五凤钿（清代）
（图片来源：摄于故宫博物院）

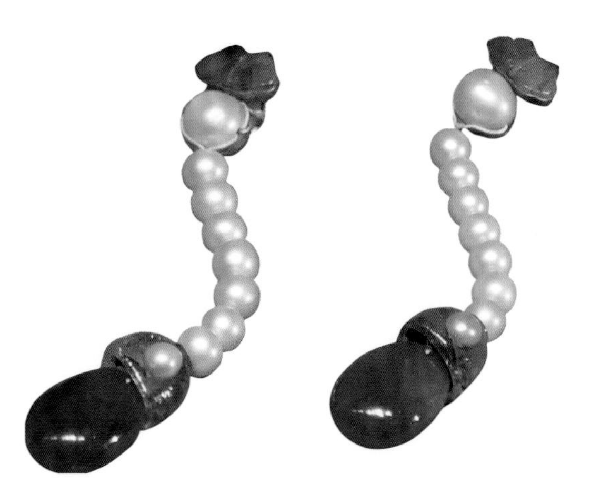

图 1-6　金镶珠翠耳坠（清代）
（图片来源：摄于故宫博物院）

图 1-7　金錾双龙戏珠镯（清代）
（图片来源：摄于故宫博物院）

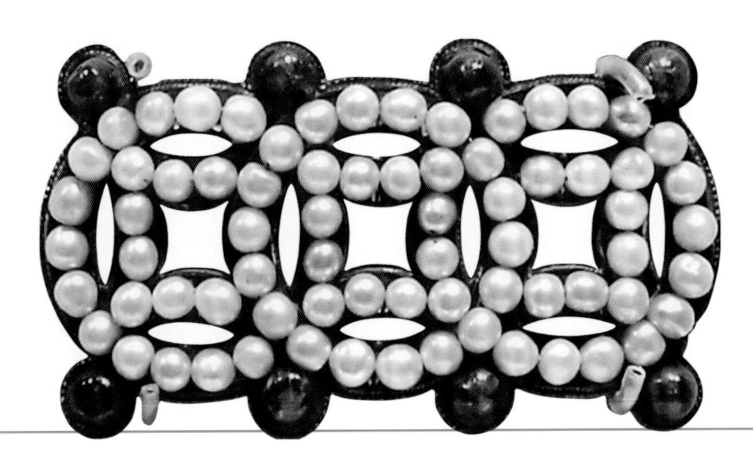

图 1-8　金嵌珍珠和红宝石带扣（清代）
（图片来源：摄于故宫博物院）

（二）国外

大约在公元前 200 年，古埃及贵族已开始使用珍珠首饰。古代东方人通过交流把珍珠传给古罗马人，在罗马帝国的早期，珍珠非常珍稀，只有在正式场合才允许佩戴。1530 年之后，欧洲许多国家更是为珍珠立法，规定人们必须按照社会等级佩戴珍珠，珍珠正式成为地位与身份的象征。英格兰女王伊丽莎白一世就极其钟爱珍珠，不仅佩戴珍珠项链，她的衣服甚至发饰上都会使用大量的珍珠（图 1–9）。1612 年，英王室立法，规定除王室外，一般贵族、专家、学者及其夫人不得穿着镶有珍珠的服饰，亦不得将其使用在其他装饰之中，普通平民就更不允许。如此苛刻的规定，珍珠的地位可见一斑。欧洲的所谓珍珠时代，也正是从此时开始（图 1–10、图 1–11）。

图 1–9　英格兰女王伊丽莎白一世佩戴珍珠首饰
（图片来源：Wikimedia Commons，Public Domain）

图 1–10　玛丽亚·费奥多罗夫娜皇后佩戴珍珠项链
（沙皇亚历山大三世妻子）
（图片来源：Wikimedia Commons，Public Domain

图 1–11　镶嵌大颗粒水滴形珍珠的冠冕（曾属于摩纳哥夏洛特王妃，现藏于摩纳哥亲王宫）
（图片来源：摄于故宫博物院卡地亚珠宝展）

三、珍珠与女性

自古以来，女性便与美不可分割，追求美丽是女子的天性。珍珠作为人类最早发现并使用的珠宝饰品之一，自然与女性有着不解之缘。在我国的民间传说里，古代美女西施便是由珍珠托生而来，有“尝母浴帛于溪，明珠射体而孕”的说法，而她的故乡诸暨，正是著名的珍珠之乡。

珍珠是华美的化身，它有让女性变得更光彩照人的魔法。千百年来，无数女子为它倾心，在许多品牌的高级定制珠宝中也从来不缺珍珠的身影。戴安娜王妃曾经说，“如果女人只能拥有一件珠宝，必是珍珠”，她常佩戴珍珠首饰出席活动（图 1-12），那件著名的王冠“珍珠泪”，也随着戴妃的佩戴而被留在人们记忆里（图 1-13）。

图 1-12　戴安娜王妃佩戴珍珠耳钉和项链
（图片来源：John Mathew Smith & celebrity-photos.com，Wikimedia Commons，CC BY-SA 2.0 许可协议）

图 1-13　戴安娜王妃佩戴“珍珠泪”王冠
（图片来源：www.popsugar.com，Public Domain）

清代的慈禧太后，一生享尽奢华，在诸多宝石中她对珍珠也是青睐有加，遍寻慈禧太后留存下来的画像和照片，几乎都有佩戴由珍珠做成的饰品（图 1-14）。此外，慈禧还用珍珠制品来延缓衰老、养颜驻容，长达数十载进行内服和外敷。有文物考古专家统计，光是在慈禧棺椁内出土的珍珠，就多达 23540 颗。故宫中也珍藏了许多清代皇后及妃嫔们的珍珠首饰，如镶珍珠手镯（图 1–15）、戒指（图 1–16、图 1–17）、耳饰（图 1–18）等。

图 1–14　慈禧太后身穿珍珠编制的披肩
（图片来源：拍摄者 Daderot，Wikimedia Commons，CC01.0 许可协议）

图 1–15　金累丝镶珍珠手镯（清代）
（图片来源：摄于故宫博物院）

图 1–16　珍珠配钻石戒指（清代）
（图片来源：摄于故宫博物院）

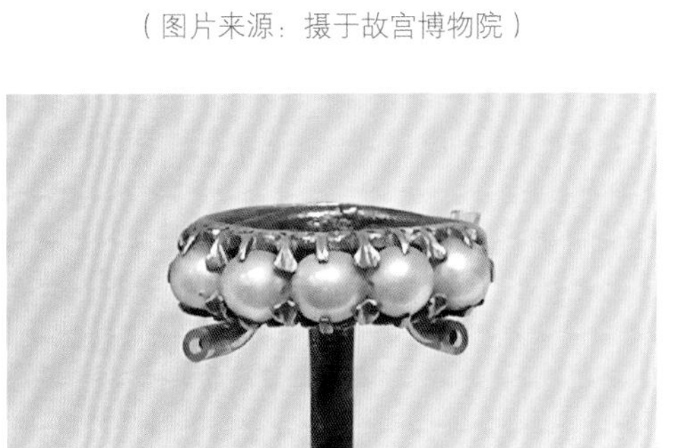

图 1–17　金镶珍珠戒指（清代）
（图片来源：摄于故宫博物院）

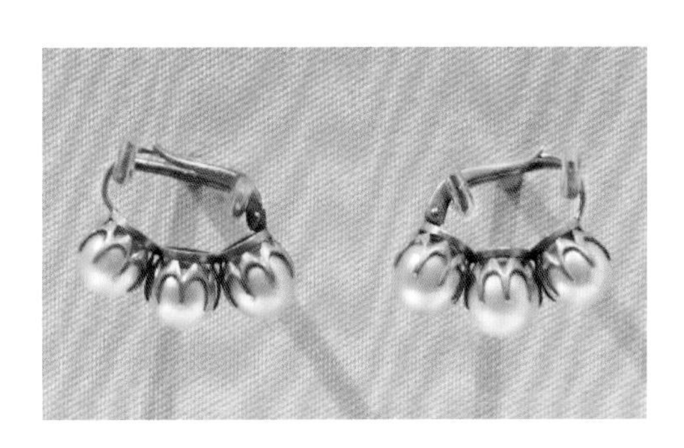

图 1–18　金镶珍珠耳环（清代）
（图片来源：摄于故宫博物院）

第三节

世界著名珍珠

一、老子之珠

老子之珠（Pearl of Lao Tzu）也叫“真主之珠”，曾是世界上最大的天然海水珍珠，长 24.1 厘米，宽 13.9 厘米，重 6350 克，形似人脑（图 1-19）。传闻它被命名为“老子之珠”，因一位美籍华人见到该珍珠时，惊呼上面有老子的面容。

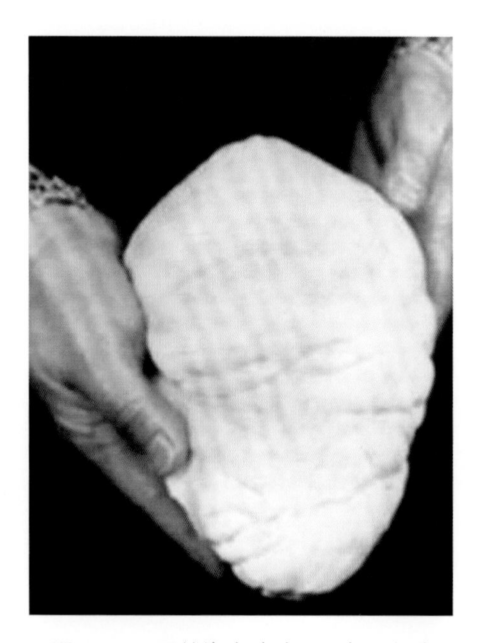

图 1-19　天然海水珍珠——老子之珠
（图片来源：Wikimedia Commons，Public Domain）

据资料，这颗珍珠被发现于菲律宾的巴拉旺海湾之中。1934 年 5 月 7 日，一群达雅人的孩子潜入海中捕捞海产品，当他们上岸以后发觉少了一个小孩。最终经过打捞发现这个小孩在潜水的时候，被砗磲贝夹住了一只脚无法挣脱溺水而亡。人们将砗磲贝一起打捞出来，意外地在贝中发现了这颗巨大的异形珍珠。老子之珠在 1939 年至 1979 年期间，先属于威尔伯恩·科布（Wilburn Cobb），后属于约瑟夫·博尼切利（Joseph Bonicelli）、彼得·霍夫曼（Peter Hoffman）、维克多·波比什（Victor Barbish）三人共同拥有。

二、坎宁海神珍珠

坎宁海神珍珠（The Canning Jewel）为文艺复兴时期精美珠宝首饰的范例，16 世纪在德国南部制作完成（图 1-20）。首饰作品高 10.5 厘米、宽 6.5 厘米、深度 1.6 厘米，为人鱼形状，相传代表“人鱼”和“海神”。首饰主体部分由一颗形似躯干的巴洛克珍珠构成，头部、胳膊由黄金和珐琅构成，胡子、头发、手镯为黄金，双手分别持由珐琅与宝石修饰的盾牌和土耳其短刀，尾巴用多种颜色的珐琅和宝石镶嵌，下面还垂有三颗巴洛克珍珠以保持平衡。相传一位公爵将其购买并赠予莫卧儿王朝的一位皇帝，之后又传给印度总督——坎宁，因此称之为“坎宁海神珍珠”，该藏品现存于伦敦维多利亚博物馆。

图 1-20　坎宁海神珍珠
（图片来源：Victoria & Albert Museum，London）

三、亚洲之珠

亚洲之珠（Asia Pearl）长 10 厘米，宽 6~7 厘米，重 121 克，在波斯湾采得，是当时发现的最大的天然珍珠（图 1-21）。由波斯的阿拔斯大帝将其买下赐予其“亚洲之珠”之名。之后的一位波斯国王将其送给中国清代的乾隆皇帝。慈禧太后掌权时，在这枚异形珍珠上搭配了碧玺。1918 年曾在中国香港出现，当时被教会所收藏。第二次世界大战后在法国巴黎出售，此后便渺无踪迹。

图 1–21　亚洲之珠
（图片来源：Wikimedia Commons，Public Domain）

四、霍普珍珠

霍普珍珠（Hope Pearl）是一粒天然附壳珍珠，重 90 克，长 6.35 厘米，周长 8.25~11.5 厘米（图 1–22）。最早为伦敦银行家亨利・菲利普・霍普所收藏，著名的蓝色名钻“希望之钻”也是因曾为他拥有而得名。霍普珍珠曾与霍普的其他珠宝共同展览数年，1886 年投入市场，1908 年英国皇家珠宝大师加德拉以 9000 英镑将霍普珍珠购得，1974 年被私人收藏家 H.E. 穆罕默德（H.E.Mohammed）以 20 万美元买下。

图 1–22　霍普珍珠
（图片来源：www.juwelier-koester.de）

五、女摄政王珍珠

女摄政王珍珠（La Regente Pearl）是世界上已发现的名列前几位的天然大珍珠。女摄政王珍珠呈卵形，原重 22.49 克，现重 19.63 克（图 1–23）。它曾由法兰西第一帝国皇帝拿破仑一世拥有，1811 年被镶嵌在王冠上送给他的第二任妻子玛丽·路易斯。玛丽·路易斯后被任命为摄政王，女摄政王珍珠也因此得名。随着帝国的灭亡，这枚珍珠先后成为法国路易十八、拿破仑三世、俄罗斯优素波夫王子等人的藏品，如今在匿名收藏家手中。

图 1–23　女摄政王珍珠
（图片来源：Dennis Hayoun，www. veranda.com）

六、巴罗达珍珠

巴罗达珍珠（Baroda Pearls）项链曾为巴罗达大公夫妇所有，由此得名（图 1–24）。它原有七股，在 1948 年后断裂得只剩两股，所剩的巴罗达珍珠项链由 68 颗直径为 9.47~16.04 毫米的圆形饱满的天然珍珠组成，无论是在光泽还是颜色方面它都近乎完美。

2007 年 4 月 25 日，该条珍珠项链在美国纽约佳士得拍卖行以 710 万美元的天价成功拍卖。

图 1–24　巴罗达大公佩戴七股天然海水珍珠的巴罗达珍珠项链
（图片来源：Wikimedia Commons，Public Domain）

七、漫游者珍珠

2011 年 12 月，佳士得以 1180 万美元售出配以红宝石、钻石的漫游者珍珠（La Peregrina Pearl）项链，打破了巴罗达珍珠项链 710 万美元的成交纪录。漫游者珍珠是现存最大、最对称的水滴形珍珠，重达 55.95 克拉（1 克拉 =0.2 克），但仅凭这一点，远远没有使其达到应有的高价，漫游者珍珠背后近五个世纪的历史，给予了它无与伦比的光辉。16 世纪中叶，一个奴隶在当时是西班牙殖民地的巴拿马湾发现了漫游者珍珠。珍珠被献给了皇帝腓力二世，腓力二世将其作为聘礼送给了英格兰女王玛丽一世，玛丽一世对其甚是喜爱，在许多她的画像中都能见到漫游者珍珠的身影（图 1–25）。玛丽一世在 1558 年逝世，伊丽莎白一世继位，漫游者珍珠也回归西班牙。在之后 150 年里，它为西班牙皇室所珍藏。1808 年，拿破仑的兄长约瑟夫接掌西班牙，他在离开时带走了包括漫游者珍珠在内的一系列皇室珠宝。从此，漫游者珍珠开始了它的旅程，也由此得名，La Peregrina 正是法语中流浪者的意思。约瑟夫去世后，漫游者珍珠作为遗产留给了他的侄子拿破仑三世，他又将它卖给了阿伯康公爵一世詹姆斯・汉密尔顿。1969 年，汉密尔顿家族将其交给索斯伦敦拍卖行，理查德・伯顿以 37 万美元的价格拍下了漫游者珍珠，伯顿作为情人节礼物送给了伊丽莎白・泰勒。而后泰勒交给了卡地亚，依照玛丽一世的一幅画像中的样子重新设计镶嵌（图 1–26）。伊丽莎白・泰勒于 2011 年 3 月香消玉殒，九个月后佳士得对泰勒的一系列收藏品进行拍卖，其中漫游者珍珠成交价为 1180 万美元。

图 1–25　玛丽一世佩戴天然海水珍珠的漫游者珍珠项链（1542—1587）
（图片来源：Wikimedia Commons，Public Domain）

图 1–26　伊丽莎白・泰勒重新镶嵌的天然海水珍珠漫游者珍珠项链
（图片来源：Erika W，www.pricescope.com）

第二章

Chapter 2

珍珠的宝石学特征

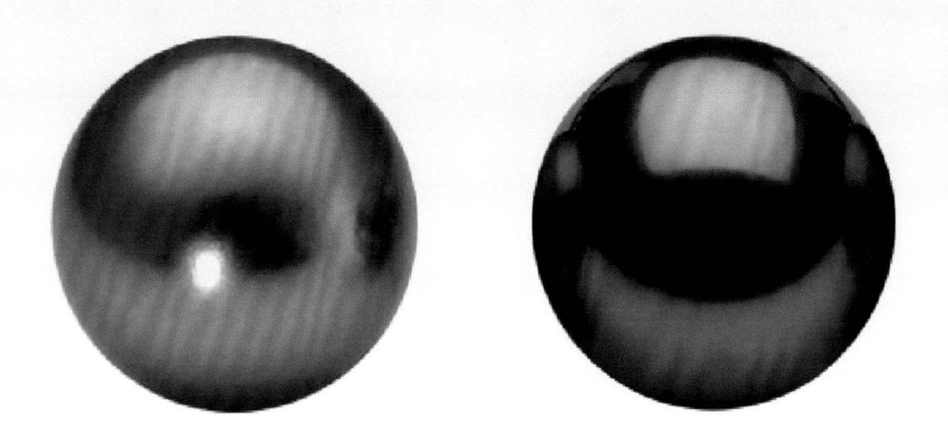

珍珠由贝类、蚌类等动物体内的分泌物层层包裹而成，无机成分和有机成分在其中奇妙组合。特殊的生长方式造就了珍珠独特的同心环状结构和表面花纹，其光泽柔和，颜色多变且带有伴色和晕彩。这些珍珠独有的外观特征与其成分和结构密不可分。

第一节

珍珠的组成成分

珍珠的化学成分包括无机和有机两部分。根据化学成分测试，不同种类的珍珠，总体上无机成分占 90% 以上，有机成分占数个百分数，还含有少量水，具体的化学成分含量有一定差异性（表 2–1）。

表 2–1　珍珠的化学成分　　单位：%

	天然珍珠[①]	海水养殖珍珠珍珠层[②]	淡水养殖珍珠珍珠层[③]
无机成分	91.49	92.67	96.51
有机成分	6.39	7.07	2.65
水	1.78	0.66	0.29

注：表中为珍珠层的化学成分。
据：①赵前良，1991 年；②周佩玲，1994 年；③周佩玲，1994 年。

一、无机成分

海水珍珠与淡水珍珠的物质组成均比较单一，无机成分质量分数占 91 % 以上，主要为碳酸钙（$CaCO_3$）和极少量碳酸镁（$MgCO_3$），还含有少量水。其中碳酸钙以文石为主，方解石和球文石含量较少。碳酸钙胶体经脱水、结晶成纤维状或板状的球文石，再逐渐转变成文石和方解石，有时会保留少量球文石。

珍珠还含有铜（Cu）、铁（Fe）、锌（Zn）、锰（Mn）、镁（Mg）、铬（Cr）、锶（Sr）等十余种微量元素。海水珍珠与淡水珍珠的微量元素成分差异较大，海水珍珠明显富含镁、钠（Na）、钾（K）、锶、铁和锌，而贫锰和钡（Ba）；淡水珍珠富含锰和钡，并且锶含量比海水珍珠要低（表 2-2）。微量元素的种类和含量对珍珠的颜色及品质都会有一定影响。金色、奶油色珍珠主要含有铜、银（Ag）等金属元素；紫色珍珠略富含镁、硅（Si）、锰、锶；橙色珍珠明显富含铁、略富含钡；桃红色珍珠中锰、镁、钠等含量较高；银色珍珠含锰、钠、钛（Ti）等金属元素。另外，珍珠中锌、钛、钒（V）、银、镁等元素的含量随颜色加深而增加，光泽也随之增强（表 2-3）。

表 2-2　淡水养殖珍珠与海水养殖珍珠化学成分分析结果　　单位：%

元素	白色淡水无核珍珠	白色海水珍珠的珍珠层	元素	白色淡水无核珍珠	白色海水珍珠的珍珠层
钙	37.98	37.24	钡	0.041	0.015
镁	0.0039	0.0289	铁	0.0005	0.0013
硅	0.084	0.13	锰	0.0286	0.0004
磷	0.021	0.014	铜	0.00015	0.00017
铝	0.0009	0.0035	锌	0.00041	0.0097
钠	0.259	0.603	镍	0.00009	0.00001
钾	0.0056	0.0159	钴	<0.00005	<0.00005
锶	0.0394	0.0822	铬	0.000008	0.000002

据：李立平，2009 年。

表 2-3　不同颜色珍珠中金属离子的含量　　单位：毫克 / 千克

	铜	铁	锌	锰	镁	铬	钛	钒	铝	银	钴
白色珍珠	<0.1	<0.1	121	731	40.9	<0.1	<0.1	<0.1	<0.1	<0.1	0.1
橙红珍珠	<0.1	<0.1	200	566	47.9	<0.1	1.35	1.22	<0.1	<0.1	0.1
紫色珍珠	<0.1	<0.1	945	515	154	<0.1	7.9	1.60	<0.1	4.1	0.4

据：张蓓莉，2006 年。

二、有机成分

珍珠中有机成分质量分数大约占 5%，主要是壳角蛋白、多种有机色素、少量糖类

及卟啉类化合物等。运用蛋白质水解法处理珍珠样品会得到不同的氨基酸，一般淡水珍珠含有十八种氨基酸（包含七种人体必需氨基酸），海水珍珠中含有的氨基酸更丰富，如合浦珍珠含有全部八种人体必需氨基酸，十余种与人体生命代谢密切相关的氨基酸以及新发现的具有特殊活性的非蛋白质氨基酸（表 2-4）。

表 2-4　珍珠中氨基酸分析结果　　单位：%

	渭塘淡水珍珠①	诸暨淡水珍珠②	合浦海水珍珠③	淡水养殖珍珠（白色）	淡水养殖珍珠（黄色）	淡水养殖珍珠（紫色）	合浦珠母贝珍珠质层④
天门冬氨酸	0.32	0.29	0.36	0.332	0.327	0.315	0.39
谷氨酸	0.19	0.15	0.28	0.465	0.471	0.503	0.13
丝氨酸	0.15	0.12	0.16	0.231	0.226	0.238	0.12
甘氨酸	0.42	0.37	0.33	0.465	0.471	0.503	0.43
苏氨酸	0.05	0.04	0.08	0.051	0.056	0.057	0.07
组氨酸	0.04	0.03	0.05	0.019	0.021	0.019	0.03
丙氨酸	0.36	0.42	0.34	0.663	0.677	0.712	0.39
精氨酸	0.11	0.11	0.13	0.146	0.156	0.176	0.14
酪氨酸	0.10	0.07	0.11	0.038	0.040	0.035	0.10
缬氨酸	0.10	0.07	0.11	0.088	0.091	0.093	0.05
蛋氨酸	0.02	0.02	0.02	0.066	0.078	0.080	0.01
苯丙氨酸	0.15	0.10	0.13	0.155	0.160	0.162	0.08
异亮氨酸	0.07	0.06	0.08	0.042	0.048	0.046	0.05
亮氨酸	0.14	0.13	0.15	0.184	0.178	0.175	0.16
赖氨酸	0.09	0.06	0.11	0.087	0.093	0.106	0.04
脯氨酸	0.12	0.06	0.16	0.033	0.045	0.066	0.06
总含量	2.43	2.10	2.60	3.065	3.138	3.286	2.25

据：①②③④周佩玲，2004 年。

珍珠内所含有机物的种类在一定程度上影响其颜色，在已有研究中被讨论最多的有机色素有类胡萝卜素和金属卟啉。

根据珍珠所含有机物的拉曼光谱特征，有学者认为以类胡萝卜素为主的复杂有机物的出现及含量变化是淡水养殖珍珠呈色的主要原因；而另有学者对不同颜色的淡水珍珠进行测试后发现，谱线中仅出现类似聚乙炔物质的拉曼峰，而并未出现类胡萝卜素的拉曼峰。因此，类胡萝卜素使有色淡水珍珠呈色一说仍有待更深入探究。

珍珠中的金属卟啉主要有铜卟啉、铁卟啉、镁卟啉、锌卟啉、锰卟啉等，不同的金属卟啉影响珍珠产生不同的颜色。研究表明，根据珍珠有机提取物电感耦合等离子发射光谱（ICP-AES）分析结果，淡水白色珍珠的颜色与镁卟啉和锌卟啉有关；粉色珍珠的颜色与镁卟啉和铁卟啉有关；黄色珍珠的颜色与铜卟啉和锌卟啉有关；紫色珍珠的颜色与铁卟啉和锌卟啉有关；黑色珍珠的颜色与铁卟啉和锰卟啉有关。

因富含多种人体所需氨基酸和微量元素，珍珠具有很高的药用价值。将珍珠制成药物，用来治病救人在中国已有两千余年历史。《本草纲目》中记有，“珍珠味咸甘寒无毒，镇心点目；珍珠涂面，令人泽润好颜色。坠痰，除面斑，止泻；除小儿惊热，安魂魄；解痘疔毒”。据《中华人民共和国药典》，珍珠具有安神定惊、明目去翳、解毒生肌、润肤祛斑等功效。珍珠粉或珍珠提取液可用于制作珍珠明目滴眼液、珍珠解毒口服液、珍珠暗疮胶囊等药物，在许多护肤和美妆产品中，也含有珍珠的成分。

第二节

珍珠的结构及表面特征

一、珍珠的结构

珍珠具有典型的同心环状结构（图 2-1）。有核珍珠一般由珠核和珍珠层组成，无

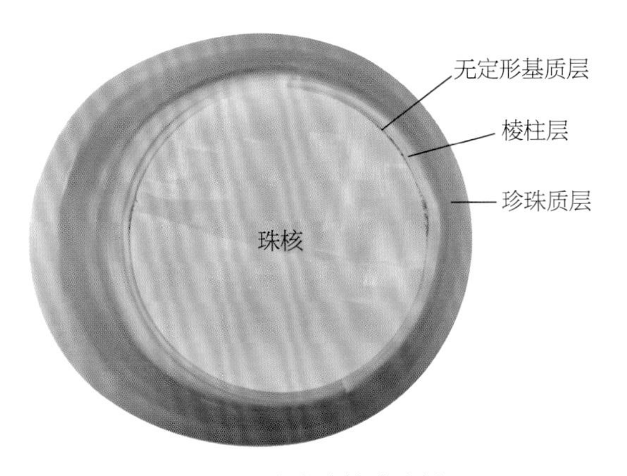

图 2-1　淡水有核珍珠剖面

核珍珠几乎完全由珍珠层构成。

（一）有核珍珠的结构

1. 珍珠的最内层——珠核

有核养殖珍珠的珠核为人工植入物，如珠母贝（蚌）制成的小球，有时也可使用小珍珠。

2. 珍珠的次内层——无定形基质层

该层一般紧贴于珠核，是珍珠囊的早期分泌产物，化学组成为有机物质，也可混有无机物结晶颗粒。其厚度变化较大，马氏珠母贝、大珠母贝所养殖的珍珠的无定形基质层稍厚一些。

3. 珍珠的次外层——棱柱层

棱柱层在各种类型珍珠中均普遍存在，但其成分、发育位置、形态有别。海水珍珠棱柱层的成分多为方解石，有时含少量文石；淡水珍珠的棱柱层主要为文石，有时含少量球文石（图 2-2）。高品质珍珠的棱柱层位置多处于珠层内部，棱柱很细，呈细针状，棱柱层很薄，有时缺失；劣质珍珠的棱柱层很厚，有时整个珍珠层几乎全为棱柱层。

a 偏光显微镜（单偏光）结构图像

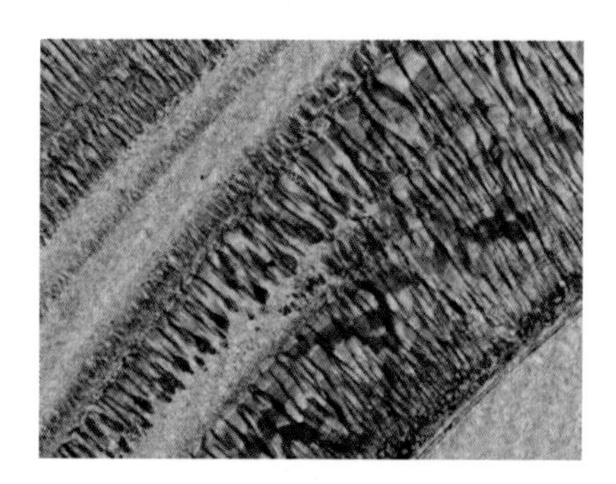
b 扫描电子显微镜结构图像

图 2-2　淡水有核珍珠棱柱层结构

4. 珍珠的最外层——珍珠质层

珍珠质层直接决定着珍珠的品质。它由许多文石晶质薄层与壳角蛋白的薄膜交替堆积而成，而每个文石晶层又是由几百甚至上千个文石板片堆砌而成的。文石板片为不规则多边形板状，长 3~5 微米，宽 2~3 微米，厚 0.2~0.5 微米，由壳角蛋白黏结相连。

珍珠质层中文石板片的堆砌方式主要存在砌砖型和堆垛型两种。砌砖型结构比较常见，主要存在于双壳类软体动物产出的珍珠中。这种结构就像砌砖一样，文石板片如砖块，壳角蛋白如水泥（图 2-3）。堆垛型结构多见于腹足类动物所产海螺珠中，如巨凤螺产出的孔克珠。由于文石板片由内向外依次生长，处在不同文石晶层的晶体的生长速度近似相等，使文石板片形成了堆垛一样的锥型形貌（图 2–4）。

有时，珍珠还有一层近似透明的表层，其成分也以碳酸钙为主，但钙含量偏低，微量元素明显增加，其厚度一般在 100~200 微米，有的缺失此层。该层的厚度、排列、微量元素种类直接影响珍珠的质量和颜色。

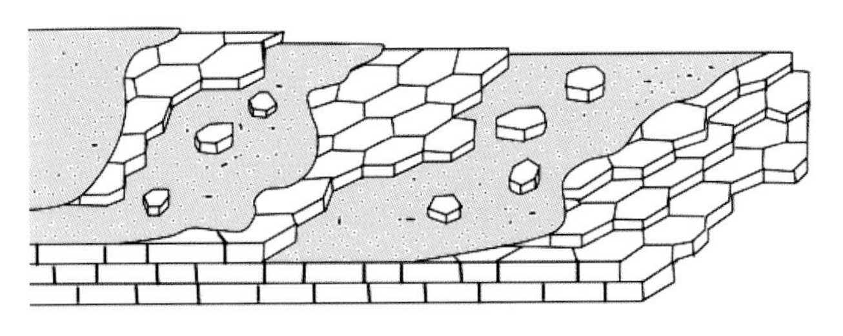

图 2–3　珍珠质层的砌砖型结构示意图

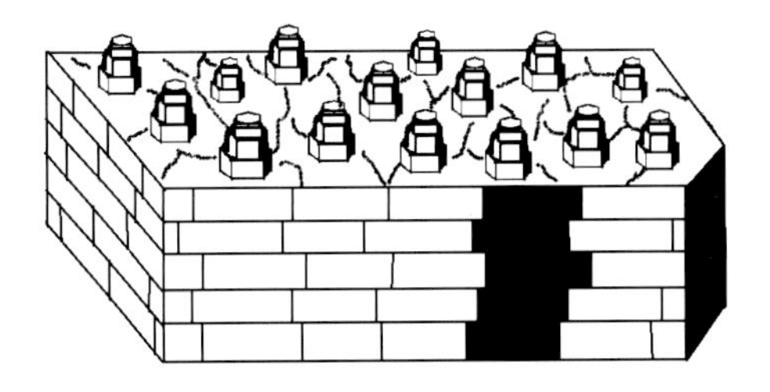

图 2–4　珍珠质层的堆垛型结构示意图

（二）无核珍珠的结构

无核珍珠几乎全部由珍珠层构成，珍珠层厚度即为珍珠半径（图 2–5）。淡水无核养殖珍珠使用母蚌外套膜刺激珍珠形成，因此珍珠的近中心处常有 1~2 个黄色狭缝或圆形空洞。优质淡水无核养殖珍珠体内碳酸钙的层状结晶呈同心环状，通过壳角蛋白的黏结，由珍珠层叠合而成。

a 同心环状结构（自然光）

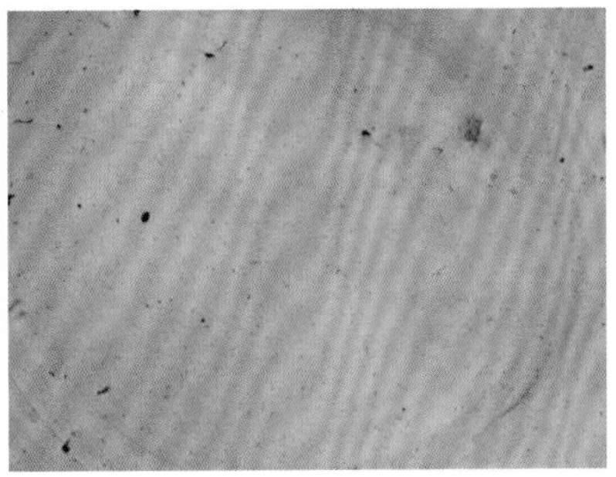

b 显微结构（单偏光）

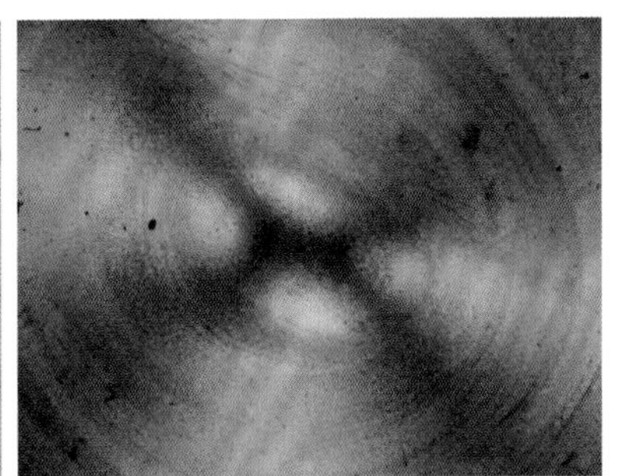

c 显微结构（正交光）

图 2–5　淡水无核珍珠剖面呈同心环状结构

二、珍珠的表面特征

在显微镜下，可以见到珍珠表面由文石板片堆积呈现的各种形态的花纹，每条花纹均是珍珠质薄层的边缘。常见有平行线状、平行圈层状、不规则条纹状、旋涡状，很像地图上的等高线纹理（图 2–6）。

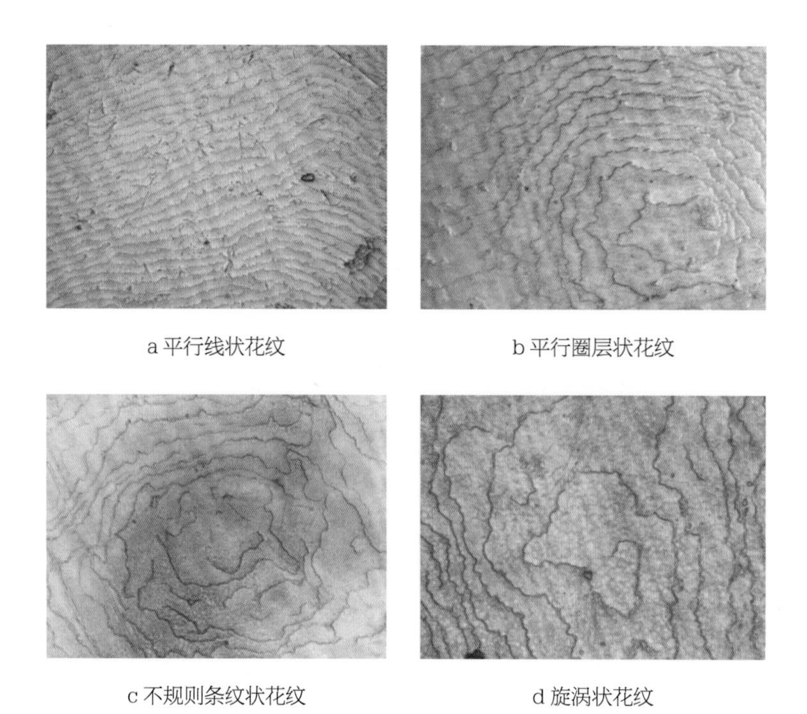

a 平行线状花纹　b 平行圈层状花纹

c 不规则条纹状花纹　d 旋涡状花纹

图 2-6　珍珠表面花纹

无论是何种生长方式，珍珠的表面花纹均是碳酸钙晶体与壳角蛋白堆积在其表面的一种反映。在理想状态下，这种堆积是紧密的、完整的，因此珍珠的表面应该是干净的、光滑的。但由于外界环境和母贝（蚌）的健康程度的影响，珍珠表面会出现一些瑕疵。常见瑕疵有腰线、隆起（丘疹、尾巴）、凹陷、皱纹（沟纹）、破损、缺口、斑点（黑点）、针夹痕、划痕、剥落痕、裂纹及珍珠疤等（图 2-7）。

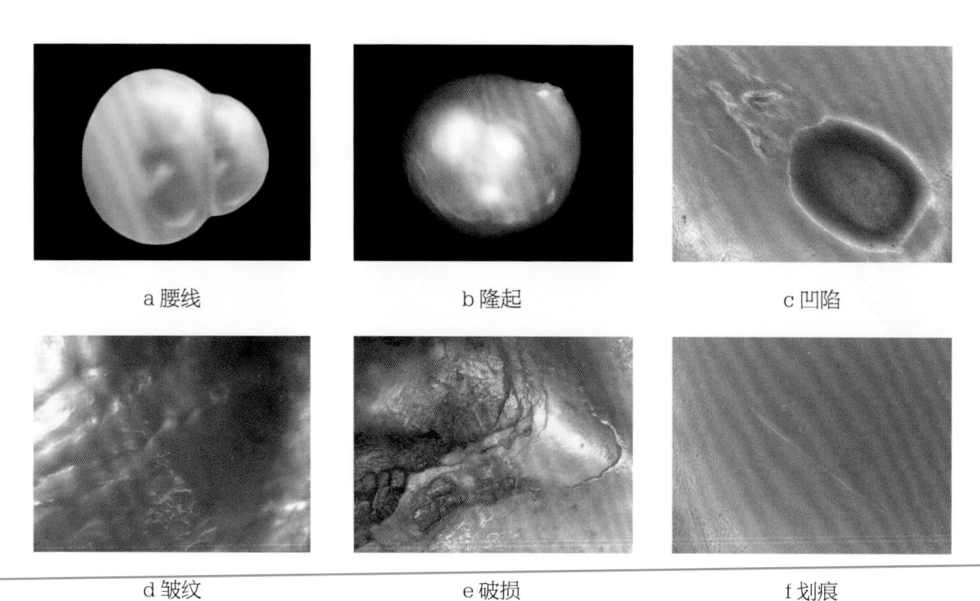

a 腰线　b 隆起　c 凹陷

d 皱纹　e 破损　f 划痕

图 2-7　珍珠表面瑕疵

第三节

珍珠的物理性质

一、珍珠的光学性质

（一）颜色

珍珠的颜色是由体色、伴色和晕彩综合的颜色。颜色的描述通常以体色描述为主，伴色和晕彩描述为辅。

1. 体色

珍珠的体色又被称为本体颜色，也称背景色，是珍珠对白光的选择性吸收产生的颜色，它取决于珍珠本身所含的色素和微量金属元素种类与含量。根据珍珠的体色，可将珍珠颜色大致分为白色、黑色、黄色、红色、其他颜色五个系列（图 2-8）。海水珍珠常见银白色、黑色、金黄色等，同种母贝产出珍珠的颜色较单一；淡水珍珠常见白色、黄色、紫色、粉色、橙色、奶油色等，经常在一只母蚌体内产出多种颜色珍珠。

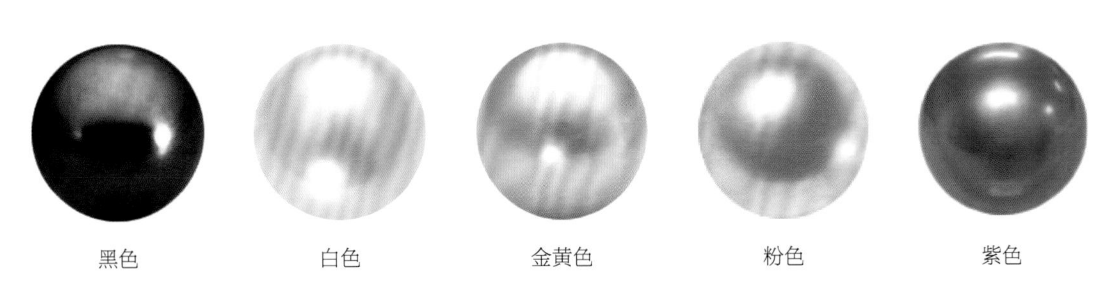

图 2-8 珍珠的常见颜色

2. 伴色

伴色是漂浮在珍珠表面的一种或几种颜色。伴色一般叠加在珍珠的体色上，使珍珠魅力倍增。珍珠常见有粉红色、玫瑰色、银白色、绿色和蓝色的伴色。我们在观察珍珠伴色时，可以在珍珠顶端放置一个白色光源，从顶端到珍珠中部看到的颜色即为珍珠伴色。一般而言，黑珍珠的伴色多为绿色、蓝色或紫色（图 2-9）；粉红色珍珠的伴色多为玫瑰色；白色珍珠具有玫瑰色、银色等的伴色。

a 体色为黑色，伴色为绿色

b 体色为黑色，伴色为紫色

图 2-9　黑色珍珠的伴色

3. 晕彩

晕彩是在珍珠表面或近表层形成的可漂移的彩虹色，从珍珠表面反射光中可以观察到，是由珍珠近表面的多层珍珠质层对光的反射、干涉等综合作用形成的特有色彩（图 2-10）。同等条件下的两颗珍珠，晕彩越强，价值越高。

图 2-10　晕彩强的黑色珍珠
（图片来源：欧亿珠宝提供）

（二）光泽

珍珠的光泽又称皮光或皮色，所具有的特殊光泽被公认为珠宝玉石中典型的珍珠光泽（图 2-11）。这种光泽是珍珠表面对光的反射与珍珠质层对光的干涉和衍射综合形成的光学效应。珍珠的光泽及光泽强弱与珍珠层内部结构及珍珠质层厚度直接相关，珍珠结构中文石结晶程度越高、晶体自形排列越有序，珍珠光泽越强；珍珠质层厚度越厚，珍珠光泽越强。

图 2-11　极强的珍珠光泽

（三）透明度

珍珠的透明度为半透明至不透明。珍珠颜色越浅，透明度越高。

（四）光性

珍珠是非均质集合体。

（五）折射率

因其主要成分为文石，珍珠的折射率理论值为 1.530~1.685。一般采用点测法，折射率多为 1.53~1.56，双折率不可测。

（六）发光性

1. 紫外荧光

黑色珍珠在长波紫外线下呈现弱至中等的红色、橙红色荧光。其他珍珠呈现无至强的浅蓝色（图 2-12）、黄色、绿色、粉红色荧光。

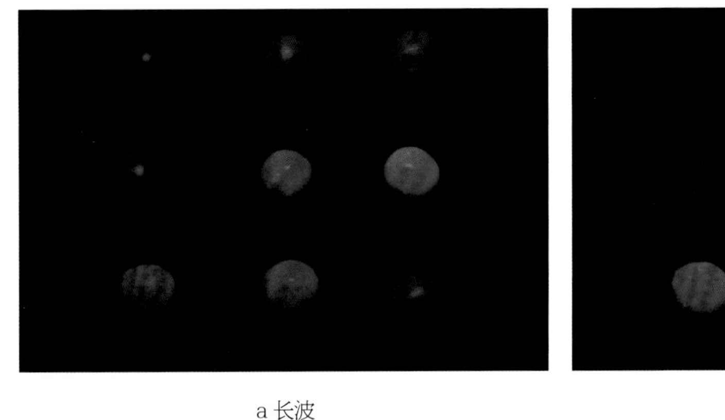

a 长波

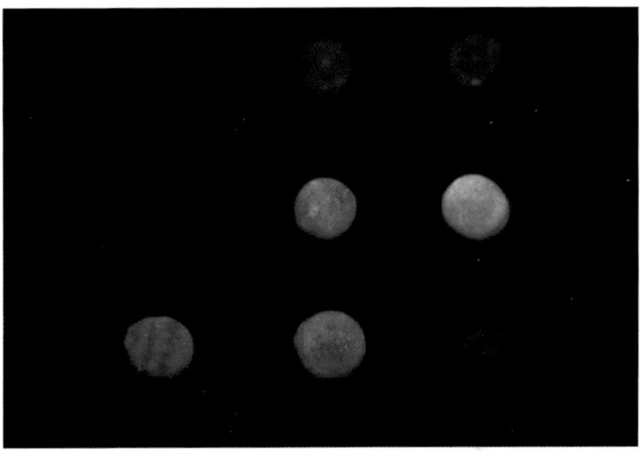

b 短波

图 2-12　白色珍珠在紫外光下荧光特征

2. X 射线荧光

天然海水珍珠一般无 X 射线荧光，产于澳大利亚的天然海水银白珍珠有弱荧光。养殖珍珠有弱到强的黄色荧光。

（七）红外光谱

中红外区具文石中碳酸根离子振动所致的特殊红外吸收谱带。

二、珍珠的力学性质

（一）解理

珍珠为集合体，具有不平坦的断口。

（二）摩氏硬度

天然珍珠的摩氏硬度为 2.5~4.5，养殖珍珠的摩氏硬度为 2.5~4。

（三）密度

珍珠的密度一般在 2.60~2.85 克 / 厘米 ^{3}，不同种类、不同产地略有差异（表 2–5）。淡水有核养殖珍珠由于内部有核，密度一般大于淡水无核养殖珍珠，且变化范围较大，多与珍珠层薄厚有关。

表 2–5　珍珠的密度　　单位：克 / 厘米 ^{3}

种类	密度	产地	密度
天然海水珍珠	2.61~2.85	日本	2.66~2.76
天然淡水珍珠	2.66~2.78（很少超过 2.74）	墨西哥湾	2.61~2.69
海水养殖珍珠	2.72~2.78	澳大利亚	2.67~2.78
淡水无核养殖珍珠	2.57~2.73	波斯湾	2.66~2.76
淡水有核养殖珍珠	2.51~2.81（大多 2.65~2.78）	马纳尔湾	2.68~2.74

据：张蓓莉，2006 年归纳编制。

三、珍珠的其他性质

珍珠的化学稳定性较差，可溶于酸、碱环境，应尽量避免与之接触。珍珠过热燃烧会变成褐色。表面摩擦有砂感。

第三章

Chapter 3

珍珠的分类及其特征

珍珠形成于各种贝、蚌等软体动物体内，因其生长环境存在诸多不同，性质也有较大差异。经过长期的探索和实践，目前，珠宝界主要依据珍珠的成因和生长环境、产地和母贝（蚌）种类等特征进行分类。

第一节 按成因和生长环境分类及其特征

根据我国国家标准 GB/T 16552—2017《珠宝玉石　名称》，按珍珠的成因，将珍珠分为天然珍珠和养殖珍珠（可简称“珍珠”）两大类，又按照生长环境将珍珠细分为天然海水珍珠、天然淡水珍珠、海水养殖珍珠（可简称“海水珍珠”）和淡水养殖珍珠（可简称“淡水珍珠”）四类。目前市场上以养殖珍珠为主，天然珍珠极少。

一、天然珍珠

天然珍珠是指在贝类或蚌类等软体动物体内，不经人为因素的自然分泌物。它们由碳酸钙（主要为文石）、有机质（主要为壳角蛋白）、水和多种微量元素组成，呈同心层状或同心层放射状结构，呈珍珠光泽（图 3-1）。

在珍珠母贝或母蚌的生长过程中，当异物刺激外套膜的上皮细胞时，会局部陷入外套膜内部的结缔组织中形成珍珠囊，并从外套膜主体部分分离。珍珠囊细胞仍不断分泌珍珠质，一层层地包裹住异物形成珍珠。

由于天然珍珠过于稀少，采捕困难，而且生长环境不稳定，遭受自然灾害的概率远远大于养殖珍珠，使得其价值十分昂贵。

天然珍珠可分为天然海水珍珠和天然淡水珍珠。在相当长的一段历史时期内，波斯湾是世界上最重要的天然海水珍珠产地，19 世纪 30 年代甚至到 50 年代之前，世界上 70%~80% 的天然珍珠产于该地，而且最优质的天然珍珠多产于巴林岛附近。此外，波斯湾沿岸的伊朗、沙特阿拉伯、阿联酋、阿曼，是历史上重要的天然珍珠产地。在印度和斯里兰卡之间的马纳尔湾也是具有悠久历史的天然珍珠产地。波斯湾与马纳尔湾所产的天然珍珠，品质优良，颗粒较大，大多为白色、乳白色，具有极强的珍珠光泽。

图 3-1　法国欧仁妮皇后的天然珍珠冠冕
（图片来源：Jean-Pierre Dalbera，Wiki commons，CC BY 2.0 许可协议）

天然淡水珍珠主要产于淡水湖泊及河流中，产地非常广泛。世界上的主要产地有英国、意大利、法国、德国、俄罗斯等国的湖泊中及北美密西西比河和南美的亚马孙河等河流中。美国田纳西州的天然淡水珍珠颜色种类多如彩虹，主要是白色和粉红色，偶见绿色、灰色及黑色等。中国的黑龙江、淮河、长江中下游的清江、汉水一带以及太湖地区，也出产天然淡水珍珠。过去在东北地区产出的珍珠又被称为“东珠”或“北珠”，颗粒大、匀圆莹白，在清代时期地位达到顶峰，但竭泽而渔式的开采方式也使东北的天然淡水珍珠在清代末期最终绝产。

二、养殖珍珠

养殖珍珠是指通过人为干预的方法在贝、蚌体内形成的珍珠。人们依据天然珍珠形成的原理，切取珍珠母贝或母蚌的外套膜组织片，单独或与珠核一起插入珍珠母贝或母蚌体内生殖腺或内脏囊的结缔组织等部位中，小片上皮细胞分裂形成珍珠囊，最后分泌珍珠质覆盖在珠核表面而形成。不论是插核还是插片，人为干预只是为了开始这一进程。

养殖珍珠只是使用技术手段加快了珍珠的形成过程，对珍珠的品质并无多大影响；养殖珍珠更不是假珍珠，而是同天然珍珠一样，都是由母贝（蚌）产出的珍珠。

养殖珍珠可分为海水养殖珍珠和淡水养殖珍珠。海水养殖珍珠在海水中由贝类孕育生长，主要由马氏珠母贝、大珠母贝（白蝶贝）、珠母贝（黑蝶贝）、企鹅珍珠贝等海洋贝类产出，分为海水有核养殖珍珠和海水无核养殖珍珠；淡水养殖珍珠在淡水中由蚌类产出，育珠蚌主要有三角帆蚌、褶纹冠蚌等淡水蚌类，分为淡水无核养殖珍珠、淡水有核养殖珍珠。附壳珍珠包括海水养殖附壳珍珠和淡水养殖附壳珍珠。

（一）海水有核养殖珍珠

海水有核养殖珍珠为在海水育珠贝体内植入珠核，并在珠核表面分泌珍珠质而形成的珍珠，可简称海水有核珍珠。养殖珍珠的核大多用珠母贝的贝壳磨制而成，珠核具有平行层状结构，也有用小珍珠作珠核，进行多次有核养殖，其结构类似于天然珍珠。

海水有核养殖珍珠常见的体色有白色、金色、黑色等，颗粒较大，其大小一般在2~15毫米不等，表面光滑，圆度较好，并且相比淡水珍珠其伴色和晕彩也更为丰富（图3–2）。

图3–2　海水有核养殖黑色珍珠和染色黑色珍珠
（项链、单珠左一和左二为养殖黑色珍珠，单珠左三和左四为染色黑色珍珠）
（图片来源：王礼胜提供）

（二）海水无核养殖珍珠

珠宝领域的海水无核养殖珍珠，主要指的是“客旭”（Keshi）珍珠，这一术语来自日语“罂粟籽”，“客旭”一词现在广泛用来描述外表黑色、金色和白色，形状不规则，主要由珍珠质层构成的无核海水养殖珍珠。它是海水养殖珍珠过程中偶然形成的珍珠，有时候，珍珠母贝会排斥珠粒植入物，但是附着在珠粒表面的外套膜组织颗粒留在体内，这些外套膜组织不断刺激母贝生产珍珠层，从而形成了我们见到的奇妙又有趣的客旭珍珠。

客旭珍珠形状各异、奇特，没有固定的样式（图3–3），优质客旭珍珠以其光泽和彩虹色（晕彩）而著称。客旭珍珠的颜色变化范围大（图3–4），这与孕育它们的母贝及产地有关，塔希提岛已成为银色至灰色客旭珍珠的一个主要生产地，其中许多都常有明亮的紫色、绿色和蓝色的伴色。此外，澳大利亚产的客旭珍珠为白色至银白色，而菲

图 3-3　形状奇异的客旭珍珠
（图片来源：欧亿珠宝提供）

a 银灰色

b 白色

c 金色

图 3-4　不同颜色的客旭珍珠
（图片来源：詹大提供）

律宾则生产乳白色至黄色的客旭珍珠。

（三）淡水无核养殖珍珠

淡水无核养殖珍珠为利用母蚌外套膜小片植入育珠蚌结缔组织或内脏团中培育形成的珍珠，可简称“淡水无核珍珠”。淡水无核养殖珍珠常见体色为白色、黄色、粉色、紫色等，个体一般较小，外形最常见为椭圆形、不规则形，较少见完美的正圆形，表面常有腰线、褶皱纹等瑕疵，由于几乎全部为珍珠层，其光泽较强，但是淡水无核珍珠往往缺乏伴色和晕彩，所以颜色较为单调（图 3-5）。由于淡水无核养殖珍珠产量高，目前在市场中占有相当大的份额。

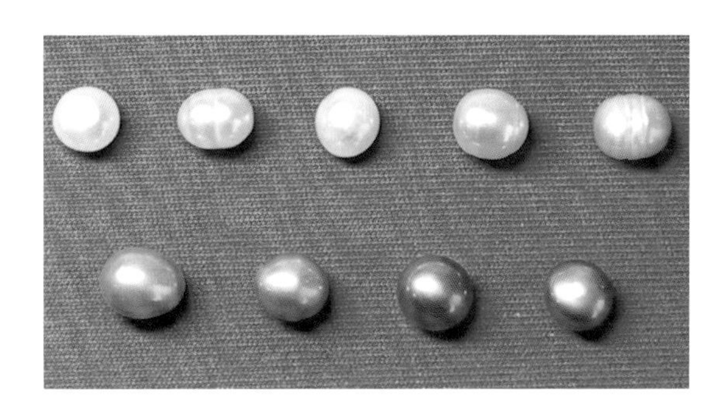

图 3-5　不同颜色和形状的淡水无核养殖珍珠

（四）淡水有核养殖珍珠

淡水有核养殖珍珠为在淡水育珠贝体内植入珠核，在珠核表面分泌珍珠质而形成的珍珠，可简称“淡水有核珍珠”。“爱迪生”珍珠是我国培育的一种新型淡水有核珍珠，具有颗粒大、圆度好、光泽亮丽、色彩丰富等特点（图3–6），它除了传统的白色、金色、粉橙色、粉紫色外，还有深紫色、紫罗兰色、古铜色等具有特别金属晕彩的颜色品种，有些单颗珍珠甚至可具有多种不同的金属色。“爱迪生”珍珠珠层较厚，可达2~3毫米，圆形珠尺寸一般在11~13毫米，大者可达16毫米，几乎所有的“爱迪生”珍珠表皮都可见有生长纹理。

养殖使用的珠核大多为球形，也有水滴形，还有佛像、人物、动物、字符等形状，可生长出具有观赏价值的“模型珍珠”（图3–7）。

图3–6　淡水有核养殖珍珠

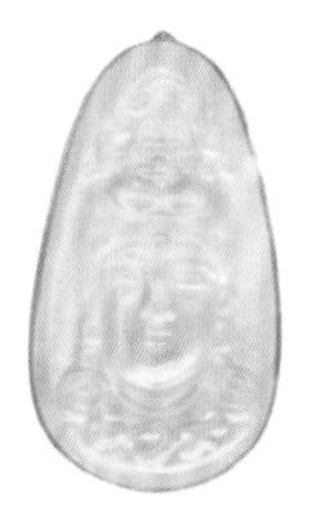

图3–7　观音造型的淡水有核养殖珍珠

（五）附壳珍珠

附壳珍珠是在贝或蚌的壳与外套膜之间插入拱形珠核，由外套膜分泌珍珠质包裹膜核形成的珍珠。附壳珍珠可以由海水养殖而成，也可以由淡水养殖而成。养殖后的珍珠加工方法各异，有时将底部切掉，然后在半球形珍珠底部粘上一层珠母质，经车、磨、抛光后形成一个拼合珍珠（图3–8、图3–9）。

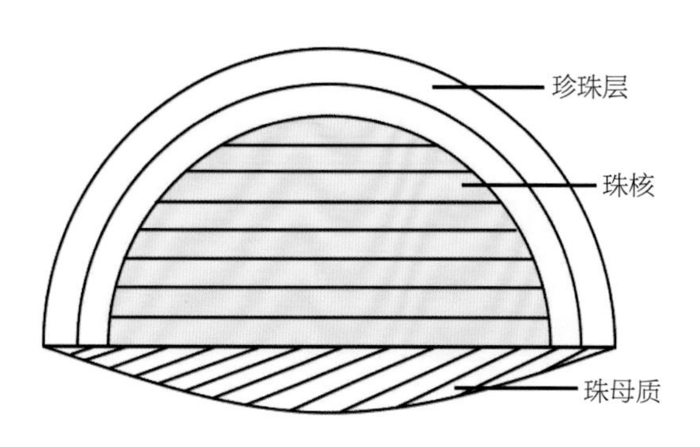

图3–8　附壳珍珠制成拼合珍珠的剖面示意图

图3–9　附壳珍珠
（图片来源：詹大提供）

“马贝珍珠”（Mabe Pearl）就是由附壳珍珠制作而成的。通常是将附壳珍珠中的珠核去除，用胶或合成树脂充填其间，然后再拼上一块珠母层加工而成，因此马贝珍珠是拼合珍珠（图 3-10、图 3-11）。1970 年，日本高级珠宝品牌塔思琦（Tasaki）采用独特的人工采苗技术，在世界上首次成功完成了马贝珍珠的养殖制作，从此这种珍珠逐渐被世人熟知。

相比普通珍珠，马贝珍珠独特的养殖方式赋予了它很大的优势。它可以轻松长至直径 10~18 毫米，插入不同形状的珠核，还可以呈现圆形、心形、水滴形等各种形状。再加上珍珠光泽强、晕彩绚丽，这些特点使其备受设计师的青睐。

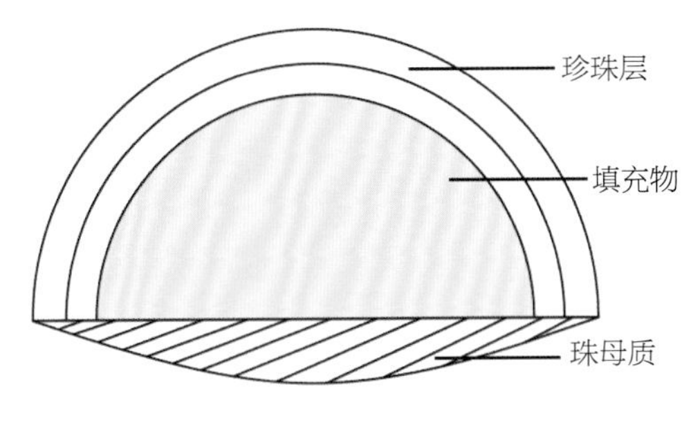

图 3-10　马贝珍珠剖面示意图

图 3-11　马贝珍珠

三、鉴别特征

（一）海水珍珠和淡水珍珠的鉴别

传统海水珍珠（有核）与淡水珍珠（无核）一般而言较易识别。海水珍珠常见的颜色有白色、金色、黑色等，表面光滑，个大形圆，具有更好的珍珠光泽。淡水珍珠常见颜色为白色、黄色、粉色、紫色等，个体较小，表面常有勒腰、褶皱纹等瑕疵，外形最常见为椭圆形、不规则形。放大观察两类珍珠的表面，海水珍珠表面更加光滑，具有均匀、致密的层状结构，珍珠最外层文石形成的花纹和线条也比淡水珍珠更加均匀、平滑、细密（图 3-12）。

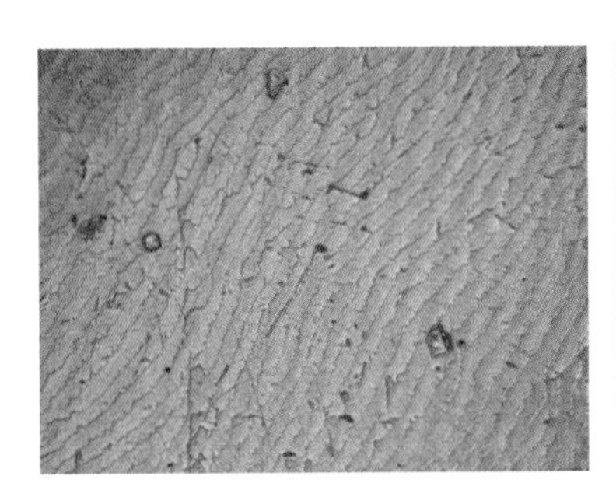
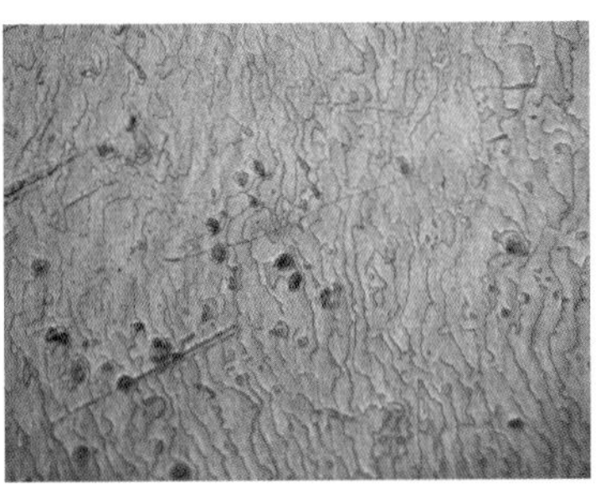
图 3-12　海水珍珠（左）与淡水珍珠（右）的表面花纹

但是，随着淡水有核养殖珍珠技术的不断提高，市场上也逐渐出现大颗粒正圆形淡水珍珠，其颜色、光泽均可与优质海水珍珠媲美。仅通过肉眼观察，较难将优质的淡水珍珠与海水珍珠进行区分，需要借助大型仪器进行区分。

由于珍珠生长水体环境的不同，所含微量元素种类和相对含量会有明显区别。如一般淡水珍珠富锰而海水珍珠贫锰，锰元素会导致淡水珍珠在 X 射线下发荧光，海水珍珠不发荧光。更进一步采用 X 荧光能谱技术，综合分析元素的组合和锶（Sr）/ 钙（Ca）比率，可快捷、无损地鉴别珍珠品种，海水珍珠：Ca +Sr 组合，Sr/Ca 为 0.46~0.71；淡水珍珠：Ca +Sr +Mn 组合，Sr/Ca 为 0.14~0.37。

（二）天然珍珠与养殖珍珠的鉴别

目前市场上天然珍珠非常少见，基本以养殖珍珠为主，两者的价格差距较大，准确鉴别天然珍珠和养殖珍珠也很重要。正确区分天然珍珠和养殖珍珠，要观察珍珠内是否有核及核的大小，常用鉴别方法有以下五种。

1. 放大观察法

总体而言，天然珍珠的形状多不规则，直径较小，质地细腻，结构均一，珍珠层厚，珍珠光泽强；而养殖珍珠多呈圆形，直径较大，表面常有凹坑，珍珠层较薄，光泽不及天然珍珠。

2. 强光透射法

在强光源照射下，慢慢转动珍珠，养殖珍珠在适当位置上会看到珠核的闪光。一般情况下，转动一周会出现两次闪光，有时还可见珠核中明暗相间的平行条纹。

3. 密度测量法

该方法只适用于未镶嵌和未打孔的珍珠。由于养殖珍珠的珠核多采用淡水蚌壳磨制而成，其密度比天然珍珠大。因此，在密度为 2.71 克 / 厘米 ^{3} 的重液中，80% 左右的天然珍珠漂浮，而 90% 左右的养殖珍珠会下沉。

4. 内窥镜法

让一束聚敛的强光通过一个空心针，针内置有两个彼此相对呈 45° 角的镜面。靠里的镜面使光向上反射，靠外的镜面在针管的底端。将针插进天然珍珠孔中，当两镜面沿珍珠中心对称时，光束会沿珍珠的同心层行进，从而碰到针底端镜面被反射出来，这时就可以在珠孔另一端观察到反射光。将针插进养殖珍珠孔中，光束被镜面反射进入珠核的层状结构，从而无法在珠孔另一端观察到光（图 3–13）。

5. X 射线法

X 射线法可分为 X 射线荧光、X 射线照相和 X 射线衍射三种方法。

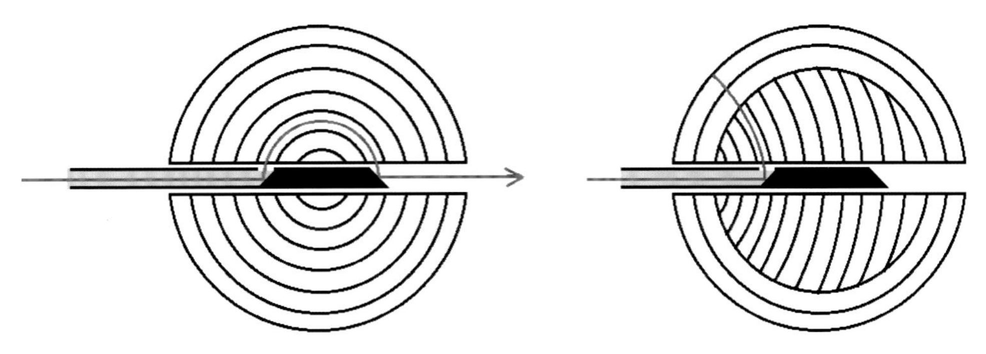

图 3-13　天然珍珠（左图）与有核养殖珍珠（右图）内窥镜法示意图

（1）X 射线荧光：一般淡水珍珠富锰而海水珍珠贫锰，锰元素会导致在 X 射线下淡水珍珠发荧光，海水珍珠不发荧光。

（2）X 射线照相：由于碳酸钙和壳角蛋白在天然珍珠和养殖珍珠中具有不同的分布状态和透明度，在 X 射线下可呈现不同现象。天然珍珠的壳角蛋白分布于文石同心层间或中心，在 X 射线照片上显示明暗相间的年轮状同心环。有核养殖珍珠的珠核外包裹一层不透 X 射线的壳角蛋白，在 X 射线照片上能明显看到珠核存在（图 3-14）。无核养殖珍珠呈现一个空洞及珍珠层同心层状结构。

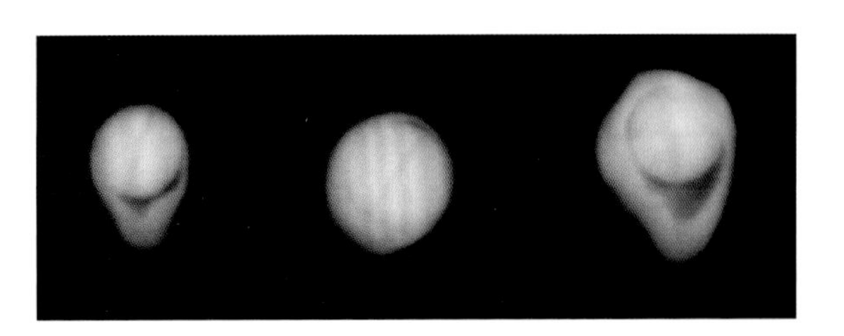

图 3-14　有核养殖珍珠的 X 射线照片均可显示珠核

（3）X 射线衍射：天然珍珠与无核养殖珍珠几乎全部为同心环状分布的珍珠层，文石晶体呈放射状排列。因此，无论射线从哪个方向入射，都与文石的结晶轴垂直，在 X 射线衍射图上均呈现六重对称样式。而有核养殖珍珠的 X 射线衍射图则呈现模糊的四重对称样式，仅在珠核的层状结构与珍珠层文石晶体排列方向一致时，才会呈现六重对称衍射图（图 3-15）。

a 天然珍珠与无核养殖珍珠

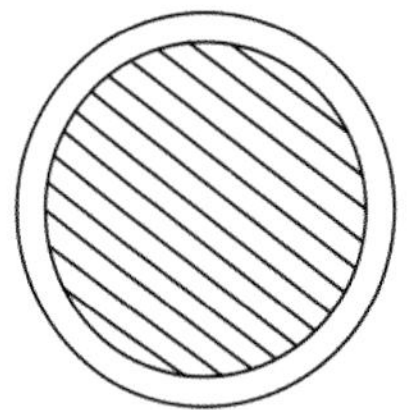

b 有核养殖珍珠

c 六重对称

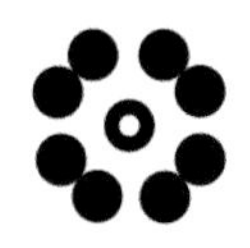

d 四重对称

图 3-15　珍珠的结构与对应 X 射线衍射示意图

目前，X 射线照相与 X 射线衍射是鉴别天然珍珠、养殖珍珠和仿制珍珠最方便可靠的办法，但不易区分天然珍珠与无核养殖珍珠。

第二节

按产地分类及其特征

目前，珍珠的最大产出国是中国和日本。其他国家或地区，如塔希提岛、澳大利亚、印度尼西亚、菲律宾、泰国、缅甸等地，同样拥有不同规模的珍珠产业。1994 年，在日本神户举行的国际性珍珠业峰会上曾提出，珍珠按产出地区可大致分为塔希提珍珠、南洋珍珠、日本珍珠和中国珍珠四类，现已基本得到行业认可。

一、塔希提珍珠

塔希提珍珠又称“大溪地珍珠”，因产于南太平洋的法属波利尼西亚的塔希提岛而得名。塔希提一直是世界著名的优质黑珍珠产出地区，在当地政府的支持和合理控制下，产量约占世界黑珍珠产量的九成以上。

塔希提珍珠直径多为 9~15 毫米，体色为灰色至黑色，它最大的特点是具有绚丽的伴色及晕彩。伴色种类丰富，有孔雀绿色、蓝色、紫色、灰色等，其中以孔雀绿色、浓紫色、海蓝色等的伴色最为著名，价值也相对高；晕彩强烈，可随珍珠的转动而富有变幻（图 3-16、图 3-17）。

图 3-16　塔希提黑色珍珠
（图片来源：欧亿珠宝提供）

塔希提黑珍珠的母贝主要为黑蝶贝。该地区水体水质、温度等环境均适宜黑蝶贝生长，黑蝶贝生长速度快，个体较大，分泌的珍珠质多，因而养殖的珍珠颗粒大，光泽强。

图 3-17 塔希提黑色珍珠项链

二、南洋珍珠

南洋珍珠指产出于南太平洋海域沿岸国家的天然或养殖珍珠，其产出地域较广，主要有澳大利亚、印度尼西亚、菲律宾等地，马来西亚的沙巴和新几内亚也有部分产出。其中，澳大利亚是世界上最大的白色海水养殖珍珠的产出国，政府对南洋珍珠的养殖地、野生贝的采集、工作人员的技术要求都有严格的规定。

南洋珍珠有白色和金色两个系列。白色南洋珍珠在市场上常被称作“澳白珍珠”，主要产于澳大利亚、印度尼西亚、菲律宾等部分地区，产量少，极其珍贵，母贝多为大珠母贝（白蝶贝）。该地区水质清澈，水温适宜，十分有利于白碟贝的生长，因此珍珠硕大、圆润、珠层厚，具有令人炫目的银白色光泽（图 3-18）。金色南洋珍珠多产于印度尼西亚、菲律宾、马来西亚等地，母贝多为金唇贝（大珠母贝的亚种），珍珠直径一般为 9~16 毫米，多介于淡黄色至金黄色，少量颜色浓郁的金黄色珍珠尤为珍贵（图 3-19、图 3-20）。

图 3-18 南洋白色珍珠配钻石耳坠和戒指
（图片来源：欧亿珠宝提供）

图 3-19 南洋金色珍珠裸珠和胸针
（图片来源：欧亿珠宝提供）

图 3-20　南洋金色珍珠配钻石首饰套装

三、日本珍珠

在世界珍珠产业中，日本珍珠产业在生产、加工技术以及推广销售等方面都占有十分重要的地位。19 世纪早期，日本借鉴我国养殖附壳珍珠的方法，用马氏贝成功养殖海水珍珠；20 世纪初，海水珍珠开始进行批量生产；1940 年，外套膜植核技术获得成功，日本逐渐成为世界珍珠生产大国。

日本的海水养殖珍珠产于南部沿海港湾地区，主要分布于三重、高知、长崎、广岛、神户等县，其中三重县为世界优质海水养殖珍珠的著名产地，母贝是马氏贝（日文译音 Akoya），因此日本海水珍珠又叫“阿古屋（Akoya）珍珠”（图 3-21）。由于水温较低，阿古屋珍珠层生长速度慢，结构很致密，大小通常为 5~8 毫米，很少超过 10 毫米，但圆度高，光泽强烈。颜色多为白色或银白色，常见白玫瑰色伴色。

图 3-21　阿古屋珍珠

日本淡水珍珠（琵琶珠）主要采用许氏帆蚌培育，因产于最大的淡水湖泊——琵琶湖而得名。多年以前琵琶湖的水质受到严重污染，琵琶珠已经停产。

目前，日本为保持其在世界珍珠市场上的主导地位，在多个亚洲国家建立珍珠养殖场，扶植这些国家发展海水珍珠养殖业。此外，日本还重视珍珠优化处理技术的研究，进口珍珠后，利用领先技术加工后再出口，获取较高利润。在销售方面，日本珍珠厂商实行专卖模式，注重品牌建设，如御木本幸吉创办的御木本（MIKIMOTO）品牌，进军海外市场主要通过合资方式。

四、中国珍珠

中国是世界上最早采捕天然珍珠的国家，也是最早养殖珍珠的国家，一直以来产量、销售量均居世界第一。改革开放以来，我国的淡水珍珠业快速发展，产品以外销为主，出口结构优化趋势明显，产业集群化发展，也存在高产低值、国际知名品牌较少等一些问题，目前中国珍珠产业的发展正在得到改善。

中国的海水养殖珍珠主要分布于南海北部湾及南海海域，如广西合浦、防城、北海以及广东、海南等地，因此也称"南珠"。母贝多选用马氏贝，养殖数量较大，珍珠的颜色以白色、黄色、灰色、深灰色为主，直径大多为 5.5~7 毫米。因养殖时间较短，珍珠层一般较薄。

中国淡水养殖珍珠产量巨大，目前已超过世界总产量的 90%。主要分布于浙江、江苏、上海、安徽、江西、湖南、湖北、四川等地，其中浙江、江苏两省产量超过全国淡水珠总产量的 80%。母蚌为三角帆蚌，珍珠常见颜色为白色、浅黄色、粉色、灰色、紫色等（图 3-22），直径多在 3~12 毫米，8 毫米以上的圆珠仅占产量的 1%。近年来，中国淡水有核养殖珍珠成效显著，不断产出直径在 12 毫米以上的大颗粒淡水珍珠，最大直径可达 20 毫米。

图 3-22　中国淡水珍珠项链

第三节

海螺珠

海螺珠，如孔克珠（conch pearl）和美乐珠（melo pearl），与传统意义上的珍珠不同。它们不由双壳类贝蚌孕育，而是腹足类动物（螺类）在体内由分泌作用形成的钙质凝结物。根据国家标准 GB/T 16552—2017《珠宝玉石　名称》，其正式名称定为海螺珠。

海螺珠的宝石学性质与普通珍珠略有差异。其化学成分同样由无机成分和有机成分组成，无机成分为碳酸钙，主要为文石；有机成分为蛋白质等。颜色可见粉红色、黄色、棕色、白色等，呈玻璃光泽至珍珠光泽。折射率点测法为 1.51~1.68，常为 1.53。摩氏硬度为 3.5~4.5，密度为 2.85（+0.02，−0.04）克 / 厘米 ^{3}，棕色常为 2.18~2.77 克 / 厘米 ^{3}。

一、孔克珠

孔克珠（conch pearl）也叫“海螺珍珠”，特指巨凤螺（俗称“女王凤凰螺”“胭脂螺”）分泌的钙质凝结物，主要产于加勒比海。孔克珠的体色有黄色、棕色、白色和粉色等，粉色是最理想的色调，包括非常淡的粉红色到橘红色，甚至是接近于红色的鲜艳强烈的粉红色。达到宝石级的孔克珠能呈现波浪般的“火焰”状纹理结构，并且具有奶油色的瓷质外观（图 3-23）。

孔克珠一般呈椭圆形，近圆形的相当罕见。大多数表面圆润，但一般都经过抛光处理以展示其光泽和火焰状构造。还有一种被称为“玫瑰花蕾”的品种，其表面多突起，呈松散状或紧密参差状。

巨凤螺生长在相对较浅的海域，生长速度缓慢，曾在佛罗里达群岛盛产，但因过度

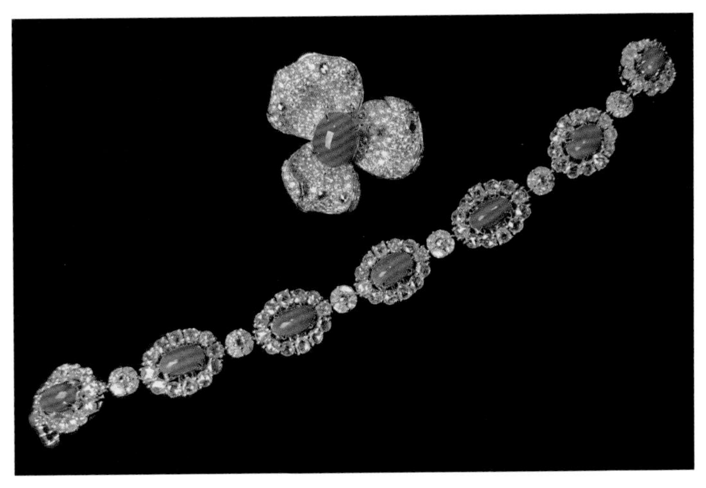
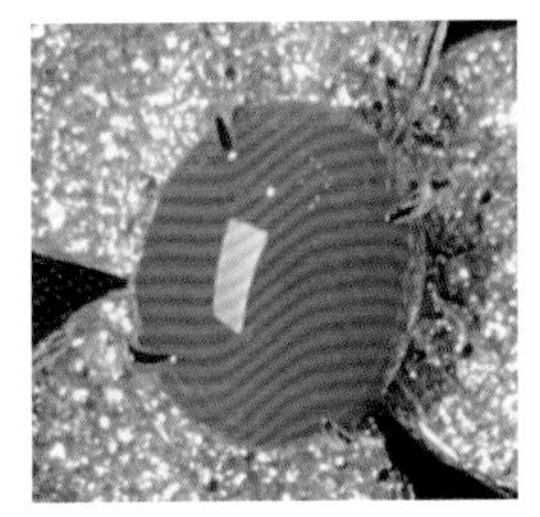
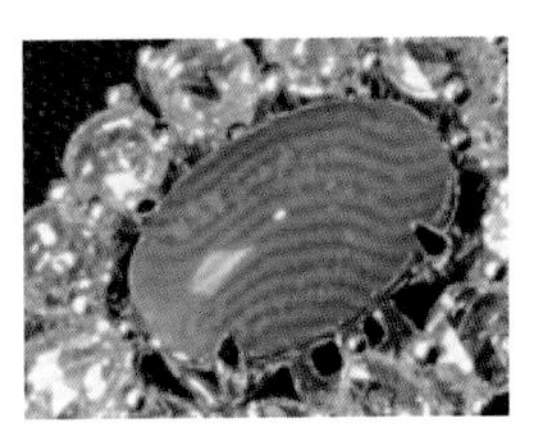

图 3-23　孔克珠配钻石首饰
（图片来源：王礼胜提供）

捕捞导致海螺渔业一度濒临崩溃（图 3-24）。之后巨凤螺的捕捞和贸易都受到高度管制，在限制捕捞后，巨凤螺的种群正在缓慢复苏。目前孔克珠仍稀有，每年仅有约 3000 粒天然孔克珠采出，而仅有 20%~30% 经加工后可达到宝石级别。其中多半为 1 克拉以下的小珠，重量超过 10 克拉的实属罕见。

图 3-24　巨凤螺
（图片来源：www.pixabay.com）

国际上曾有研究所尝试人工养殖，如：2009 年，佛罗里达大西洋大学港湾分校的海洋研究所曾培育了 200 枚养殖孔克珠，但此后没有任何进展的信息。目前，还未见到养殖孔克珠投入市场，这也使得天然孔克珠的价格一直居高不下。

二、美乐珠

美乐珠（Melo pearl）也被称作“龙珠”或“美罗珠”，它生长于一种名为椰子涡螺（也叫“木瓜螺”“椰子螺”）的腹足类动物（图 3-25）。椰子涡螺属于涡螺科腹足纲家族，具有黄色或黄黑相间斑点。美乐珠产于缅甸、泰国、越南等东南亚及印度洋、太平洋海域，体积一般比孔克珠大，形状也较圆。

美乐珠颜色有橘红色、橘黄色、黄色、黄褐到近白色，以类似于成熟木瓜的强橙色调最为珍贵。它具有陶瓷状晶亮外观，也被称作瓷状光泽，其内部具有如云似焰的特殊火焰纹路结构（图 3-26），形状包括不规则形、椭圆形和圆形，圆形者价值通常较高，而不规则形、纽扣形、不鲜明的火焰状结构和云状白点纹理的美乐珠价格较低。

图 3-25　椰子涡螺
（图片来源：Norbert nagel，Morfelden-Walldorf，Wikimedia Commons，CC BY-SA 3.0 许可协议）

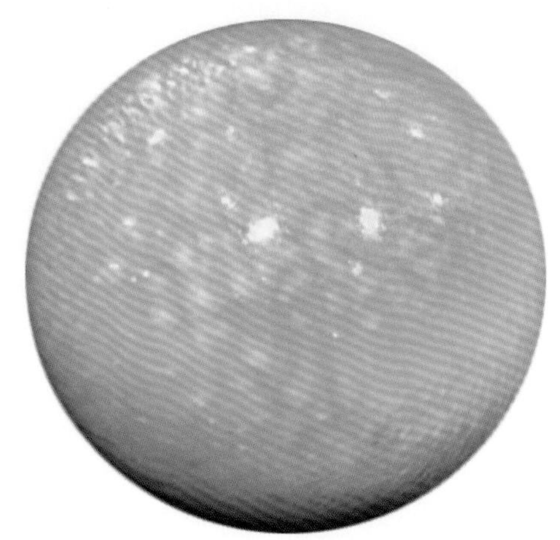

图 3-26　美乐珠具有火焰纹路
（图片来源：王礼胜提供）

第四章

Chapter 4

珍珠的养殖

早先人类只是在捕捞贝蚌时偶尔能发现一些天然珍珠，捕捞工作较为困难且受自然因素影响较大，品质和产量都不能得到保证。随着人们对珍珠生长机理的认识，开始人为选择适合生产珍珠的贝蚌，运用人工方法和技术养殖珍珠。

第一节 珍珠的养殖历史

中国是最早进行珍珠人工养殖的国家，早在宋代就有养殖珍珠方法的记载。1082 年，宋代庞元英曾在《文昌杂录》中记载："礼部侍郎谢公言：有一养珠法。以今所作假珠，择光莹圆润者，取稍大蚌蛤，以清水浸之。伺其口开，急以珠投之，频换清水，夜置月中。蚌蛤采月华，玩此经两秋，即成真珠矣。"

据文献资料，早在 13 世纪中国已探索出一种养殖佛像形珍珠的方法：用铅或锡浇筑佛像，插植在河蚌壳中，而后放入水中养殖，待一到两年后再将蚌捞出可获取佛像珍珠。佛像珍珠的养殖方法虽然简单，也未形成科学的理论基础，但古代的中国人已经对珍珠的养殖技术有了初步的认识。据史料记载，从 13 世纪至 20 世纪中国人以稳定的菩萨珠产量，在商业上获取了相当多的利益。

1890 年，御木本幸吉采用中国古老养珠法，将各种不同物质放入蚌体内养殖，形成了各式各样的"珍珠"。1893 年，御木本幸吉在经过无数次失败后，终于得到一颗半圆形珍珠。通过大规模养殖，珍珠的外套膜养殖技术也被御木本幸吉掌握，并成功养殖出正圆形珍珠。自此，日本养珠业兴盛起来，人们尊称御木本幸吉为"日本珍珠之父"。

20 世纪 90 年代，我国淡水养殖珍珠新品种不断涌现。有些养殖户将无核珍珠作为核植入三角帆蚌外套膜中继续生长，以获得更大的珍珠；有些养殖业主采用不同形状、颜色的核，以获得形状、颜色特定的珍珠。我国约 90% 的淡水养殖珍珠产于浙江、江苏、湖北和江西等地，海水养殖珍珠则主要产于雷州半岛、合浦、北海、三亚等地。

中国、日本、澳大利亚和南太平洋地区是目前世界养殖珍珠的主要产地，世界淡水珍珠总产量约 2000 吨，近 90% 产于中国；海水珍珠总产量约 50 吨，其中 50% 产于中国，日本不足 40%。

第二节
珍珠母贝（蚌）的种类

世界上养殖珍珠的母贝（蚌）有三十多种，我国近海的珍珠母贝有十七种之多。海水珍珠母贝类主要有马氏珠母贝、大珠母贝（白蝶贝）、珠母贝（黑蝶贝）、企鹅珍珠贝，另外牡蛎、海蜗牛、海螺也可产珍珠。淡水珍珠蚌类有三角帆蚌、褶纹冠蚌、池蝶蚌、背瘤丽蚌等。

一、海水珠母贝

（一）马氏珠母贝

马氏珠母贝在我国又称为合浦珠母贝，在日本称为阿古屋珍珠，属于中型贝，成体壳长 7~8 厘米，两壳隆起明显，厚约 3 厘米（图 4-1）。外壳面灰黄褐色，间有黑褐色带，壳内面银白色，有虹彩光泽。主要生活在热带、亚热带海区，自然栖息于水温 10 摄氏度以上的内湾或近海海底。水深一般在 10 米以内，适宜水温范围为 10~35 摄氏度，分布范围较窄。我国主要分布在广东大亚湾、广西北部湾一带。马氏珠母贝所产珍珠颜色主要为白色、浅黄白色等，绚丽多彩、晶莹圆润。

（二）大珠母贝

大珠母贝俗称白蝶贝，它个体很大，一般成体的壳长 25~28 厘米，重 3~4 千克，是珍珠贝类中最大的一种。外壳面多呈黄褐色，壳内面呈银白色，具珍珠光泽（图 4-2）。白蝶贝主要生活在热带、亚热带海洋中，喜欢栖息在珊瑚礁、贝壳、岩礁等海区，水深可达 200 米，以 20~50 米最多，最适宜温度为 24~28 摄氏度。在我国南海，特别是海南岛沿海，白蝶贝资源较丰富。除此之外，只分布在澳大利亚、菲律宾、缅甸和泰国等少数国家的沿海地区。白蝶贝分泌珍珠质能力比较强，是世界上最大的珍珠母贝，所育出的珍珠颗粒大，光泽好。白蝶贝包括银唇贝和金唇贝等亚种，银唇贝产出珍珠为白色，金唇贝产出珍珠为金色。

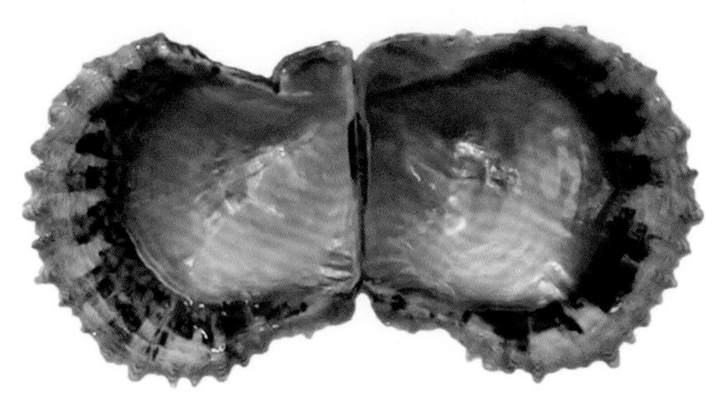

图 4-1 马氏珠母贝

图 4-2 大珠母贝
（图片来源：Daderot，wikimedia commons，CC0 1.0 许可协议）

（三）珠母贝

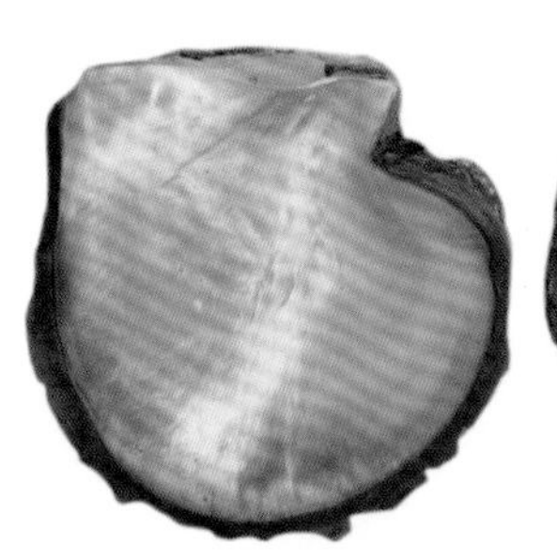

图 4-3 珠母贝
（图片来源：Naturalis Biodiversity Center，wikimedia commons，CC0 1.0 许可协议）

珠母贝俗称黑蝶贝，为养殖黑珍珠的主要贝类，主要生长于太平洋中南部法属波利尼西亚海域、库克群岛等，另外在南中国海涠洲岛海域一带也发现黑蝶贝。黑蝶贝外壳面通常为黑褐色，壳内面银白色，外缘黑色（图 4-3）。成体壳长 15~30 厘米，体重可达 5 千克。黑蝶贝所产海水珍珠色泽迷人，以黑色为主，其中高品质黑珍珠常带有孔雀绿色、浓紫色、海蓝色等伴色，珍珠质细腻致密，是海水珍珠中的上品。

目前黑蝶贝养殖珍珠有两个主要的产地：一是波利尼西亚群岛的塔希提岛，产出全球 95% 的黑珍珠；二是库克群岛的彭林岛和马居希基岛，产量约占 4%。其他太平洋岛屿产量不足 1%。

（四）企鹅珍珠贝

企鹅珍珠贝又称翼贝，为大型贝类，贝壳长 20~25 厘米，厚约 4 厘米，贝体呈斜方形，被有细毛，形状恰似南极洲的企鹅而得名。外壳面呈黑色，壳内面银白色，有虹彩光泽（图 4-4）。企鹅贝主要生长在热带和亚热带地区，如日本、马达加斯加、印度尼西亚、澳大利亚以及我国的广东、广西、海南沿海。喜欢栖息在潮流强、盐度高、水深 5~60 米的海域中，水温不低于 10 摄氏度。企鹅珍珠贝生命力强，外套膜分泌珍珠机能旺盛，产出的珍珠颜色多为古铜色，也有紫灰色、土灰色、孔雀绿色等。企鹅珍珠贝适用于培育大直径有核珍珠以及贝附珍珠，具有珠层形成快、颗粒大、光泽好、商品价值高的特点。

图 4-4 企鹅珍珠贝
（图片来源：Manfred Heyde，Wikimedia Commons，CC BY-SA 3.0 许可协议）

（五）其他

除了以上四种主要的海水珍珠育珠贝，鲍鱼贝、砗磲贝、供您恩珍珠贝、解氏珍珠贝等均可产出珍珠。此外，腹足类动物，如巨凤螺、椰子涡螺、唐冠螺、赤旋螺等也可产出海螺珠。

二、淡水珠母蚌

常见的淡水育珠蚌主要有三角帆蚌、褶纹冠蚌、池蝶蚌等品种，其中以三角帆蚌产珠质量最佳，珠质光滑细腻，形状较圆，色泽鲜艳，但生长速度慢。

（一）三角帆蚌

三角帆蚌俗称河蚌，为我国特有的品种，广泛分布于湖南、湖北、安徽、江苏、浙江、江西等省，尤以我国洞庭湖以及中型湖泊分布较多。壳大而扁平，长近 20 厘米，外壳面为黑色或棕褐色，厚而坚硬，因蚌形呈三角状而得名（图 4-5）。

图 4-5 三角帆蚌

三角帆蚌一般生活于江河、湖泊、池塘等水体的底泥中，蚌体潜入泥中的深度随季节变化而不同。冬季水温低时，蚌体大部分潜入泥沙中，仅露出壳后缘部分呼吸摄食。夏季则大部分露在泥沙外。在天然水体的蚌生长较慢，但在人工育苗中，三角帆蚌生长速度快，1 龄蚌体长可达 50~70 毫米，2 龄蚌可达 80~100 毫米。因此，1~2 龄的幼蚌可以进行植珠手术操作，所育珍珠生长速度也较快。成年的三角帆蚌体长为160~200毫米，在其外套膜上往往可插植2毫米以上的大珠核，可培育出8毫米以上的大型有核珍珠。所产淡水珍珠珠层厚，光泽强。

（二）褶纹冠蚌

图4–6　褶纹冠蚌

褶纹冠蚌俗称鸡冠蚌、湖蚌等，为我国常见品种。一般栖息于淡水缓流及静水水域的湖泊、河流以及沟渠和池塘的泥底或泥沙底里。褶纹冠蚌为大型蚌类，外壳面深黄绿色至黑褐色，壳长近30厘米，宽17厘米，厚10厘米，呈不等边三角形，前背缘突出不明显，后背缘伸展成巨大的冠（图4–6）。

褶纹冠蚌耐污水和低氧能力较强，喜栖于较肥的水域，它比三角帆蚌分布广泛，在我国几乎各地都出产。日本、俄罗斯、越南也都有分布。褶纹冠蚌生长速度快，产珠量较大，但珍珠品质稍差，一般呈白色或粉红色长圆形，表面多皱纹，较粗糙。

（三）池蝶蚌

图4–7　池蝶蚌

池蝶蚌又称许氏帆蚌，之前为日本特有品种，产于日本滋贺县的琵琶湖，是优质淡水育珠蚌。池蝶蚌外部形态和内部构造与三角帆蚌十分相似，外壳面褐黑色，具有个体大、双壳厚、外套膜结缔组织发达厚实、分泌珍珠质能力强的特性，是世界优质淡水育珠蚌（图4–7）。所产珍珠个体大、圆度高、表皮光，品质十分优良。我国上海地区曾于20世纪70年代从日本引进池蝶蚌，并成功繁殖后代，目前已成为我国重要的淡水珍珠育珠蚌品种。

（四）其他

图4–8　背瘤丽蚌

除了以上三种育珠蚌，背角无齿蚌、圆背无齿蚌、背瘤丽蚌（图4–8）等也可养殖淡水珍珠。其中，背瘤丽蚌分布于我国河北、安徽、江苏、浙江、江西、湖北、湖南、广东及广西等地。特别在长江中下游流域的大型、中型湖泊及河流内比较常见。此外，背瘤丽蚌也是制作珍珠珠核的重要原料。

第三节

珍珠的生长机理与养殖过程

一、珍珠的生长机理

珍珠的成因有多种理论，如异物成因说、珍珠囊成因说、外套膜小片体内移植成因说和表皮细胞变性成因说等。其中以异物成因说最为流行。

当外来的沙砾、珠核或外套膜块进入这些软体动物的外套膜时，外来物质的刺激诱发贝蚌类的防御机制，外套膜分泌珍珠质，将它们层层包裹起来，形成叠瓦状的同心珍珠层，一般一层代表一个生长季节，经过一段时间的生长便形成了珍珠（图 4-9）。

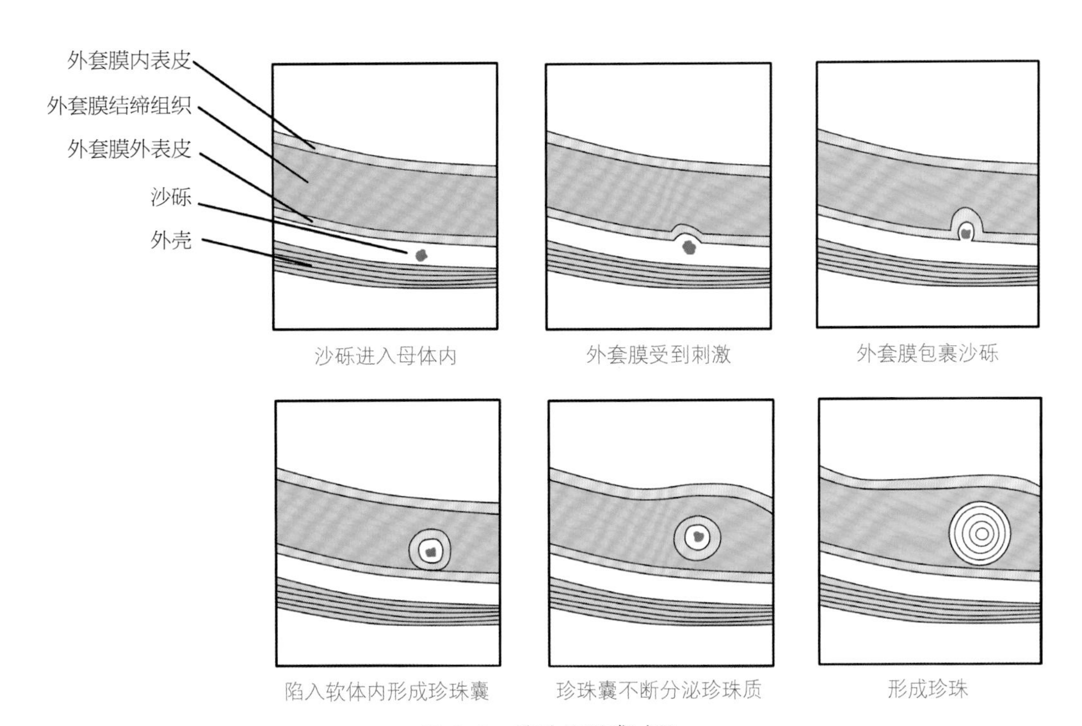

图 4-9　珍珠的形成过程

二、珍珠的养殖过程

随着珍珠养殖技术的提高，无论海水珍珠还是淡水珍珠均可建立大型珍珠养殖场，养殖过程也都大同小异，一般包括四个阶段：育珠贝（蚌）培育、人工植核、珍珠生长、珍珠收获及后期处理。

（一）育珠贝（蚌）培育

育珠贝（蚌）的来源，一是采集天然珠贝（蚌），二是人工孵化育苗，目前主要是人工育苗。人工育苗分为三个阶段，即人工授精阶段、幼虫饲养阶段和培育阶段。经过4~6个月的育苗，当幼贝（蚌）壳长达3厘米左右时，即可转入母贝（蚌）培育阶段，养殖水域要适宜于母贝（蚌）的生态习性。珠母贝（蚌）壳第一年壳长可达5厘米左右，接下来每年可生长0.8~1厘米，经过两三年的养殖，达到7~9厘米时，母贝（蚌）基本成年，挑选健康者进行下一步手术人工植核。

（二）人工植核

一年中适合植核的时间主要在2月下旬至4月上旬，以及10月中下旬至12月上旬，加上特殊环境的影响，每年最适宜植核的时间为4个月左右。温度是考虑植核的主要因素，在水温低于18摄氏度时进行植核，死亡率比较高；当水温超过27摄氏度时，贝蚌进入繁殖期，母贝十分虚弱，在此条件下植核死亡率也很高。

人工植核是一项比较细致的工作，目前的技术水平下，熟练的植核工人每天平均只能植核300个贝（蚌）。工人将选好的贝（蚌）壳撬开1厘米，用消毒手术刀在外套膜上割一个小口，插入外套膜小片。养殖淡水无核珍珠时，一只育珠蚌可以植入大约30个小片；如果养殖有核珍珠，则在插入膜片的同时插入珠核，而且膜片必须紧贴在珠核上，并插到预定位置，一般每个母贝体内可以植入1~3颗珠核（图4-10）。目前还有一种在池蝶蚌内脏团中植核培育超大圆形珍珠的方法，由于内脏团部位空间大，能够承受超大规格珠核，且不会受到挤压，因此可培育出超大规格且

珍珠囊
外套膜

图4-10　珠母贝解剖图
（图片来源：Gilles Le Moullac et al.，2018）

高档优质的珍珠。

（三）珍珠生长

人工植核后珍珠母贝（蚌）要经过半个月左右的休养，一方面让手术贝恢复健康，生理活动从被抑制状态逐渐恢复正常，防止大量死亡；另一方面，使珠核和外套膜小片在形成珍珠囊之前不发生或少发生位置移动，防止脱核和异形珍珠的产生。

1. 海水养殖

海水珍珠养殖的水域应保证水温适宜，且较为平静。养殖前期，由于育珠贝的排异反应，以及刚经过手术伤口易感染，若处置不当，育珠贝易吐出珠核或死亡。2~3 周后珠核逐渐被育珠贝分泌的珍珠质包裹。在接下来的养殖时间里，人们要随时观察养殖情况，及时清除出现异常的育珠贝。养殖期间应格外注意洋流引起的水温突变和赤潮造成的珠母贝死亡。

2. 淡水养殖

淡水珍珠养殖水域一般 6000 平方米左右，水深控制在 2 米左右，池底最好为黏土壤（图 4-11）。目前的养殖方法采用水面吊养法，吊养深度依季节调整，一般距水面 15~25 厘米为宜。植核后的珠母蚌装入网笼内并标上标记，及时送回环境条件适合的水域中养殖。

图 4-11　浙江诸暨淡水养殖珍珠水域

珍珠生长时间的长短主要由植入珠核的规格、育珠环境和方法决定。一般珍珠生长时间长短与珠核大小呈正相关关系。一般情况下，植入小核的珍珠生长 0.5~1 年，中等大小核的珍珠生长 1.5~2 年，大核的珍珠生长 2 年以上。

（四）珍珠收获及后期处理

植核后的育珠贝（蚌）经过一定时期的精心养殖就可以收获（图 4-12、图 4-13），

图 4-12　收获珍珠场景

收获季节多选择冬季，低温条件下，珍珠质分泌缓慢，珍珠表层细腻光滑，光泽较好。收获后的珍珠应及时进行洗涤处理（图 4-14），否则，珍珠表面的黏液和污物会使珍珠表面光泽变弱，影响珍珠的质量。可先用清水漂洗，再用软毛巾擦干，随后进行初步的等级划分。

图 4-13　采珠工人取珍珠场景

图 4-14　采珠工人清洗珍珠场景

第四节
养殖条件对珍珠质量的影响

珍珠的养殖条件会对珍珠的质量产生直接和间接的影响，育珠贝（蚌）的种类、大小规格及壳色对其所产珍珠的质量起决定性的影响，供片的贝（蚌）、插片手术技术、养殖条件等对其所产珍珠的质量产生很大影响。

一、育珠贝（蚌）对珍珠质量的影响

（一）种类的影响

不同种类的育珠贝（蚌）所产珍珠质量也不一样，海水珍珠育珠贝主要有马氏珠母贝、大珠母贝、珠母贝、企鹅珍珠贝等，淡水珍珠育珠蚌主要有三角帆蚌、褶纹冠蚌、池蝶蚌等，每种对其养殖珍珠质量特征影响已在前文描述。

（二）大小规格的影响

珍珠的大小和育珠贝（蚌）规格有密切联系。育珠贝（蚌）个体越大、质量越重，所产珍珠越大。所以，在育珠贝（蚌）选育时，尽可能用体重、壳宽作为主要选育指标。

（三）壳色的影响

对淡水育珠蚌产珠规律进行研究发现，壳色会对珍珠的颜色产生影响，壳色深的蚌产出深色珍珠的比例大，并且深色珍珠多产于壳色深的部位。所以，在育珠贝（蚌）的良种选育时，壳色已成为一项重要指标。

二、供片贝（蚌）对珍珠质量的影响

供片贝（蚌）是指在养殖过程中，用于制作外套膜小片的贝（蚌）。在培育珍珠过程中除了要选取优质的育珠贝（蚌），还要考虑供片贝（蚌）种类、年龄、壳色的影响。

（一）供片贝（蚌）种类的影响

不同种类的育珠贝（蚌）和供片贝（蚌）的双方相互结合产生优势性状，会提升所产珍珠的质量；相反，如果育珠贝（蚌）对结合后的不同种类的供片贝（蚌）的供片产生不同程度的排异反应，会降低所产珍珠的质量。目前，科研机构及养殖厂家针对这一课题进行了深入的研究，摸索出能打破传统养殖方式的新供片技术。

（二）供片贝（蚌）年龄的影响

利用不同年龄三角帆蚌制备的小片所培育的珍珠质量有很大差别。有日本学者表明，选用 2 龄蚌为供片蚌所产的珍珠呈奶油色、金色的较多，而且珠层厚；选用 3 龄蚌为供片蚌所产的珍珠呈白色居多；4 龄蚌为供片蚌所产的珍珠呈白色较多，但分泌珠质能力较差。

（三）供片贝（蚌）壳色的影响

同样壳色的育珠贝（蚌），插入来自不同壳色贝（蚌）的外套膜小片，所产出的珍珠颜色比例不同。一般来讲，来自深壳色的小片所产的珍珠中深色珍珠的比例大。

三、插片对珍珠质量的影响

用供片贝（蚌）制作小片，插入育珠蚌，才能产出珍珠。小片的分离质量、插片数量、插入小片手术技术等对珍珠质量有重要影响。

（一）小片分离质量的影响

小片分离质量好坏直接影响到珍珠质量。优质的小片一般比较厚，它所带的结缔组织较多，容易成活。

（二）插片数量的影响

淡水育珠插片手术中，每只育珠蚌插小片的数量与珍珠的产量和质量密切相关，插片数量是育珠生产的关键技术参数之一。长期的养殖经验发现，淡水珍珠养殖的插片数在 30~32 片最合适（图 4-15）。

图 4-15　每只淡水珍珠蚌可产出 30 颗左右的珍珠

（三）手术技术的影响

通常从外套膜切取小片后，均需滴加含有营养、激素、抗菌素等的溶液，以增强小片活力，有利于加快珍珠囊形成。一般插片手术时间要控制在 4 分钟以内。同时，小片应紧贴珠核，且小片的外上皮需要面向珠核。

四、养殖条件对珍珠质量的影响

养殖条件主要包括养殖水体水质及微量元素、吊养深度和吊养方式、养殖周期等，均会对所产珍珠的质量产生很大影响。

（一）养殖水体水质及微量元素的影响

在中性水环境中，贝（蚌）能自主地从外界水环境中吸收钙，并旺盛地形成贝（蚌）壳珍珠层及分泌珍珠质。持续的酸性水环境和持续的碱性水环境都会导致珍珠质分泌细胞能力减弱，水环境酸性或碱性程度越高，对珍珠质分泌细胞活动的影响越大。

稀土元素能显著促进珍珠质的分泌。贝（蚌）壳珍珠层微结构对珍珠光泽影响很大，使用铈盐能诱导珍珠层微结构发生改变从而提高珍珠光泽。环境中适宜的钙浓度可促进贝（蚌）对钙质的吸收、储藏以及细胞的分泌活动。而漂白粉对贝（蚌）外套膜和珍珠囊细胞的超微结构均有不同程度损害。

（二）吊养深度和吊养方式的影响

育珠水体各层位理化特性和生物学性状不尽相同，特别是在封闭水域更为明显。以三角帆蚌养殖淡水珍珠为例，由于浮游生物会影响水体透明度，根据养殖经验，最佳育珠水层与透明度的关系式为：最佳育珠水层（厘米）= 透明度（厘米）×0.8。透明度常用塞氏盘法测定，将一直径 20 厘米圆盘水平吊入水中，盘从中心平分为四个部分，黑白颜色相间分布，直到从水面几乎看不见圆盘时，圆盘到水面距离即为透明度。

养殖珍珠一般采用网兜（图 4-16）和网笼两种方式。在相同环境中养殖时间相同，

图 4-16　网兜养殖淡水珍珠蚌展示模型

珍珠贝生长速率差异并不显著，珍珠层厚度也没有显著差异。但是在网笼中养殖生产出的珍珠，质量要明显高一些。

（三）养殖周期的影响

一般淡水无核珍珠养殖周期需要 3~5 年，日本海水有核珍珠养殖时间一般为 2 年，在养殖周期内养殖时间越长，产出珍珠颜色越丰富，珍珠直径和重量越大，圆形珍珠比例越高，强光泽珍珠比例越高，高质量珍珠比例也越高。但当到达了一定时长后再继续养殖，对珍珠质量的提升作用不大。

第五章

Chapter 5

珍珠的优化处理、仿制品及其鉴别

优质珍珠稀有昂贵，无论是天然珍珠还是人工养殖珍珠，采收后总不是完美无瑕的，通过一些优化处理手段可以改善其外观。消费者对珍珠的需求日益增加，市场上出现了许多珍珠仿制品，鉴别珍珠是否经过处理、区分珍珠与其仿制品变得尤为重要。

第一节 珍珠的优化工艺

从珍珠母贝（蚌）中直接采集的原珠除了极少部分可以直接使用外，多数珍珠需要经过一系列的优化工艺，珍珠的优化已逐渐被消费者认可。我国珍珠加工业起步较晚，20 世纪 60 年代末才开始进行珍珠漂白技术研究。70 年代，中国水产研究院南海水产研究所、上海染料涂料研究所、湛江水产学院（今广东海洋大学）等单位共同合作，使优化技术取得一定进展。近年来，随着消费者对珍珠颜色品种的多方位需求，我国淡水及海水养殖珍珠业发展迅速，相关研究不断深入，提出了新的珍珠优化工艺与手段。

珍珠的优化，其目的是去除珍珠层表层杂质，改善珍珠的颜色和外观，从而提高其价值（图 5-1）。淡水无核珍珠优化工艺步骤分为预处理、漂白、增白及抛光；有核

a 优化前

b 优化后

图 5-1　淡水养殖珍珠优化前后对比

珍珠的优化工艺步骤分为预处理、增光、漂白、增白及抛光。根据我国国家标准 GB/T 16552—2017《珠宝玉石　名称》，这种经过优化工艺的珍珠，在鉴定证书的鉴定名称中无须体现。

一、预处理

珍珠预处理是指采珠后的处置步骤，主要为后期优化工艺做准备，包括清洗、分选、打孔、膨化、脱水等环节。预处理工艺的好坏直接影响到珍珠后续优化的效果。

（一）清洗

珍珠采收后表面经常附着海水、黏液和污物等，需要进行清洗。主要步骤是清水漂洗、饱和盐水浸泡、细盐混揉、肥皂水漂洗、清水漂洗。

（二）分选

清洗后要对珍珠进行分选。根据珍珠的商业用途，把不适合漂白的珍珠挑出来，再根据珍珠颜色、光泽、形态和大小等进行大致分选（图 5-2）。不同类型的珍珠，所含致色元素种类和含量不同，后期工艺所需漂白剂浓度、漂白时间都会有所差异，分选后有助于得到理想的漂白效果。

图 5-2　人工分选淡水养殖珍珠

（三）打孔

根据珍珠表面瑕疵的特点和后期首饰加工的要求进行打孔（图 5-3）。打孔前要仔细观察珍珠表面的情况，为保证珍珠成品最大限度地体现美观，需选好孔位并作出标记。把孔打在珍珠明显瑕疵处，能把珍珠的瑕疵消除或掩盖掉，可在一定程度上提高珍珠表面光洁度。珍珠的文石层状结构致密，形成了很好的保护层，后期工艺使用的试剂不易通过珍珠表层渗透到内部，打孔后有助于后期溶液的渗入，缩短漂白时间，便于漂白、增白等工序操作。

图 5-3　珍珠打孔

（四）膨化

珍珠通过膨化处理，致密的珍珠层变疏松，使漂白液较易渗透。一般挑选出颜色较浅的珍珠，并按珍珠色泽深浅程度分类。将不同类别珍珠分别浸泡在调配好的试剂中，也可用纱布包裹珍珠，浸于去离子水（是指除去了呈离子形式杂质后的纯水）中加热。一般珍珠膨化设备内温度设定在 80~90 摄氏度，膨化时间由珍珠色泽决定。

（五）脱水

对经过膨化处理的珍珠进行脱水处理，通常使用无水乙醇除去珍珠内的吸附水，还可以选用抽真空和烘干的方法。

二、增光

增光工序一般在珍珠分选之后、打孔之前进行，目的是增加珍珠表面的光洁度，增强珍珠的光泽。一般对有核养殖珍珠进行优化时，会增加增光优化工序并免除预处理中的膨化工序。

不同珍珠加工厂商使用的增光液成分不同，根据广东省《南珠加工前处理技术规范》，海水养殖珍珠的增光液主要包括蒸馏水、氢氧化镁、氨水、聚乙二醇和甲醇等成分。

增光工序一般进行 5 次，根据珍珠表面质量情况选择增光次数，直到符合要求为止。每道工序完毕，均要求对珍珠进行清洗，晾干后再进行下一道增光工序。

三、漂白

漂白是珍珠的优化工艺中最重要的方法，通常有四种方法：化学漂白、光致漂白、热分解漂白和溶解漂白。在珍珠漂白的工艺过程中这四种方法都会使用，以化学漂白为主。它是利用化学原理去除珍珠表层的污物、黑斑和珍珠质层中的黄色色素，把珍珠漂白却不伤及珍珠层，使珍珠呈现固有的光泽，从而提高其美学价值。目前，国内外可用于珍珠漂白的两种试剂是双氧水和氯气。双氧水漂白是将珍珠浸泡在浓度为 2%~4% 的双氧水溶液中，温度控制在 20~30 摄氏度，pH 值为 7~8，经过大约 20 天的漂白，珍珠会变成银白色或灰白色，效果好的可变成纯白色（图 5-4）。由于氯气的漂白能力很强，因此，在使用不当时会增大珍珠的脆性，或者在珍珠表面留下白垩状粉末。目前这种漂白方法已经不再使用。

漂白的同时，需使用白色日光灯照射，温度保持在 30~50 摄氏度，照射时间为 1~5

小时，直到珍珠表面呈现较好的光泽为止。光照可有效促使双氧水的分解，提高其漂白性能。

待珍珠光泽和白度均符合要求后，将珍珠从容器内取出，经清洗晾干，再做后期处理。

图 5-4　珍珠用器皿浸泡漂白

四、增白

大部分珍珠经过漂白处理后颜色已经比较洁白，但仍有一部分珍珠会不同程度地显黄。这是由于珍珠中一些化学性质比较稳定的色素，在一般条件下的双氧水难以对其起作用。为了去除残存的黄色，还需要对这部分珍珠进行增白处理。

增白通常采用荧光增白剂。荧光增白剂是利用光学中互补色原理来增加珍珠白度，荧光增白剂本身是一种接近无色的有机化合物。经过荧光增白剂处理的浅色珍珠，受带有紫外线的光线照射而产生蓝、紫色荧光，与黄光互为补色，从而增强珍珠的白度和亮度。珍珠的增白工艺只是视觉上的增亮补色，并不能代替漂白。使用这种方法对水的要求比较高，一般需要对水进行软化处理，要求其不含铁、铜等金属离子。目前，日本采用的是第三代增白技术，即固体增白。脱离了水的限制，通过某种工艺将荧光增白剂充填、渗透到珍珠表层孔隙及珍珠质层中，短短几天便可使珍珠表面呈现醒目的银白色。

五、抛光

抛光也称上光，是珍珠优化工艺中的最后一道工序。抛光质量可以改善珍珠的光洁度和光泽，从而提高珍珠的价格。良好的抛光可以提高珍珠的漂白、增白效果，还可以使珍珠表面附上一层薄薄的蜡，避免珍珠之间相互摩擦产生损伤。

目前常见的抛光设备有抛光机和克震机（图 5-5），具体操作步骤为：将漂白、增白后的珍珠放入带有抛光材料的抛光桶内，四个抛光桶同时在抛光机内转动 60~70 分钟，再将珍珠取出放入克震机中震动 60 分钟。常用的抛光材料有竹片、玉米芯和石蜡，也可使用木屑、颗粒食盐、硅藻土等。

a 抛光机

b 克震机

图 5-5 珍珠的抛光设备

第二节

珍珠的处理及其鉴别

珍珠的处理主要包括染色处理和辐照处理。经过处理的珍珠，其外观发生了明显变化，但价值和同样外观的未经处理的珍珠比较相差甚远。根据我国国家标准 GB/T 16552—2017《珠宝玉石　名称》的要求，经过染色处理和辐照处理的珍珠，在鉴定证书上可有如下表示方法：染色珍珠、辐照珍珠；珍珠（染色）、珍珠（辐照）；珍珠（处理），同时附注说明“染色处理”或“辐照处理”。

一、珍珠的染色及其鉴别

（一）珍珠的染色方法

珍珠染色主要是利用珍珠的多孔结构，将珍珠浸入染液，染色剂吸附在珍珠表面或更深一步地渗入珍珠内部。普遍使用的染料有碱性染料、酸性染料、活性染料和直接染料。常见染成的颜色有黑色、巧克力色、玫瑰色、粉红色、金色等，其中以黑色为主（图 5-6）。染色应在室温条件下的中性或微碱性环境中进行，才能使珍珠颜色保持鲜艳，在长期日晒下不褪色、不变色。

图 5-6　不同颜色的染色珍珠

将珍珠浸泡在含硝酸银的稀氨水溶液中，同时暴露在光或硫化氢气体中，可得到深黑色珍珠；利用高锰酸钾溶液可把珍珠染成棕色；用碱与钴盐配制的溶液，可把珍珠染成粉红色；使用类似曝光染料的红色的稀释油与酒精溶液，可将珍珠染成红色或玫瑰色调；使用一种称为直接冻黄（$C_{28}H_{24}O_8N_4S_2$）的有机染料，可把淡水珍珠染成金黄色；还可用天然有机萃取物和苯胺染料来染色珍珠，但这种方法得到的颜色会在一定时间内褪色。

（二）染色珍珠的鉴别

1. 放大观察

染色珍珠的表面可见色斑，出现局部颜色分布不均匀的现象，在有病灶、裂纹、瑕疵处有颜色浓集的现象和细小的颜色斑块，晕彩、伴色不自然，经钻孔再染色的珍珠，在其钻孔旁还可见到染料聚集的现象（图 5-7）。整串项链的颜色色调和浓淡基本一致。

2. 擦拭实验

对于黑色染色珍珠，用蘸有 2% 稀硝酸溶液的棉球轻轻擦拭，留有黑色污迹的是染色的；而未经染色的黑珍珠没有这种现象。对于其他颜色的染色珍珠通常采用丙酮擦拭，同样会在棉球上残留染料的痕迹。

3. 紫外荧光

染色珍珠在紫外灯照射下多呈惰性，而淡水养殖珍珠常呈现黄绿色荧光，海水养殖珍珠常呈现弱的蓝白色荧光；天然或养殖黑珍珠在长波紫外光下常呈现暗红色荧光，但

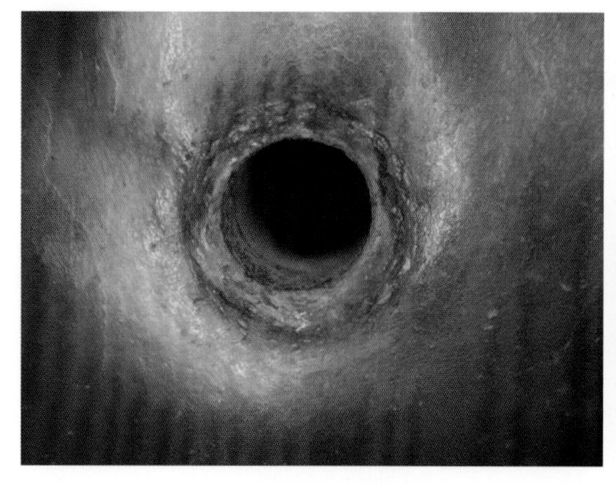

a 染色红色珍珠

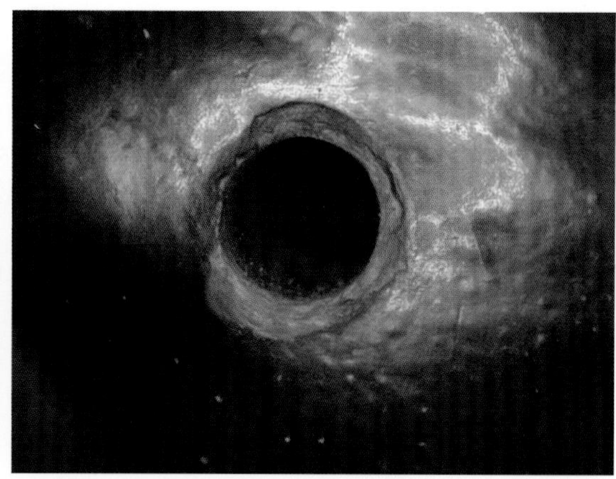

b 染色黑色珍珠

图 5-7　染色珍珠钻孔旁的染料聚集现象

发光性只能作为辅助性的鉴定手段。

4. 光谱检测

染色珍珠的拉曼光谱、紫外—可见吸收光谱和激光光致发光光谱（PL 谱）测试可能与未经染色的珍珠有差异。

二、珍珠的辐照改色及其鉴别

（一）珍珠辐照方法

辐照改色是利用高能射线或高能电子对珍珠进行辐照，辐照改色的珍珠常呈灰黑色、银灰色、深蓝色、深孔雀绿色、暗紫色及古铜色等较深的颜色。

早在 20 世纪 50 年代，日本人就开始采用 γ 射线辐照来改善珍珠的颜色，60 年代就有辐照改色的珍珠进入市场。当时采用的是钴-60 发射 100000 里德伯的 β 射线辐照珍珠 16 小时，获得黑色、蓝灰色等颜色。这种改色方法的成本较低，无残余放射性的危害，颜色稳定，但改色效果单一，且颜色灰暗，一直没有大批量生产。近年来，采用电子加速器产生高能电子束对珍珠进行辐照改色，效果较好，其中淡水珍珠辐照改色效果更加明显。

（二）辐照珍珠的鉴别

1. 肉眼观察

辐照处理的淡水珍珠颜色较深，晕彩浓艳，主要有墨绿色、古铜色、暗紫红色、灰色或黑褐色，同时伴有异常的金属光泽，但颜色均匀，没有养殖珍珠伴色的多样性，整体感觉不自然。而未经辐照处理淡水珍珠没有黑色及孔雀绿色等颜色品种。经 γ 射线辐照改色的有核珍珠，其珍珠质层近无色透明，而珠核透出黑色（图 5-8），在检测有孔珍珠时，从其孔眼观察若发现内部颜色明显较深则可能经过辐照改色。

a 珍珠外观

b 深色珠核

图 5-8 辐照处理有核珍珠
（图片来源：邵惠萍等，2019）

2. 紫外荧光

在长波紫外光下，辐照处理的淡水养殖珍珠均显现强的绿色荧光；在短波紫外光下，辐照处理的淡水养殖珍珠显现弱到中等的绿色荧光。

3. 拉曼光谱

辐照处理淡水养殖珍珠的拉曼光谱多具有强荧光背景，由于产生较强的荧光，使用可见光做激发源的拉曼光谱也由此造成谱线位置过高。因而淡水珍珠内与有机质有关的振动谱峰可能为过强的荧光干扰所遮盖，一般只可见较弱的文石峰。

此外，因为辐照处理仅能使淡水珍珠产生黑色或很深的颜色，对海水珍珠只能产生很浅的灰色，且未处理的淡水珍珠没有黑色及孔雀绿色等深颜色的品种，所以只要能够鉴别黑色或其他很深颜色的珍珠是淡水珍珠，则应怀疑其经过辐照处理。

第三节

珍珠的仿制品及其鉴别

珍珠仿制品是指外观和珍珠相似，而成分和结构不同于珍珠的人造或天然材料。早在 17 世纪，法国就出现了用青鱼鳞的提取液涂在玻璃球上制成的珍珠仿制品。目前一般利用海洋生物提取液或合成制品涂在不同材料上来仿制珍珠，这些涂层材料有时被称为“珍珠精”。科学技术的进步使这一技术更加成熟，珍珠仿制品外观日趋逼真。目前市场上常见的珍珠仿制品有玻璃、塑料、贝壳等。

一、玻璃

玻璃仿珍珠又分空心玻璃充蜡仿珍珠和实心玻璃仿珍珠。两者同是乳白色玻璃小球浸于海洋生物的提取液中而成，只不过空心玻璃球内充满的是蜡质。两种玻璃仿珍珠手摸均有温感，用针刻不动但会造成表皮成片脱落，珠核呈玻璃光泽，常见旋涡纹和气泡，偏光镜下显均质性，无荧光。不同点在于：空心玻璃充蜡仿珍珠质轻，密度约为 1.5 克 / 厘米 ^{3}，用针探入钻孔处有软感。实心玻璃仿珍珠密度为 2.85~3.18 克 / 厘米 ^{3}。

目前还有一种被称为“马约里卡珠”的珍珠仿制品，主要由西班牙的马约里卡（Majorica）SA 公司生产。这种仿珍珠是将具有珍珠光泽的特殊生物物质涂料涂在一种玻璃小球上，再涂上一层保护膜，其手感、光泽与海水养殖珍珠十分相似（图 5–9）。

  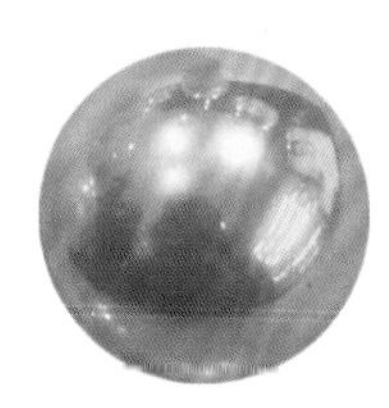 

图 5–9　马约里卡珠

马约里卡珠与海水养殖珠的主要区别有：马约里卡珠的光泽很强，表面晕彩明显；显微镜下无珍珠的特征生长纹，只有凹凸不平的边缘；马约里卡珠的折射率为 1.48，而珍珠折射率高于 1.53；在 X 射线相片上，马约里卡珍珠不透明；用牙齿轻擦马约里卡珠时，有滑感。

二、塑料

在乳白色塑料圆珠上涂上一层海洋生物的提取液即可得到塑料仿珍珠制品（图 5–10）。其鉴别特点是色泽单调、呆板，大小均一，手感轻，有温感。钻孔处有凹陷，用针挑拨，镀层脱落后可见珠核。放大检查表面是均匀分布的粒状结构。

图 5–10　塑料仿珍珠

三、贝壳

是用贝壳磨成圆球或其他形状，然后涂上一层海洋生物的提取液制成的。这种仿珍珠与珍珠很相似，仿真效果好（图 5–11），它与珍珠的主要区别是放大观察时看不出珍珠表面所特有的生长回旋纹，而只是类似鸡蛋壳表面那样的高高低低的单调的糙面（图 5–12）。

图 5–11　贝壳仿珍珠

也有在贝制珠核表面覆上一层聚合物膜做成的珍珠仿品。覆膜珍珠的聚合物薄层里可能存在气泡，易呈现不平整的表层形态，覆层的刮伤、凹坑等也是覆膜珍珠的检测特征。

a 金色海水珍珠

b 贝壳仿珍珠

图 5–12　宝石显微镜（100 倍）下海水养殖珍珠及贝壳仿制品的表面特征

第六章

Chapter 6

珍珠的质量评价

我国明代科学家宋应星编纂的《天工开物》中记载:"自五分至一寸五分径者为大品。小平似覆釜，一边光采微似镀金者，此名珰珠，其值一颗千金矣。次则走珠，置平底盘中，圆转无定歇，价亦与珰珠相仿。次则滑珠，色光而形不甚圆。次则螺蚵珠，次官雨珠，次税珠，次葱符珠。"可见最晚从明代开始，人们就从颜色、大小、形状、光泽等方面评价珍珠品质的优劣。

为了规范珍珠市场，指导消费者正确购买珍珠饰品，国内外多家权威机构，如中国国家珠宝玉石质量监督检验中心（NGTC）、美国宝石学院（GIA）、国际珠宝首饰联合会（CIBJO）、日本真珠科学研究所等有各自的珍珠分级标准。品质不同的珍珠价格相差较大，因此，要用科学公认的珍珠分级标准进行分级。国内外市场上珍珠的质量主要从珍珠的颜色、大小、形状、光泽、光洁度、珍珠层厚度及匹配性等方面来进行分级。

第一节

国内的珍珠质量分级体系

现行国家标准 GB/T 18781—2008《珍珠分级》，是中国目前珍珠分级的主要依据。《珍珠分级》规定：对珍珠品质进行评价，应采用白色背景，在自然光或日光灯下进行。单颗粒海水珍珠质量级别划分应考虑颜色、大小、形状、光泽、光洁度及珠层厚度六方面；单颗粒淡水珍珠质量级别划分应考虑颜色、大小、形状、光泽及光洁度五方面；多颗粒珍珠饰品还要考虑其匹配性。

一、颜色

珍珠体色分为白色、红色、黄色、黑色及其他五个系列（图 6–1）。

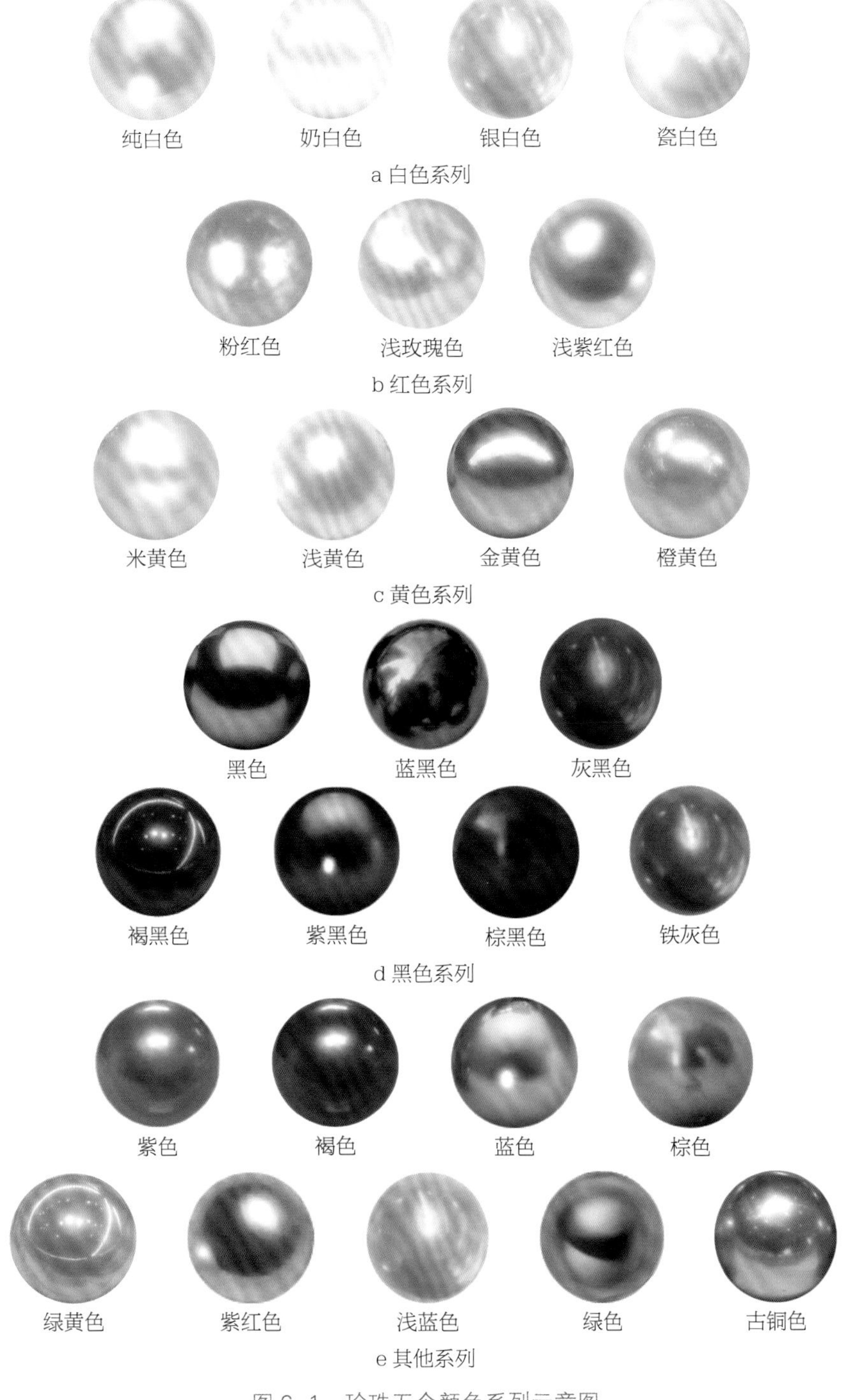

图 6–1　珍珠五个颜色系列示意图

（1）白色系列。包括：纯白色、奶白色、银白色、瓷白色等。

（2）红色系列。包括：粉红色、浅玫瑰色、浅紫红色等。

（3）黄色系列。包括：米黄色、浅黄色、金黄色、橙黄色等。

（4）黑色系列。包括：黑色、蓝黑色、灰黑色、褐黑色、紫黑色、棕黑色、铁灰色等。

（5）其他系列。包括：紫色、褐色、青色、蓝色、棕色、绿黄色、紫红色、浅蓝色、绿色、古铜色等。

白色珍珠最为常见，体色偏奶油黄色的价值会降低。黄色珍珠中南洋金色珍珠最稀有，价值也最高，金色珍珠的体色越浓艳价值越高。

珍珠的伴色有银白色、粉红色、玫瑰色、银白色、绿色等。白色珍珠带有玫瑰色伴色时会增加它的价值。黑色珍珠，其伴色是影响价值的重要因素，带孔雀绿伴色的黑珍珠价值最高（图6-2），其次是紫红色和古铜色伴色。金色珍珠一般伴色不明显，有的金色珍珠有着橘红色伴色（图6-3），会提升其价值。

图6-2　带孔雀绿伴色的黑色珍珠
（图片来源：欧亿珠宝提供）

图6-3　带橘红色伴色的金色珍珠胸针
（图片来源：欧亿珠宝提供）

珍珠的强晕彩也可以很大程度地提升珍珠的价值，晕彩越强烈，价值越高。晕彩分为晕彩强、晕彩明显、晕彩一般三个级别（图6-4）。

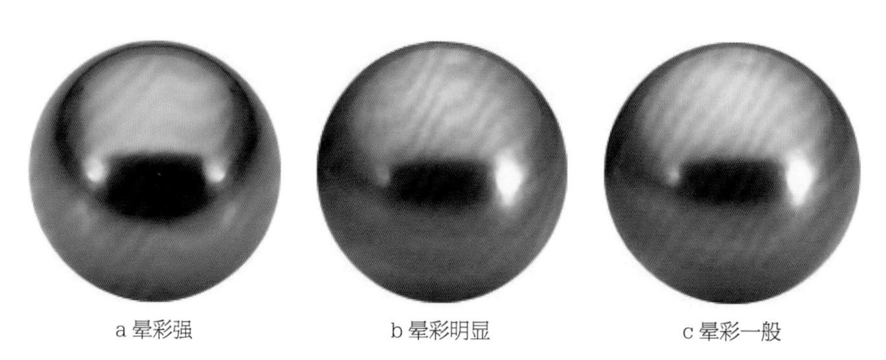

a 晕彩强　　b 晕彩明显　　c 晕彩一般

图6-4　黑色珍珠的晕彩级别
（图片来源：Hoanggiapearl，Wikimedia Commons，CC BY-SA 3.0 许可协议）

二、形状

珍珠的形状有圆形、椭圆形、扁圆形、异形等（图 6-5）。俗话说“珠圆玉润”，珍珠越圆、对称性越高，越符合大家的审美取向。因此，正圆的珍珠一直是最受追捧的类型。但由于珍珠的生长受生物、环境等多方面影响，正圆形产出的珍珠相当稀少，因此正圆形的珍珠价值最高。水滴形的珍珠如果对称度高，价值也很高。异形珍珠形态虽不规则，但大颗粒的异形珍珠，如果其光泽和光洁度好，施以巧妙的设计，可以使其价值倍增。

a 正圆珍珠

b 圆珍珠

c 近圆珍珠

c 水滴形珍珠

e 扁平珍珠

f 异形珍珠

图 6-5　珍珠的各种基本形状

业界为了区分珍珠形状，通常使用直径差百分比来定量评价珍珠的形状级别。直径差百分比是指珍珠最大直径与最小直径之差与最大最小直径平均值之比的百分数（表 6-1）。根据珍珠生长环境将海水珍珠和淡水珍珠分别进行分级，淡水珍珠的分级指标要求比海水珍珠要略低一些。

表 6-1　珍珠形状级别（GB/T 18781—2008）

海水珍珠形状		淡水无核珍珠形状		
形状级别及代号	直径差百分比（%）	形状级别及代号		直径差百分比（%）
正圆 A_1	≤ 1.0	正圆 A_1		≤ 3.0
圆 A_2	≤ 5.0	圆 A_2		≤ 8.0
近圆 A_3	≤ 10.0	近圆 A_3		≤ 12.0
椭圆 B（含水滴形、梨形）	> 10.0	椭圆形类	短椭圆 B_1	≤ 20.0
			长椭圆 B_2	> 20.0
扁平 C	具对称性，有一面或两面呈近似平面状	扁圆形类	高形 C_1	≤ 20.0
			低形 C_2	> 20.0
异形 D	没有明显对称性，通常表面不平坦	异形 D		没有明显对称性，通常表面不平坦

三、大小

珍珠的大小在很大程度上决定着珍珠的价值。同一种类和品质的珍珠，尺寸越大，越稀有，价值也就越高。并且一些珍珠会随着直径增大出现价格阶梯，即一旦超过某一直径，价格会出现较大的突增。如南洋珍珠一般在 14 毫米、16 毫米和 20 毫米直径的节点上有较大的价格阶梯。

正圆、圆、近圆珍珠以最小直径来表示，其他形状珍珠以最大尺寸乘最小尺寸表示（图 6–6）。对于批量的散珠，可以使用珍珠筛的孔径范围表示，筛子的孔径规格的连续间隔不大于 0.5 毫米，如 5.0~5.5 毫米。

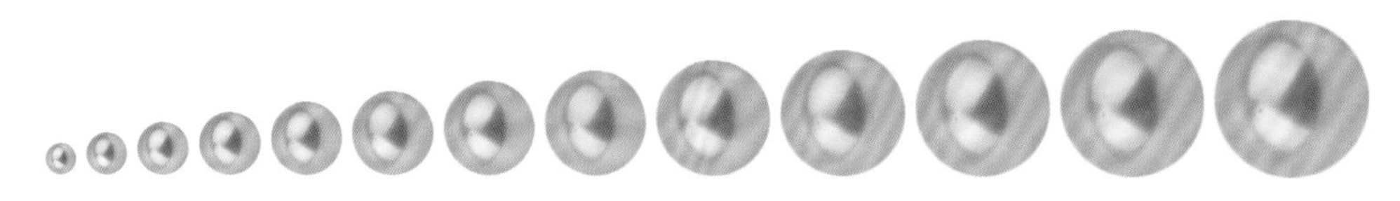

图 6–6　珍珠的大小示意图（直径：3~15 毫米）

四、光泽

所谓“珠光宝气”“无光不成珠”，珍珠独一无二的美正是来源于其特殊的珍珠光泽。珍珠光泽的强弱不仅可以反映珍珠层的厚度，也直接关系到其品质与价值。

评价珍珠光泽的强弱时，要观察珍珠表面反射光的强度、均匀程度及映像的清晰程度。珍珠光泽划分为极强、强、中和弱四个等级（图 6–7）。另外，海水珍珠的判别要求标准要略高于淡水珍珠（表 6–2）。

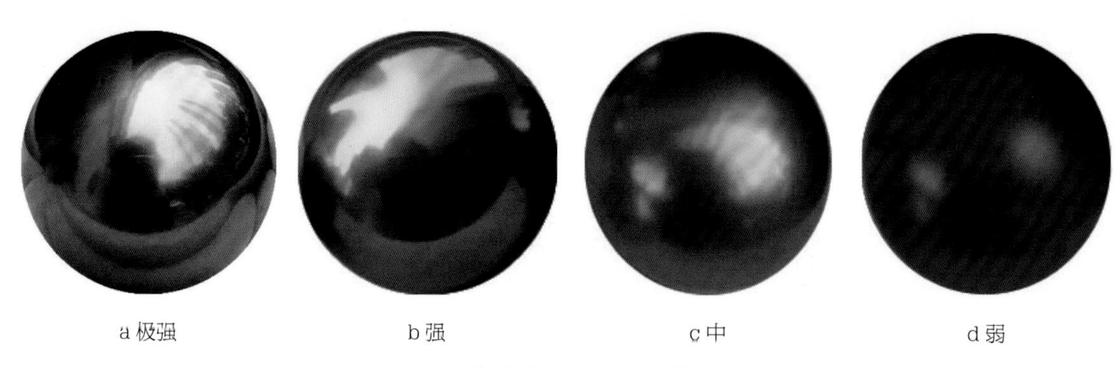

图 6–7　海水珍珠的光泽级别示意图

表 6-2 珍珠光泽级别（GB/T 18781—2008）

海水珍珠			淡水珍珠		
光泽级别	代号	质量要求	光泽级别	代号	质量要求
极强	A	反射光很明亮、锐利、均匀，表面像镜子，映像很清晰	极强	A	反射光很明亮、锐利、均匀，映像很清晰
强	B	反射光明亮、锐利、均匀，映像清晰	强	B	反射光明亮，表面能见物体影像
中	C	反射光明亮，表面能见物体影像	中	C	反射光不明亮，表面能照见物体，但影像较模糊
弱	D	反射光较弱，表面能照见物体，但影像较模糊	弱	D	反射光全部为漫反射光，表面光泽呆滞，几乎无映像

五、光洁度

珍珠表面的光洁度即珍珠表面瑕疵的大小、颜色、位置及多少影响到其光滑、洁净的总程度。对光洁度进行评价主要看这些瑕疵的明显程度。瑕疵越大和越多，出现的位置越明显，对美观的影响越严重。对于珍珠饰品，出现在珠孔附近或镶爪附近的瑕疵，对其光洁度的影响较小。

除了考虑瑕疵对珍珠外观的影响，还要考虑其对耐久性的影响。如有些表面裂纹、破口和孔眼附近的珍珠层脱皮，会危及珍珠的使用寿命，因此这种瑕疵对光洁度的影响更为严重。

珍珠的光洁度划分为无瑕、微瑕、小瑕、瑕疵和重瑕五个等级（表 6-3、图 6-8）。

表 6-3 珍珠光洁度级别（GB/T 18781—2008）

光洁度级别		质量要求
无瑕	A	肉眼观察表面光滑细腻，极难观察到表面有瑕疵
微瑕	B	表面有非常少的瑕疵，似针点状，肉眼较难观察到
小瑕	C	有较小的瑕疵，肉眼易观察到
瑕疵	D	瑕疵明显，占表面积的四分之一以下
重瑕	E	瑕疵极明显，严重的占据表面积的四分之一以上

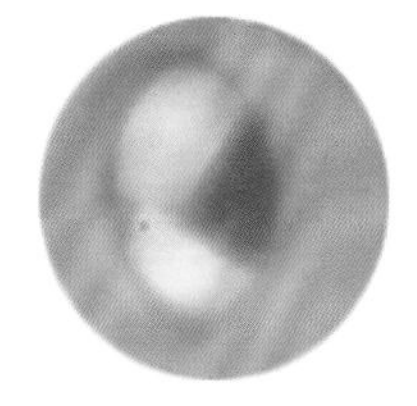
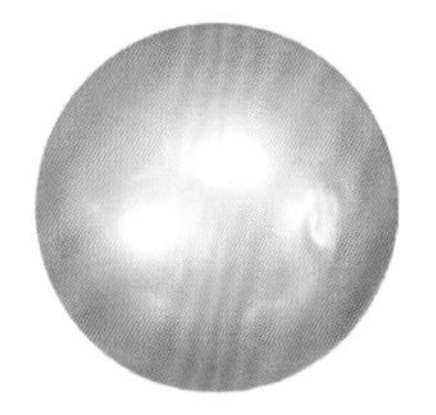
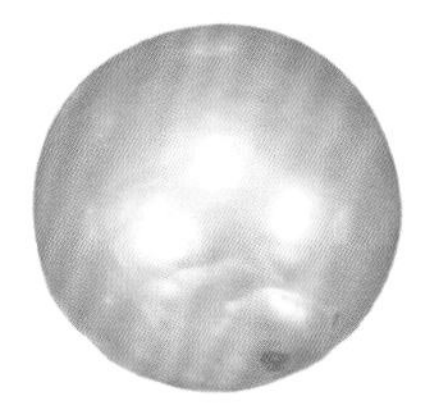
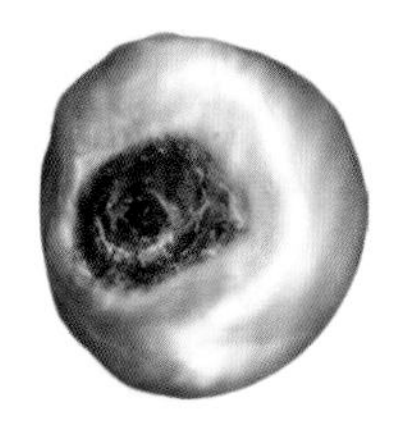

a 无瑕珍珠　b 微瑕珍珠　c 小瑕珍珠　d 瑕疵珍珠　e 重瑕珍珠

图 6-8　珍珠的光洁度级别示意图

六、珍珠层厚度

海水珍珠一般为有核养殖珍珠，由珠核和一定厚度的珍珠层构成（图 6-9）。珍珠层的厚度是决定珍珠价值的重要因素，对于同一品种的珍珠，珍珠层越厚，珍珠光泽越强，珍珠品质越好。珍珠层厚度小于 0.3mm 时还会容易脱落，影响到珍珠的耐久性。

我国将海水珍珠的珍珠层厚度级别划分为特厚、厚、中等、薄及极薄五个等级。其中珍珠层特厚（A）为 0.6 毫米及以上、厚（B）为 0.5~0.6 毫米、中等（C）为 0.4~0.5 毫米、薄（D）为 0.3~0.4 毫米、极薄（E）为小于 0.3 毫米。

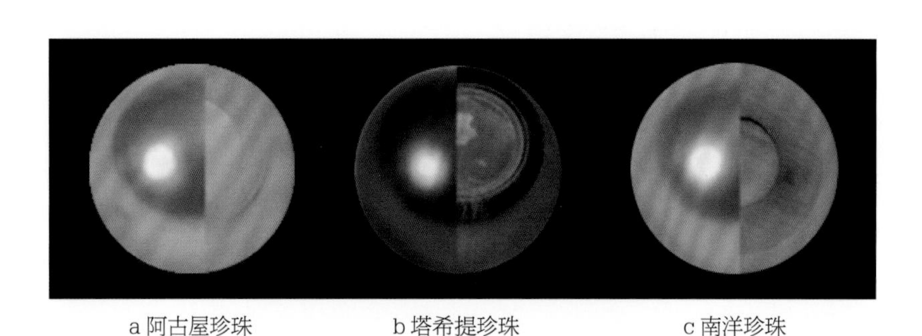

a 阿古屋珍珠　b 塔希提珍珠　c 南洋珍珠

图 6-9　海水有核养殖珍珠剖面示意图
（图片来源：詹大提供）

七、匹配性

对于单颗粒珍珠饰品珍珠的分级，应用前面六个方面确定级别。而对于由多颗粒珍珠构成的饰品中珍珠的分级，除了确定饰品中各粒珍珠的质量级别外，还要考虑珍珠饰品整体的匹配性（图6-10）。匹配性指多颗粒珍珠饰品中，各粒珍珠之间在大小、形状、颜色、光泽、光洁度等方面的协调性程度，包括珍珠项链中珠孔是否居中、塔链中各珠大小是否连续渐变等。

图 6-10　匹配性很好的珍珠项链
（图片来源：欧亿珠宝提供）

我国珍珠分级标准把匹配性分为很好、好和一般三个等级（表 6-4）。

表 6-4　珍珠匹配性级别（GB/T 18781—2008）

匹配性级别		质量要求
很好	A	形状、光泽、光洁度等质量因素应一致，颜色、大小应和谐有美感或呈渐进式变化，孔眼居中且直，光洁无毛边
好	B	形状、光泽、光洁度等质量因素稍有出入，颜色、大小较和谐或基本呈渐进式变化，孔眼居中且无毛边
一般	C	颜色、大小、形状、光泽、光洁度等质量因素有较明显差别，孔眼稍有歪斜且有毛边

第二节

国外的珍珠质量分级体系

国外的珍珠质量评价分级体系主要有美国宝石学院、日本真珠科学研究所、国际珠宝首饰联合会分级标准等。

一、美国宝石学院珍珠分级体系

美国宝石学院珍珠分级体系的七要素包括尺寸、形状、颜色、光泽、表面、珍珠层和匹配性，适用于未镶嵌、已镶嵌珍珠或珠串。这一系统可用于描述所有珍珠质珍珠，但目前美国宝石学院只提供海水养殖珍珠分级报告。

（一）尺寸

珍珠尺寸以珍珠的直径来衡量，单位为毫米，精确到小数点后两位。尺寸的表示方法为圆形（直径）、椭圆形、水滴形等（长度 × 宽度）和异形（长度 × 宽度 × 深度）。

（二）形状

形状是评价珍珠的圆度。分为圆形、近圆形、椭圆形、水滴形、扁圆形、半异形和异形七种形状。

（三）颜色

颜色由珍珠的体色、伴色和晕彩组成。

珍珠体色使用彩色色相（红色、黄色、绿色、蓝色、紫色及之间的过渡色），以及中性色（白色、灰色和黑色）和接近中性色（银色、奶油色和棕色）来描述珍珠的颜色。同时描述其明暗程度（如浅灰色和深灰色）和饱和度（如淡黄色和浓黄色）。

伴色是由光学效应产生的附加在珍珠表面的色彩，晕彩则是指珍珠表面有两种或多种伴色。

正式颜色分类中不会使用定义不太明确的行业术语，如开心果绿、孔雀蓝等。另外红色虽是彩色色相的一种，但珍珠通常不会达到纯红色的饱和度，因此不被用作分类术语，一般使用粉红色来描述。

（四）光泽

光泽是评价珍珠表面看到的光的反射强度和锐度。分为极好、很好、好、一般和差五个等级。

（五）表面

表面是评价珍珠表面上的光洁程度，指表面瑕疵的大小、多少、位置等状况。分为无瑕、微瑕、中瑕、重瑕四个等级。

（六）珍珠层

珍珠层是评价珍珠层的厚度。分为可接受和不可接受两个等级，大部分珍珠层厚度都为可接受。因此，美国宝石学院对珍珠层厚度要求不高。

（七）匹配性

匹配性是评价一对或一组珍珠首饰，或珍珠项链中各粒珍珠的外观及各项价值要素的均匀匹配程度。分为极好、很好、好、一般和差五个等级。

二、国际珠宝首饰联合会珍珠分级体系

国际珠宝首饰联合会的珍珠分级体系是从养殖珍珠的五个方面来评定品质级别：光泽、颜色、表面外观、形状和尺寸。

经过处理的珍珠和未经处理的珍珠，光泽和颜色级别划分等级名称有所不同，其他级别相同。国际珠宝首饰联合会认为除常规抛光外，其他改变珍珠颜色和光泽的方法均为处理方法。

（一）光泽

将珍珠的光泽分为四个级别。光泽未经处理的珍珠级别为极好、好、一般和暗淡；经过处理的珍珠级别名称后加处理字样以示光泽经过处理，为极好处理、好处理、一般处理和暗淡处理。

极好为反射光明亮、锐利、清晰；好为反射光明亮但不锐利；一般为反射光弱、模糊不清；暗淡为反射光暗淡，是漫射光或者无反射。

（二）颜色

珍珠的颜色指的是其体色、伴色和晕彩的结合。颜色未经处理的珍珠，颜色分别为：香槟色、奶油色、金色、孔雀色、蓝色、绿色、樱桃红色、开心果绿色、茄皮紫色、粉色、白粉色、银粉色、白色、银色、黑色。同光泽级别类似，经过处理的珍珠会在颜色级别后加“处理的”，以示其颜色经过处理。

（三）表面外观

表面外观是指珍珠表面的光洁程度，分为：无瑕、微瑕、中瑕、重瑕四个等级。

无瑕为表面完美无瑕疵；微瑕为表面有轻微的瑕疵；中瑕为表面有明显的瑕疵；重瑕为表面有很明显瑕疵，有损珍珠的美观。

（四）形状

首先将珍珠形状分为对称形状、非对称形状、腰线形状三大类，腰线形状指珍珠上有环状勒痕。

对称形状包括：圆形、水滴形、椭圆形、扁圆形、异形。

非对称形状包括：偏圆形、偏水滴形、偏椭圆形、偏扁圆形、异形。

腰线形状包括：腰线圆形、腰线水滴形、腰线椭圆形、腰线扁圆形、腰线异形（图6-11）。

图 6-11　珍珠的各种腰线形状
（图片来源：Auadtbk，Wikimedia Commons，CC BY-SA 3.0 许可协议）

（五）尺寸

珍珠尺寸以毫米为单位，从珍珠最宽的横轴测量其宽度，或是从最宽的横轴、最窄的横轴和最长的竖轴三个方向测量其长、宽、高。

另外也会称量珍珠的质量，单位为姆米（1 姆米 = 3.75 克）或克拉。

三、日本真珠科学研究所分级体系

日本真珠科学研究所是日本珍珠行业内最权威和最知名的机构之一，其珍珠分级体系主要从珍珠尺寸、珍珠层厚度、光泽、干涉色、体色、表面瑕疵和形状七个方面来评定珍珠等级。

珍珠尺寸和珍珠层厚度单位为毫米，精确到小数点后一位；光泽分为最强、强、中和弱四个等级；干涉色指的是珍珠下半球反射呈现的干涉色现象，将珍珠放在漫射底光源上可以确认，日本真珠科学研究所将其称为“极光效应”（图 6-12）；体色为珍珠的主体颜色；表面瑕疵分为微、少和多三个等级；形状即裸珠的形状。

日本一些鉴定机构常把阿古屋海水养殖珍珠中的高品质珍珠赋予“花珠”“天女”等级别。在日本真珠科学研究所命名的诸多等级中，目前最受市场欢迎的有“极光花珠”“极光天女”“极光真多麻”“极光彩凛珠”等。

图 6-12　阿古屋珍珠的“极光效应”

（一）极光花珠

极光花珠是日本珍珠行业对阿古屋珍珠中品质最优秀的珍珠授予的特别名称，这一称呼有着悠久的传统，但并无明确定义。日本真珠科学研究所如今使用“极光花珠”来命名这一级别，并规定了严格的级别标准：适用于直径超过 6 毫米的白色系阿古屋珍珠；珍珠层厚度为 0.4 毫米或以上；形状圆形；表面瑕疵为微瑕及以上；光泽强并有极光效应。

（二）极光天女

极光天女简称“天女”，是日本真珠科学研究所对极光花珠中最顶尖者的特别称呼（图 6-13）。这一级别的珍珠要首先达到极光花珠的标准，并满足两个必要条件：使用专门测定极光效应的装置打分时超过 90 分（满分为 100 分）；同时拥有三种干涉色并且干涉色由红到黄再到绿生动出现。

图 6-13　极光天女珍珠项链

（三）极光真多麻

阿古屋珍珠中银蓝色者在日本被称为“真多麻”，日本真珠科学研究所将直径 6 毫米及以上银蓝色阿古屋珍珠中的最高品质者命名为“极光真多麻”（图 6-14）。银灰色系带有蓝色伴色的珍珠瑕疵一般要比白色系珍珠的瑕疵多，因此达到高品质的就很少见。体色越深伴色越强烈的极光真多麻珍珠价值越高。

图 6-14　极光真多麻珍珠项链

（四）极光彩凛珠

日本真珠科学研究所将直径 6 毫米以下白色系阿古屋珍珠中的最高品质者命名为“极光彩凛珠”。彩凛珠的珍珠层厚度只需达到 0.3 毫米，但其他标准同极光花珠相同。

（五）极光彩云珠

与极光彩凛珠类似，日本真珠科学研究所将直径 6 毫米以下银蓝色阿古屋珍珠中的最高品质者命名为“极光彩云珠”。

第七章

Chapter 7

珍珠首饰的设计加工与选佩

珍珠是极少数不需要雕琢的宝石之一，然而从裸珠到一件件华丽的首饰，同样需要精心设计与镶嵌制作等才能显示珍珠最大的魅力，一件高价值的珍珠首饰凝聚了大量的人力和设计师的创造力。

第一节
珍珠首饰的设计

一、根据珍珠形状的设计

珍珠与其他宝石不同，通常不经切割琢磨，而是保留其天然形状。在设计和制作中，珍珠的形状是需要考虑的第一要素。在首饰设计中，圆形珍珠最受欢迎，适用面也最广；而异形珍珠设计想象空间比较大，设计师可根据珍珠不同的形状因材施艺，设计出各具特色的首饰作品。

（一）圆形珍珠的设计

在商业珠宝设计中，正圆珍珠始终保持最高等级的地位。一是珍珠的迷人之处在于其柔美的晕彩以及温润的光泽，这是其他宝石不具备的特色，而珍珠的形状越圆，晕彩和光泽的显示就越集中和明显；二是在中国传统观念中，有追求圆满和团圆的美好愿望，而圆润饱满的珍珠恰恰与这一传统文化不谋而合。当然，圆形珍珠更便于首饰工业化的批量生产也是不可忽略的因素之一。对于许多需求高品级珠宝的职业女性，圆形珍珠会是她们的首选，因此，圆形珍珠首饰的设计多采用沉稳大气、经典优雅的风格（图7-1～图7-4）。

图 7-1　正圆黑色珍珠配钻石戒指
（图片来源：欧亿珠宝提供）

图 7-2　正圆金色珍珠配钻石戒指
（图片来源：欧亿珠宝提供）

图 7-3　正圆珍珠配钻石首饰

图 7-4　金色珍珠配钻石首饰套装

（二）异形珍珠的设计

异形珍珠是指形态没有规律可循的一类珍珠，在西方也被称为巴洛克珍珠（Baroque）。异形珍珠表面通常凹凸不平、形状奇异、富于变化。Baroque 一词源自葡萄牙语，意为“畸形的”或“不规则的”，而异形珍珠所传达出的也正是这种稀奇怪异、非常规的感觉。

在对异形珍珠的设计中，设计师需要根据异形珍珠的大小、形状、颜色等方面展开丰富的联想。设计师时常从各个角度长时间认真端详需要设计的珍珠，边观察边画设计稿，修改完善至满意为止。有的珍珠从一个角度看像飞鸟，而从另一个角度看又像是游鱼，要想设计出一件好的作品，就必须要有发散性思维和丰富的想象力。因此，异形珍珠的设计非常具有挑战性，依托原始的“异形”，设计成何种造型、搭配何种宝石都需要细细思量。

异形珍珠的设计力求一个“像”字，因为异形珍珠的艺术性与“像”是密不可分的，并且神似胜于形似。就好比散文讲究形散而神不散，优秀的设计方案可以巧妙地利用珍珠的“异形”打造出独一无二的异形珍珠首饰作品（图 7–5~ 图 7–7）。

图 7–5　异形珍珠“小鸟”耳坠
（图片来源：欧亿珠宝提供）

图 7–6　异形珍珠“天鹅”耳饰
（图片来源：欧亿珠宝提供）

图 7–7　异形珍珠“海螺”胸坠
（图片来源：欧亿珠宝提供）

二、根据珍珠颜色的设计

在珍珠首饰款式设计中，通常需要根据珍珠的颜色设计选择所用的贵金属和配石。贵金属一般采用白色 K 金、黄色 K 金、玫瑰色 K 金，也可用彩色 K 金和黑色 K 金等，或根据需要互相组合搭配；质量品级一般的各种颜色的珍珠可采用银或金属合金镀各种颜色的 K 金。

白色的珍珠搭配白色 K 金和白色钻石配石可凸显其色彩的纯洁、柔和，搭配黄色 K 金可增加珍珠的贵气和大方，搭配彩色配石可增加活泼（图 7–8）。金色珍珠本身的颜色就带着华贵的气质，用同色系的黄色 K 金及钻石配石更可以突出它的奢华感。对于各种色调的黑色珍珠，选用白色 K 金和白色钻石可以衬托它的高贵和神秘（图 7–9）。

在当今越来越追求多元化的时代，配用的宝石主要有钻石，如钻石群镶的链扣（图

7-10），以及配用各种色调的彩色宝石（图 7-11）。用黑色 K 金镶嵌、配黑色钻石也会给珍珠增添独特的风采。

图 7-8　白色珍珠项链

图 7-9　正圆黑色珍珠配钻石胸坠
（图片来源：欧亿珠宝提供）

图 7-10　白色珍珠配钻石项链
（图片来源：摄于国家博物馆宝格丽珠宝展）

图 7-11　白色珍珠配彩色宝石项链
（图片来源：摄于国家博物馆宝格丽珠宝展）

三、根据珍珠大小的设计

珍珠的大小在首饰设计中的影响是显而易见的，会直接影响珍珠饰品的款式类型。对于尺寸较大的圆珠，为了突出其硕大圆润，可以将其制成珍珠戒指或胸坠，并使用一定数量小钻石或其他小颗粒的彩色宝石来搭配，不仅更加凸显珍珠的曲线线条的流畅和柔美，而且使配石亮丽的色泽融入珍珠光泽，映射出光彩夺目的效果。尺寸中等的珍珠常用来制作珠链，需着重考虑珍珠间的匹配性，保证各粒珍珠大小、形状、颜色等均匀一致或连续渐变。尺寸中等或较小的珍珠还可设计为群镶首饰（图 7-12、图 7-13），与其他色彩鲜艳的宝石搭配，组合成结构新颖、妙趣横生的珍珠首饰。

图 7-12　金色珍珠群镶项链

图 7-13　黑色珍珠群镶项链
（图片来源：欧亿珠宝提供）

第二节
珍珠的加工工艺

珍珠饰品的制作工艺主要包括串珠工艺和镶嵌工艺两类。

一、串珠工艺

串珠工艺是制作珍珠项链、手链等的必备工艺，其操作步骤主要包括：打孔、精选、串珠。看似简单，但许多细节中也体现出珠宝工匠们的精心思量。

（一）打孔

对于需要串制的珍珠，必须要打通孔。

（二）精选

珍珠在打孔后串制前，需要进一步细致地精选，以保证串制的每一珠串在形状、大小、光泽、色泽等方面达到视觉上的协调。

（三）串珠

图 7-14 珍珠颗粒间以打结隔离的珍珠项链

将分选好的打孔珍珠用尼龙线或金属丝把珍珠串制成各种珍珠饰品。其中，项链和手链多用尼龙线串制，称为软串；手镯、发夹则多用有一定刚性的金属丝串制，使珠串件保持固定的形态，称为硬串。珍珠的摩氏硬度较低，表面极易划损，珠串打结是串制珍珠项链不可缺少的步骤，在每粒珍珠之间都打一个结来隔断（图 7-14），一是可以避免珍珠之间的相互磨损；二是可使串珠线因日久而断裂时，珍珠不至于全部掉落；三是使得珍珠间距更加均匀，使得项链整体看起来更加美观。

常见的珍珠珠链可分为单排型珠链和多排型珠链。单排型珠链即只有一条珍珠珠串，多排型珠链为两条或两条以上不同长度的珍珠珠串用一个特殊链扣固定组合在一起（图 7-14）。珍珠大小均匀一致的为均匀型珠链（图 7-15），大小连续渐变、中间珍珠最大两头依次变小的珠链被称为“塔链”（图 7-16）。

图 7-15 单排均匀型珍珠珠链

图 7-16 单排型珍珠塔链

二、镶嵌工艺

宝石常用的镶嵌方式主要有爪镶、包镶、钉镶等方法。对珍珠饰品而言，珍珠的镶嵌以孔镶为主（图 7-17、图 7-18）。

在被镶宝石合适的部位打孔，使用黏结剂使之与首饰托架上的金属柱相粘连组成首饰整体，这种镶石与金属架的结合方式称为孔镶。在多种镶嵌方法中，这是唯一一种采用粘连的方式将宝石与金属结合的方法，珍珠采用孔镶可以最大限度保护珍珠不受损伤。

孔镶的操作步骤主要有打孔、黏结和后续清洁。通常为打半孔镶，打好孔后，需要利用金属柱和黏结剂将金属托架与珍珠粘到一起。打孔孔径、深度需与金属托架上的柱或针相配，金属柱或针一般具有螺纹（图 7-19），保证珍珠的粘连更加牢固。黏结剂不可过多，过多的黏结剂会残留在珍珠孔周围。将粘连好的珍珠和金属托放置一段时间，以使黏结剂干燥硬化，再去除残留黏结剂，最后完成制作孔镶珍珠首饰。值得注意的是，珍珠对热和化学物质反应敏感，不使用超声波清洗。在镶嵌之前，应提前完成金属托的清洗和抛光。

图 7-17　孔镶珍珠戒指
（图片来源：包金梅提供）

图 7-18　孔镶珍珠耳坠

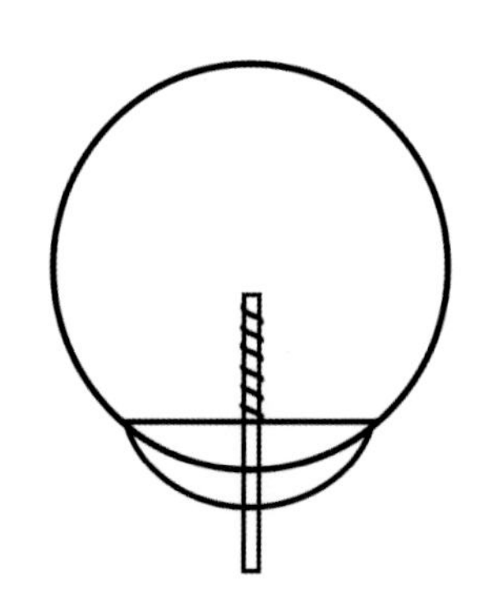

图 7-19　打半孔镶珍珠示意图

第三节

珍珠的选佩

珍珠被誉为“宝石皇后”，珍珠饰品款式丰富、风格多样，最能体现出女性之美。合理的选择搭配，可以更好地展现出珍珠的光彩，为佩戴者增添魅力。依据场合、着装和佩戴者的脸型等选择最适合的珍珠饰品是成就完美搭配的关键。

一、场合

出席一些隆重的场合如婚礼或各类庆典时，华贵大气风格的珍珠首饰是非常理想的选择，如大颗粒的南洋珍珠或黑色珍珠戒指（图 7-20）、耳坠（图 7-21）、胸坠（图 7-22）、珠链以及多连串叠加的珍珠首饰等；而在职场中，珍珠首饰的造型不宜过于繁杂，可以选择款式简约、造型精巧而不失大方的珍珠耳钉、项链和胸针等，以显示自己的简明干练；在休闲场合中，则可根据个人爱好随意搭配，但应注意避免在游泳、烹饪等活动时佩戴珍珠首饰，以防对珍珠产生损伤。

图 7-20　大颗粒南洋白色珍珠戒指
（图片来源：欧亿珠宝提供）

图 7-21　大颗粒南洋白色珍珠耳坠
（图片来源：欧亿珠宝提供）

图 7-22　大颗粒黑色珍珠胸坠

二、着装

（一）服装款式

晚礼服、旗袍等优雅华丽的服装适宜搭配豪华款的珍珠首饰（图 7–23）；简洁正装可以选择一款精简低调的珍珠首饰；休闲宽松的服装，如短袖衫、牛仔服等，搭配现代风格的珍珠首饰可以混搭出随性又时尚的感觉（图 7–24）；紧身、显露体型的服装搭配结构紧凑、小巧别致的珍珠首饰则会使整体造型更显精致；如果穿着复古风格的服装，搭配传统文化题材风格的珍珠首饰会是最适合的选择（图 7–25、图 7–26）。

图 7–23　豪华款珍珠项链及戒指套装

图 7–24　现代风格的珍珠项链、手镯及戒指套装

图 7–25　复古风格珍珠胸针
（图片来源：裴育提供）

图 7–26　复古风格珍珠项链
（图片来源：郭芳瑜提供）

（二）服装颜色

服装的颜色与珍珠是相互映衬的关系，颜色搭配得体会有意想不到的效果。珍珠的颜色主要有白色、粉色、金色、黑色等，应考虑珍珠颜色与服装的对比度和协调性。对比度越明显越能突出珍珠的色彩和光泽，如白衬衫搭配黑珍珠，深蓝色、黑色服装搭配金色的珍珠。较好的协调性能使珍珠看起来更柔和温润，如咖啡色、米色等浅色服装搭配粉色珍珠。另外，白色是最百搭的颜色，各种颜色的服装搭配白色珍珠几乎都可以出彩。因为颜色的选择显示出较强个性，可根据个人的偏爱喜好搭配。

三、脸型

人的脸型有长脸型、圆脸型、方脸型、三角脸型等，不同款式的首饰会对脸型起到不同的修饰效果。选择适宜的珍珠首饰可以从视觉上提升佩戴者的颜值，给人以整体协调大方的印象。长脸型适宜佩戴短粗或者多排的珍珠项链，耳饰则可以为大而圆的珍珠耳钉，这样可以看起来使脸型变短，达到整体的协调。圆脸型的则可选具有竖线的细长的首饰，像细链式、长条形耳坠，并利用长项链的“V”字形效果装饰，达到视觉上把脸拉长的效果（图 7-27~图 7-29）。方脸型宜选择形状圆滑的款式，如圆珠款耳钉、长弧形项链，可以使人的整体线条更柔和（图 7-30）。对三角脸型的人来说，对首饰的款式要求不大，可随意选择。

图 7-27　适合圆脸型的珍珠耳坠
（图片来源：Ihor Rapita，www.pexels.com）

图 7-28　适合圆脸型的珍珠耳坠
（图片来源：Pinkigirn，www.pixabay.com）

图 7-29　适合圆脸型的珍珠耳坠

图 7-30　适合方脸型的珍珠耳坠

第四节

珍珠首饰的保养维护

珍珠首饰华丽珍贵，作为一种重要的有机宝石，韧性虽大而摩氏硬度只有 3 左右，并且化学稳定性较弱，如果佩戴和保养不当，容易老化、脱水或磨损。因此，需要特别的保养和护理，才能保持珍珠首饰美丽长存。

一、佩戴珍珠首饰的注意事项

（一）避免硬物

避免与硬物发生摩擦，以防在珍珠表面留下划痕。

（二）防酸碱侵蚀

为了使珍珠的光泽及颜色不受影响，应避免珍珠首饰与酸碱性物质及化妆品接触，如香水、肥皂、定型水，甚至汗液等。

（三）场合适宜

应注意要在适合的场合佩戴珍珠。在游泳、洗澡、烹饪等场合，不应佩戴珍珠首饰，避免引起碰撞刮伤，也避免因接触油、盐等物质而受到侵蚀。

（四）避免暴晒和高温

在一般的光源下珍珠通常是稳定的，而强光照射会对珍珠有所伤害。因此，避免在夏天烈日阳光下暴晒或高温环境中佩戴。

（五）轻柔摘取

取下珍珠首饰时，尽量握住柄部金属部分，避免珍珠因承力而松脱，也防止手指上的污物、汗液粘在珍珠上。

二、保养珍珠首饰的注意事项

（一）软布擦拭

每次佩戴后，建议用柔软的湿布将珍珠擦干净再存放。勿用表面粗糙的干纸直接擦抹，超声波清洗机、蒸汽清洗设备也不适用于珍珠的清洗。

（二）适宜存放

应将珍珠首饰单独、平整存放在首饰盒中（图 7-31）。

图 7-31　珍珠项链平整存放于首饰盒中
（图片来源：Corneliang，www.unsplash.com）

（三）换线保养

珍珠项链多使用丝线串制，佩戴较长时间后，丝线会吸收汗液和水分而变得松弛，建议要定期换线保养。

Part 2
第二篇

琥珀

第八章

Chapter 8

琥珀的历史与文化

琥珀在国内外的历史文化悠久而深远。早在汉晋时期，古人就开始将琥珀作为装饰使用，此后的两千多年里，琥珀的用途和首饰类型不断丰富。在这一过程中，琥珀与我国的文化（诗词、宗教、中医等）产生了千丝万缕的关系。而在国外，也有许多琥珀的产地，这些地方也流传着一则则关于琥珀的美丽传说。

第一节
琥珀名称的由来

琥珀（图 8-1）的英文名称 Amber 来源于阿拉伯语 Anbar，指“龙涎香”，即为一种由抹香鲸肠道内分泌的、具芳香味的固态蜡状物质，可用于制作香水、装饰品和药物等。14 世纪，“琥珀”一词首次出现于中古英语中，且含义由龙涎香扩展至石化树脂。

图 8-1　琥珀珠链和胸坠

在我国的文史资料中，琥珀的最早文字记载见于《山海经·南山经》，其载："丽麂之水出焉，而西流注于海，其中多育沛，佩之无瘕疾。""育沛"为琥珀的古称，如章鸿钊在《石雅》中写道："中国古曰育沛，后称琥珀，急读之，音均相近，疑皆方言之异读耳。"从史料记载来看，琥珀多产出于如今中亚、西亚一带，如《南北朝·魏书》《隋书》等很多文献都有记录西域产琥珀之说，而这些地区有着不同于汉语的语言体系，因此"琥珀"很可能由外来词音译而来，但原语不明。综合前人研究结果，"琥珀"一词可能起源于西亚或南亚的某种语言，其原始形式是Xarupah，这个词又和古罗马博物学家盖乌斯·普林尼·塞孔都斯（Gaius Plinius Secundus）提到的叙利亚语Harpax有关系。

第二节

国内琥珀的历史与文化

一、琥珀的历史

（一）汉晋时期

汉代时期，琥珀作为各类制品或饰品的使用及其性质的研究有了文字记录，《西京杂记》对汉成帝皇后赵飞燕所使用的琥珀枕进行了记载："赵飞燕为皇后，其女弟在昭阳殿遗飞燕书曰：今日嘉辰，贵姊懋膺洪册，谨上襚三十五条，以陈踊跃之心。金华紫轮帽……琥珀枕……七枝灯。"《论衡·乱龙》所载的"顿牟掇芥"（其中"顿牟"指"琥珀"）表明琥珀的静电效应已被先民知晓。西汉的《新语·道基篇》中对琥珀的产出状况也有描述，其载"琥珀珊瑚，翠羽珠玉，山生水藏，择地而居，洁清明朗，润泽而濡"。琥珀与珊瑚并列，说明当时的人认为琥珀与珊瑚一样，都应在水中找寻。

汉代很多文献还对琥珀的产地进行了记录，如《汉书·西域传上·罽宾国》中记载："（罽宾国）出封牛……珊瑚、虎魄、璧流离。"罽宾国为汉代西域国名。又有《后汉书·西域传》曰“大秦国有琥珀”，大秦指的是当时的古罗马。且《后汉书》载“谓出哀牢”，哀牢指的是现在的缅甸和中国的云南腾冲一带。

近些年来汉代墓葬出土的文物中也常可见各类琥珀佩饰，这一时期琥珀的常见形式是各类圆雕，尤以姿态各异的琥珀兽为多（图 8-2），这些琥珀兽多中部打孔，推测用于穿绳佩戴。

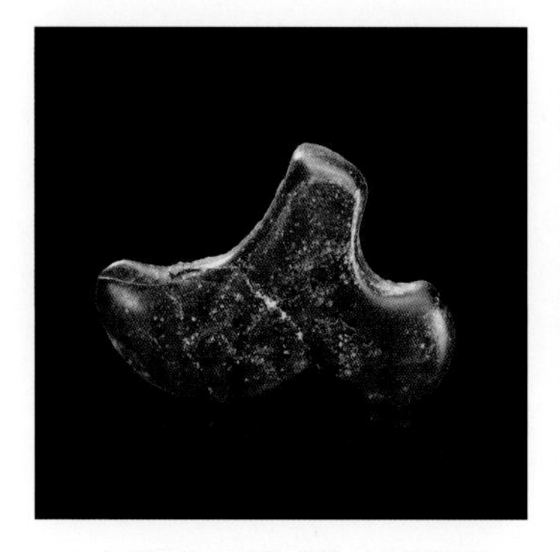

a 汉代琥珀手戟形饰（五兵佩）

b 汉代琥珀胜形饰（象征飞鸟）

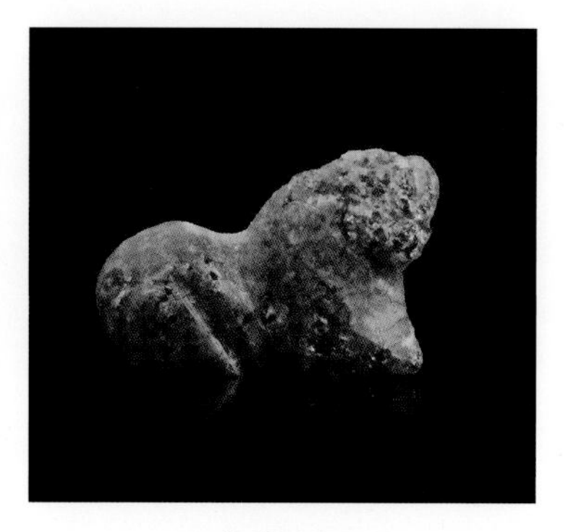

c 汉代琥珀狮形饰

图 8-2 汉代琥珀饰品
（图片来源：王礼胜提供）

三国、两晋、南北朝时期，琥珀制品延续了汉代的风格，但出土量相对于汉代有所减少。

（二）唐宋时期

唐代的中国空前强大而统一，是一个开放、包容的国度。当时我国通过丝绸之路与中东及欧洲有着紧密的联系，可以想象有相当数量的琥珀进入中国，这在唐诗中表现得相当明显。如李白在《客中行》中写道：“兰陵美酒郁金香，玉碗盛来琥珀光。但使主人能醉客，不知何处是他乡。”杜甫在《郑驸马宅宴洞中》中写道：“春酒杯浓琥珀薄，冰浆碗碧玛瑙寒。”白居易在《荔枝楼对酒》中写道：“荔枝新熟鸡冠色，烧酒初开琥珀香。”在这些诗里，诗人往往将琥珀与美酒联系在一起，应该是琥珀的颜色和美酒接近，而且珍贵的琥珀和美酒相得益彰。

到了宋代，人们仍常常将琥珀与美酒联系在一起，如李清照的《浣溪沙》中也有“莫许杯深琥珀浓，未成沉醉意先融”这样关于琥珀的佳句。

（三）辽金时期

辽金时期，中国琥珀艺术达到了第一个小巅峰。这一时期的琥珀由西方使臣进贡给国力强盛的中国。有学者推测，辽代的统治者契丹人信仰佛教，对作为佛教七宝之一的琥珀十分推崇，催生出大量形制丰富、种类繁多、兼具装饰与实用性的琥珀制品。

契丹族奉行“四季捺钵制”，这是游牧民族特有的一种制度，即一年四季，随水草、逐寒暑迁徙，往来游牧渔猎。“四季捺钵制”根据季节特性安排生活起居：春水——春季逐水捕天鹅钓鱼，坐夏——夏日避暑及议政，秋山——秋季入山射鹿搏虎，坐冬——冬日避寒及讲武。契丹君主实行捺钵制，是为了教育其族众不忘立国之资的铁马骏骑本色，保持一支能纵横驰骋的劲健骑兵，与中原王朝相抗衡。此时期出土的饰品也受此影响，以“春水秋山”为题材的玉石雕刻具有浓郁的草原文化特色，“春水”多为鹘掠天鹅题材（鹘，古书上记载的一种猛禽，短尾，青黑色，擅长捕猎），如朝阳北塔琥珀鹅和陈国公主墓雁纹琥珀佩饰，均是对这一题材的体现，以鹿、虎为主题的琥珀制品较为少见。

（四）明清时期

明清时期，琥珀迎来了它的另一个繁荣时代。这两个朝代的琥珀应用更加广泛，琥珀饰品种类也更加丰富（图 8-3），具代表性的形制有朝珠、笔架、笔洗、鼻烟壶（图 8-4、图 8-5）等。

图 8-3　琥珀罗汉摆件（清代）
（图片来源：摄于首都博物馆）

图 8-4　琥珀大吉双喜葫芦式鼻烟壶（清代）
（图片来源：摄于首都博物馆）

图 8-5　金黄套料鼻烟壶（清乾隆）
（图片来源：摄于首都博物馆）

清代晚期，皇宫内出现了一种新的玉饰品种——玉盆景（图 8-6）。玉盆景是用多种材料，仿照真的植物盆景，做出的观赏性玉石摆件，常以琥珀、珍珠、碧玺、碧玉等为花叶果，以沉香金银等为根茎枝，造型惟妙惟肖、栩栩如生，更兼之不朽不败，深受王公大臣的欢迎，是当时宫中陈设、赏赐、馈赠的高档艺术品，并很快传入民间，成为京城销量最高的艺术品。

图 8-6　蜜蜡佛手盆景（清代）
（图片来源：摄于故宫博物院）

二、琥珀的文化

（一）琥珀与佛教

佛经中多次提及，琥珀与金银等珍奇一起被奉为世间至宝，可用来供佛、禅修、摄六尘、净六根（图 8-7、图 8-8），《大般若波罗蜜多经》（简称《般若经》）记载的众多佛家供具中便有琥珀。

图 8-7　琥珀佛像胸坠
（图片来源：卢建中提供）

图 8-8　琥珀佛像摆件
（图片来源：卢建中提供）

曹魏时期，天竺三藏康僧铠翻译的《佛说无量寿经》中记载："成佛以来，凡历十劫，其佛国土，自然七宝，金、银、琉璃、珊瑚、琥珀、砗磲、玛瑙合成为地。"

后秦时期，三藏鸠摩罗什翻译的《摩诃般若波罗蜜经》第二十七卷·常啼品第八十八中，曾多次提及佛教七宝："汝今所须，尽当相与，金、银、真珠、琉璃、颇梨、琥珀、珊瑚等诸珍宝物，及华香璎珞、涂香烧香、幡盖衣服伎乐等物供养之具，供养般若波罗蜜及昙无竭菩萨。"

佛教七宝象征着佛门净土的光明和智慧，孕育着极深刻的内涵。

（二）琥珀与中医

佛家弟子修行"戒、定、慧"三学，"戒为基，因定生慧"，而中医认为琥珀可帮助修行者定心，生出禅定心境，两者可谓是有着奇妙的联系。

在我国，琥珀作为中药使用的历史非常久远，如《山海经·南山经》中曾记载，"丽麂之水出焉，西流注入海，其中多育沛，佩之无瘕疾"，"育沛"指的就是琥珀，意思是说将其佩在身上可以免受虫胀病之苦。

《宋书·武帝纪下》中关于琥珀的药效也有相关记载："宁州尝献虎魄枕，光色甚丽。时诸将北征需虎魄治金疮，上大悦，命捣碎以付诸将。"表明当时的人用琥珀来治疗外伤。明代的医药家李时珍在《本草纲目》中也记载有琥珀的药用价值，《本草纲目》卷三十七·寓木类中记载："虎魄，安五脏，定魂魄，杀精魅邪鬼，消淤血，通五淋，壮心，明目磨翳，止心痛巅邪，疗蛊毒，破结瘕，治产后血枕痛。止血生肌，合金疮，清肺，利小肠。"可见琥珀在我国中医史上有着久远的历史。

第三节

国外琥珀的历史与文化

一、欧洲琥珀的历史与文化

目前世界上共有二十多个地区发现了琥珀的踪迹，其中波罗的海地区是最主要的产地，那里的琥珀大部分是从漂流的海水中收集到的，因此几千年来人们一直认为琥珀是在海洋中形成的，如今在大海的波涛下，依然蕴藏着大量的琥珀资源。

早期的欧洲人把琥珀视为驱除邪恶的圣物，琥珀温暖的色彩、柔软的触觉和晶莹剔透的外观，让人们感到好奇。它的分量不重，但很结实，摸上去又给人温暖的感觉；琥珀比较软，可以轻易地切割、雕刻、打磨和抛光，所以很适合制作各种首饰。

公元前 1 世纪，古罗马人对琥珀的喜爱达到了痴迷的程度，琥珀在古罗马贵族中尤为流行。在该帝国鼎盛时期，古罗马人对琥珀的需求非常强烈，盖乌斯·普林尼·塞孔都斯这样记述道：古罗马人认为佩戴琥珀珠子和护身符，可以防治甲状腺肿瘤，一个小小的琥珀人像的价格甚至超过了一个奴隶的身价，但古罗马人并不了解琥珀的来历，只是相传琥珀来自北欧一条叫作波江的大河。

公元 60 年，古罗马皇帝尼禄（Nero）派他的一名军官前往人烟稀少的北欧，探究琥珀的来源之谜，这是古罗马历史上首次对琥珀的来源进行探索，这名军官先后到达了多瑙河与波兰中部的维斯瓦河。这次航程在古代历史上具有极其重要的意义，它在琥珀原产地波罗的海和地中海地区之间首次构筑起直接联系的桥梁，将琥珀经维斯瓦河和第聂伯河运输到意大利、希腊、黑海和埃及，联结了欧洲的多个重要城市，维持了多个世纪，这就是著名的“琥珀之路”。

一千多年后，琥珀再次与欧洲的历史交织在一起。1309 年，日耳曼骑士抵达波兰并掌握了波罗的海地区的绝对控制权，琥珀迅速成为代表他们财富与权力的关键因素。日耳曼人对琥珀并不像古罗马人那样痴迷，但也对其医疗效果大加赞赏，他们认为琥珀可以防治瘟疫。他们也喜欢将琥珀制成珠串，作为日常的装饰品佩戴。

14 世纪，大部分波罗的海琥珀都被用来制作宗教物品，那时所有欧洲人的琥珀念珠都是由日耳曼骑士提供的。为了加强对贸易的控制，1393 年，日耳曼骑士下令禁止任何人私自加工琥珀制品，人们称其为“琥珀君主”。

到了 19 世纪初，只有少数人依然认为琥珀具有神奇的功效。

19 世纪末到 20 世纪初，琥珀常被用于制作烟斗。这种烟斗的制作工艺非常精细，常由琥珀与海泡石组合而成。琥珀做成的烟斗之所以受到人们的青睐，可能是因为早期的塑料含有毒素并有刺鼻的味道，而琥珀则有一种淡淡的香味。

现在，虽然琥珀的神秘面纱已被揭开，但它仍然受到人们的青睐，波兰境内的波罗的海岸边，一直活跃着不畏严寒辛勤寻找琥珀的人们。

朝代更迭，风起云涌，琥珀在不同的历史时期扮演着不同的角色，然而人们对琥珀的喜爱却不因物换星移而改变，那一抹如阳光般和煦的橙黄色泽，总能在人们内心的深处激起柔和的共鸣，这就是琥珀，记录了沧海桑田历史变迁的时光使者，是大自然赋予我们的珍贵礼物。

二、琥珀的“美人鱼之泪”传说

在位于波罗的海沿岸的立陶宛有这样一则关于琥珀的传说：

美丽的女神尤拉特是住在波罗的海琥珀宫中的美人鱼，她拥有世间罕有的聪明和美貌。卡斯图特斯是一位独居于斯芬托吉河畔的渔夫。有一次，卡斯图特斯在尤拉特女神的领域撒网捕鱼，尤拉特派出美人鱼向卡斯图特斯发出警告，禁止他在这个地域捕鱼，以免破坏海洋的平静。但卡斯图特斯并没有停止，当被派去的美人鱼劝说失败后，尤拉特决定亲自去阻止他，但当尤拉特见到英俊勇敢的渔夫，便深深地爱上他，并将他带到了琥珀宫殿。这一消息很快被雷神获知，当他发现尤拉特不顾与水神的婚约而与一名凡人相爱，一怒之下用雷电摧毁了琥珀宫殿并杀死了卡斯图特斯，而尤拉特也被铁链永远地禁锢在这片废墟之中。尤拉特为她逝去的爱人流出琥珀之泪。女神的伤心使得大海不能平静，狂风巨浪翻滚，把她宫殿的碎片带到了波罗的海岸边。民间传说，由她的眼泪变成的小琥珀块尤其珍贵，人们无一不为她的纯情和两人凄美的爱情故事而感动。

如今立陶宛帕兰加（Palanga）市的市徽便是由尤拉特的皇冠和琥珀珠串所组成的。

三、琥珀宫的传奇历史

说到琥珀，就不得不提到这座用琥珀建造、装潢和摆设的建筑，国际上著名的价值连城的稀世珍宝——琥珀宫（图 8-9）。它是人类历史上价值最高的琥珀制品，其建造、赠予、被盗和重建的历史是全球传诵的一大珍闻。

琥珀宫是俄国圣彼得堡皇宫叶卡捷琳娜宫中的一个独一无二的厅堂。厅堂四周墙壁覆盖着精美的琥珀砖，厅内物件全部用琥珀装饰或琢制。它是普鲁士国王弗里德里希一世于 18 世纪初勒令德意志和波兰的能工巧匠在如今波兰的格但斯克城建造的，这项工程耗时十余年，耗资约 10 万金卢布。

琥珀宫里镶满了用琥珀拼成的一幅幅壁画。用琥珀镶嵌的墙壁约 32 平方米，共有 22 幅大的镶嵌画和 107 幅带有镜子和木雕装饰物的镶嵌画。宫中还绘着普鲁士的单头鹰和用弗里德里希名字的第一个字母组成的花纹。室内还有用优质进口大理石镶嵌的图案，它象征着人的五种感知：味觉、视觉、听觉、嗅觉和触觉。后来弗里德里希的儿子想与俄罗斯结盟，就在 1716 年庆祝俄罗斯在波尔塔瓦战胜瑞典人时以敬贺生日为名，把琥珀宫送给了彼得大帝。

1941 年第二次世界大战中，琥珀宫被德国士兵盗走并运往前东普鲁士首都柯尼斯堡。1944 年春之前，它一直被存放在国王的城堡里，准备运往德国，但后来却不知所终。

19 世纪 40 年代以来，苏联人和今天的俄罗斯人以及其他觅宝者寻找琥珀宫下落的努力从未停止，但收效甚微。

1979 年，在加里宁格勒建立了苏联唯一的琥珀博物馆；同年，苏联工匠开始进行琥珀面板的重新制作，计划精确到每一块都和以前的面板一模一样。重建的参考是战争前保留下来的黑白照片，上面展示了镶嵌的马赛克细节图。熟练的琥珀切割师仔细地将每一块琥珀切割成需要的形状、厚度，然后再镶嵌在马赛克中，复原的工作持续了 23 年。

2003 年 5 月 31 日，在圣彼得堡建城 300 周年的纪念日上，俄罗斯总统普京和德国总理施罗德为琥珀宫剪彩，这一神话终于又重返人间。

今日的琥珀宫不仅留存着过往历史繁盛的影子，也融入了现代俄罗斯建筑师和艺术家的无尽心血，它不愧为人类最伟大的艺术品之一，而它的“重现人间”也是俄德两国友谊与互相理解的象征。

图 8–9 辉煌华丽的琥珀宫
（图片来源：不食咖啡提供）

第九章

Chapter 9

琥珀的宝石学特征

琥珀是由松科、柏科等植物的树脂，经石化作用（一系列聚合和脱挥发分反应）而形成的一种重要的有机宝石（图 9–1）。它柔和明亮的树脂光泽和绚丽缤纷的颜色，赋予其独特的质感和美丽。在有机宝石中，琥珀具有最小的硬度和密度，使其更加飘逸和空灵。琥珀中包含丰富多彩的各类包裹体，构成了变幻莫测的奇妙世界，使之成为自然界的精灵。尤其是它还完好保存着地球历史时期的古生物化石和矿物，为科学家解密地球生命演化历史提供了直接证据和基因密码。因此，琥珀极具观赏价值和科学价值。

图 9–1　琥珀雕花手串

第一节

琥珀的基本性质

一、琥珀的组成成分

（一）化学成分

琥珀主要成分的分子式为 $C_{10}H_{16}O$，为有机化合物的混合物，可含少量硫化氢等挥发分，主要化学元素为碳（C）、氢（H）、氧（O）、硫（S），微量元素有氮（N）、镁（Mg）、铝（Al）、硅（Si）、钙（Ca）、锰（Mn）、铁（Fe）、铜（Cu）等，主要元素中碳含量最多，为 75% ~ 85%，氢 9% ~ 12%，氧 2.7% ~ 7%，硫 0.25% ~ 0.35%。

琥珀的化学成分随产地和形成年代的不同会有所变化，这与其形成过程中经历的地质作用有关。研究显示，琥珀中的碳、氢、氧比例因产地、石化程度不同可存在差异，硫元素与琥珀形成过程中经历的火山活动及古气候有关，H_2S 和 SO_2 等挥发分含量随地质年代的增加而降低，氮元素含量与产地、植物类型和地质年代等都有关系。

（二）有机组成

琥珀和柯巴树脂是石化和半石化的萜类树脂体（Terpenoid Resinite），其中多数为多聚萜树脂体（Polyterpenoid Resinite，八个单位以上异戊二烯组成）。萜类树脂本质上是一种具挥发性和芳香气味的萜类化合物，主要由裸子植物产生，其化学通式为（C_5H_8）$_n$，其中 C_5H_8 为简单有机物异戊二烯的化学通式，因此萜类树脂可以看作是由 n 个异戊二烯组成的碳氢化合物。根据组成有机物的不同，可将琥珀分为Ⅰ、Ⅱ、Ⅲ、Ⅳ、Ⅴ五类。

Ⅰ类琥珀在自然界中最为常见，它由半日花烷二萜（Labdane Diterpenes）的聚合物衍生而成，半日花烷二萜（$C_{20}H_{32}$）属于二环二萜类，在自然界主要分布于松、柏、杉科裸子植物，菊科、唇形科被子植物及部分海洋动物中。

Ⅱ类琥珀主要是杜松烯（Cadinene）或其异构体的双环倍半萜烯烃聚合物，主要分布于东南亚、北美中部和东南部地区，数量仅次于Ⅰ类琥珀。

Ⅲ类琥珀是聚苯乙烯（Polystyrene）聚合物，主要分布于德国和美国大西洋海岸平原。

Ⅳ类琥珀是柏木烷倍半萜（Cedrane Sesquiterpenoid）聚合物。

Ⅴ类琥珀是松香烷二萜（Abietane Diterpenoids）、海松烷二萜（Pimarane Diterpenoids）的混合物。

石化作用是由于沉积作用将有机物质掩埋引起的长期升温增压的地质过程，是改变天然树脂成分和结构的一系列聚合和脱挥发分的作用过程。其中，聚合作用是双键向单键的转换，因此树脂体的结构（即成熟度）与年龄和热压史有关。

柯巴树脂的聚合：由半日花烷二萜单体中某些固定位置的 C=C 断开形成最初的聚合，之后连接成聚合物链并形成柯巴树脂。

柯巴树脂向琥珀转换的聚合：环外亚甲基的破坏和半日花烷二萜的聚合衍生重新形成单键，发生交联，形成琥珀的三维聚合物结构。

柯巴树脂中的链是独立存在的，几乎无交联，物质中亚甲基双键依然存在，当熟化为琥珀时，双键会被饱和键取代，因此环外亚甲基双键数是成熟度的粗略指标。

二、琥珀的形态特征

琥珀原石可呈水滴状、钟乳状、结核状、不规则块状（图 9-2）等不同外形，这与形成琥珀的天然树脂从植物的导管、花托等内外部渗漏和堆积过程有关，琥珀表面可具年轮状或放射状纹理。

产于砾石层中的琥珀常呈圆形、椭圆形或不规则磨圆状（图 9-3），可伴有风化表面和裂痕，这些特征与表生地质作用有关。

图 9-2　产自缅甸的不规则块状琥珀原石
（图片来源：国家岩矿化石标本资源共享平台，www.nimrf.net.cn）

图 9-3　不规则磨圆状琥珀原石

三、琥珀的光学性质

（一）颜色

琥珀的颜色丰富多彩（图 9-4），主要有浅黄色、黄色（图 9-5）至深红棕色、橙色，还可见红色、白色、绿色、蓝色等。

琥珀的颜色与组成元素、内部包裹体以及光学效应有关。据研究，随碳

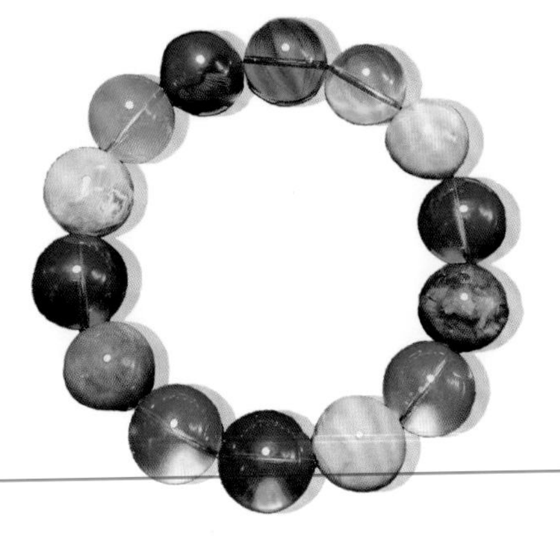

图 9-4　颜色丰富的琥珀手串

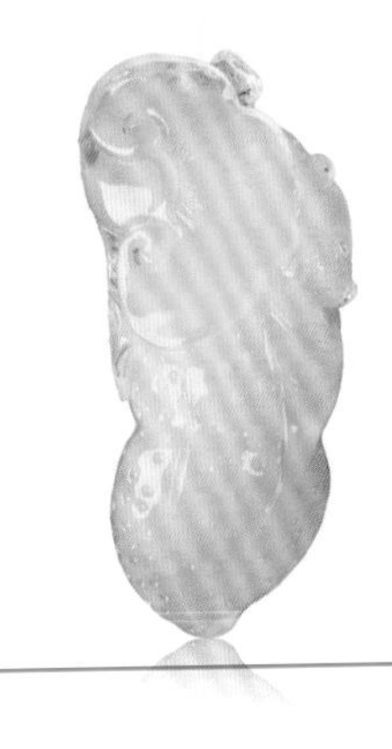

图 9-5　黄色琥珀胸坠

元素和硫元素含量升高，琥珀颜色会加深，而琥珀的黑色多与其内部碳质及黄铁矿包裹体有关。

琥珀的蓝色和绿色与光学效应有关（图 9-6、图 9-7），蓝色琥珀透视观察体色为黄色、棕黄色、黄绿色、棕红色等，因其内部的芳香族化合物二萘嵌苯（Perylene，$C_{20}H_{12}$）在含紫外线的光源照射下，受激发会产生荧光而呈现表面的蓝色，绿色琥珀的颜色成因与其内部小粒子组成的胶体分散系对光的散射有关。

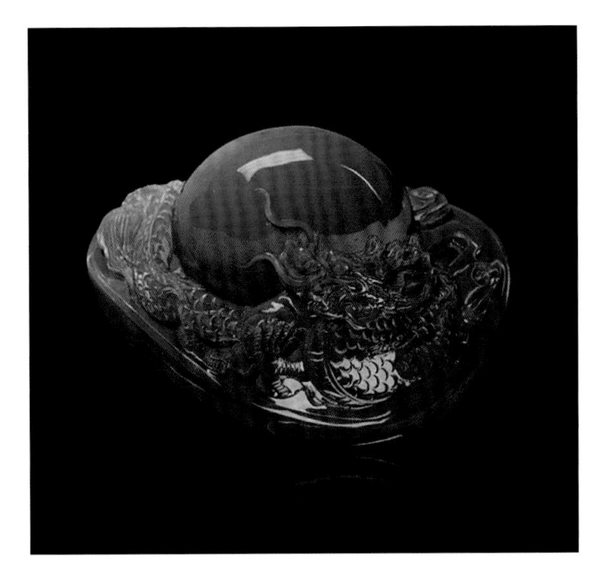

图 9-6　蓝珀龙纹元宝

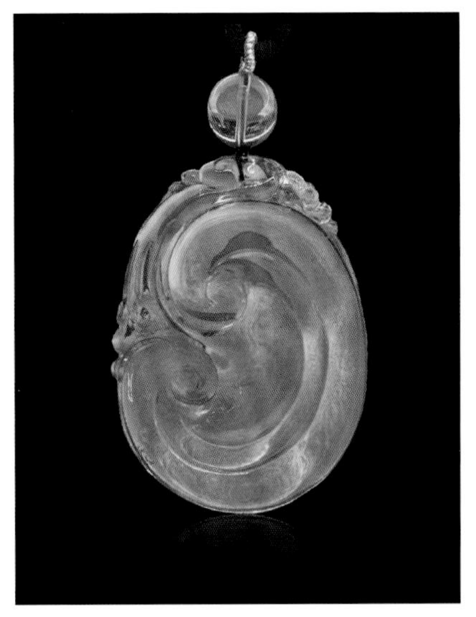

图 9-7　绿色琥珀胸坠

另外，随着时间推移，琥珀表层不断与外界空气接触会发生氧化作用，使颜色加深，形成褐红色的风化外皮（图 9-8、图 9-9）。

图 9-8　产自俄罗斯的琥珀原石
（图片来源：卢建中提供）

图 9-9　保留红色原皮的琥珀手把件

（二）光泽

琥珀呈典型的树脂光泽（图 9-3、图 9-10、图 9-11）。

图 9-10　产自缅甸的琥珀原石
（图片来源：国家岩矿化石标本资源共享平台，www.nimrf.net.cn）

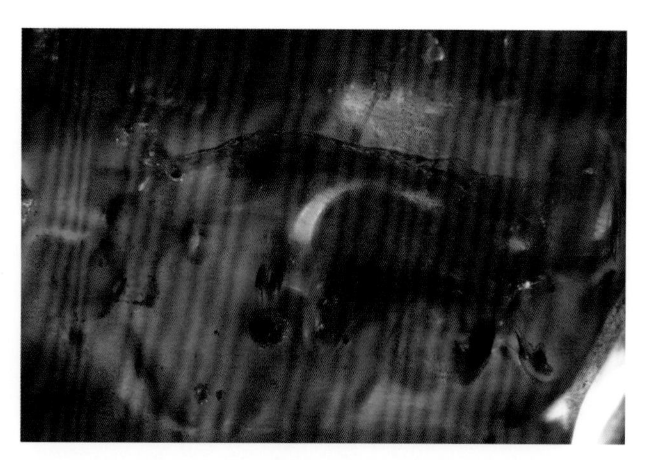

图 9-11　琥珀呈典型的树脂光泽

（三）透明度

琥珀的透明度分为透明（图 9-12）、半透明（图 9-13）和不透明（图 9-14）。

图 9-12　透明随形琥珀

图 9-13　半透明琥珀胸坠

图 9-14　不透明琥珀胸坠

琥珀的透明度可能与芳香族化合物等内部挥发分的质量分数、硫元素的含量、形成的地层深度及内部包裹体有关，琥珀中的微量成分琥珀酸（$C_4H_6O_4$）也是影响其透明度的因素之一。据资料显示，琥珀中酸的含量越低，琥珀的透明度越高，波罗的海地区透明琥珀中琥珀酸含量为 3% ~ 4%，而“泡沫琥珀”可达 8%。

（四）光性

琥珀为非晶质体，是光性均质体，在正交偏光镜下全消光，常见由应力产生的异常消光和干涉色。

（五）折射率

琥珀的折射率为 1.540（+0.005，−0.001）。为光性均质体，无双折射率。

（六）紫外荧光

琥珀呈弱至强的黄绿色至橙黄色、白色、蓝白或蓝色荧光（图 9−15），多米尼加蓝色琥珀常具绿蓝色磷光，可持续数秒。

a 自然光

b 紫外灯

图 9−15　不同光源下的琥珀雕件

（图片来源：卢建中提供）

四、琥珀的力学性质

（一）硬度

琥珀的硬度较低，摩氏硬度为 2 ~ 2.5（缅甸根珀硬度可达 3），大部分琥珀可被指甲刻划。

（二）密度

琥珀密度为 1.08（+0.02，−0.12）克 / 厘米 ^{3}，在宝石中最低，在饱和浓盐水中可悬浮。

（三）断口

琥珀无解理，呈贝壳状断口（图 9−2）。

五、琥珀的其他性质

（一）热学性质

1. 导热性

琥珀导热性较差，触之具有温感。

2. 可燃性

热针可使琥珀熔化，并具芳香味，加热至150℃，琥珀变软开始分解，加热至250℃，琥珀熔融，并产生白色蒸汽。琥珀易燃，燃点为500℃。

（二）电学性质

琥珀为绝缘体，但与绒布摩擦可产生静电。

（三）化学稳定性

琥珀在硫酸和热硝酸中易溶解，部分可溶解于酒精、松节油和汽油。

第二节
琥珀的包裹体

琥珀中常可见到动物、植物等生物包裹体，以及矿物、气泡等众多非生物包裹体。人们惊叹琥珀能如此完美保存各类生物，留下很多原始状态的线索，使我们得以探寻地球生命的足迹。

一、生物包裹体

人们观察到的琥珀中的生物包裹体以动植物为主（图9-16、图9-17）。

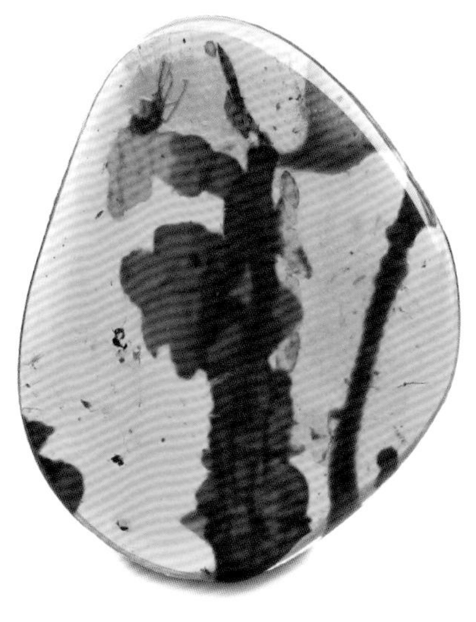

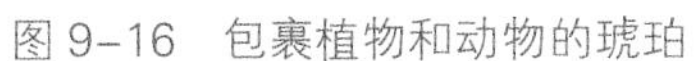

图 9–16　包裹植物和动物的琥珀

图 9–17　虫珀手环

（一）动物包裹体

琥珀中的动物包裹体有节肢动物、脊索动物、棘皮动物、软体动物、扁形动物、原生动物、环节动物、缓步动物等，节肢动物门中，昆虫纲和蛛形纲占有较大部分。在琥珀动物包裹体中（图 9–18），昆虫占 86.7%（图 9–19），蜘蛛占 11.6%（图 9–20），其他动物占 1.7%（图 9–21），脊索动物门下脊椎动物较少见，有青蛙、蜥蜴、鸟类羽翼、哺乳动物遗骸及恐龙部分躯干等化石。

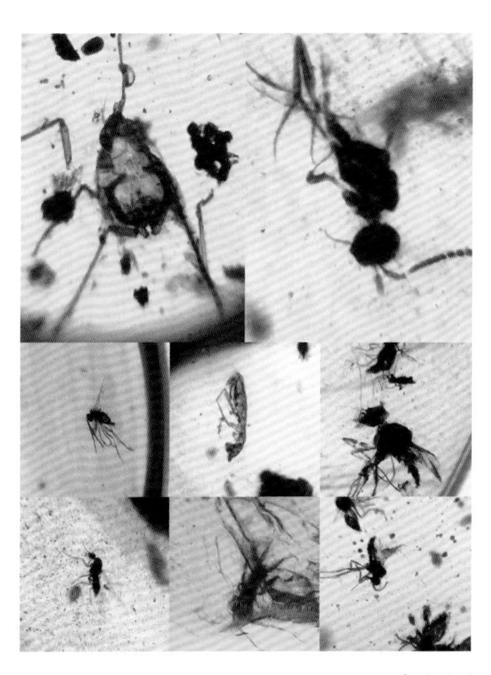

图 9–18　琥珀中各式各样的动物包裹体

图 9-19　琥珀中的黑翅蕈蚋包裹体
（图片来源：Mirella Liszka，Wikimedia Commons）

图 9-20　琥珀中的蜘蛛包裹体
（图片来源：Elisabeth，Wikimedia Commons）

图 9-21　琥珀中的水生螺类包裹体
（图片来源：中国科学院动物研究所陈睿提供）

动物包裹体多较小，约几毫米，长于 20 毫米的动物包裹体较少见（图 9-22）。因为较大的动物有足够的力气挣脱黏稠的树脂。

在各产地的琥珀中，多米尼加琥珀中的动物包裹体保存最佳（图 9-23），就昆虫包裹体来说，其内部昆虫多完好无损，甚至内部组织也较好地保留下来。波罗的海琥珀中的昆虫保存度不如多米尼加，其内部昆虫周围常覆盖有白膜，而且很多被腐蚀成中空的躯壳，或被黄铁矿晶体充填，黄铁矿晶体可渗透翅膀中的细胞膜，使其变黑。缅甸、墨西哥、马来西亚婆罗洲琥珀中的昆虫，虫体多为不完整或扭曲状，常呈半透明状，可能与树脂渗透或部分溶解有关。

图 9-22　产自波兰的虫珀
（图片来源：Marco Barsanti, www.mindat.org）

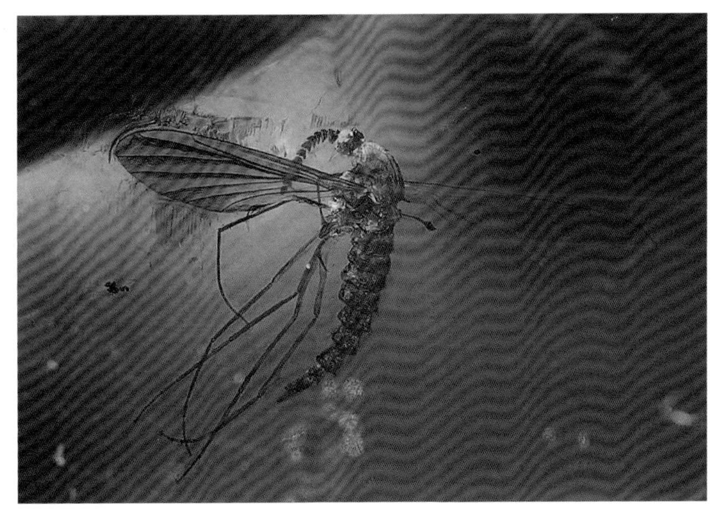

图 9-23　琥珀中保存完好的蚊子包裹体（长 1.2 厘米，产自多米尼加北科迪勒拉山矿区）
（图片来源：Didier Desouens, Wikimedia Commons）

少数琥珀中可含罕见的鸟类羽翼。国内有学者在缅甸克钦邦胡康河谷的琥珀中首次发现了两件白垩纪（距今约 9900 万年）的古鸟类标本“罗斯”（图 9-24）和“天使之翼”（图 9-25），均为反鸟类的一段羽翼。随后该学者在该区琥珀中又发现了一截白垩纪时期的恐龙尾巴，这截恐龙尾巴长约 6 厘米，表面覆有羽毛（图 9-26），由 9 块尾椎骨组成，属于手盗龙类。根据尾巴的长度推测，该手盗龙“伊娃”，全长约 18.5 厘米，体型较小，极有可能是一只尚未成年的手盗龙（图 9-27）。

图 9-24　“罗斯”羽翼琥珀标本
（图片来源：Xing L, 2016）

图 9-25　“天使之翼”羽翼琥珀标本及其复原图
（图片来源：Xing L, 2016）

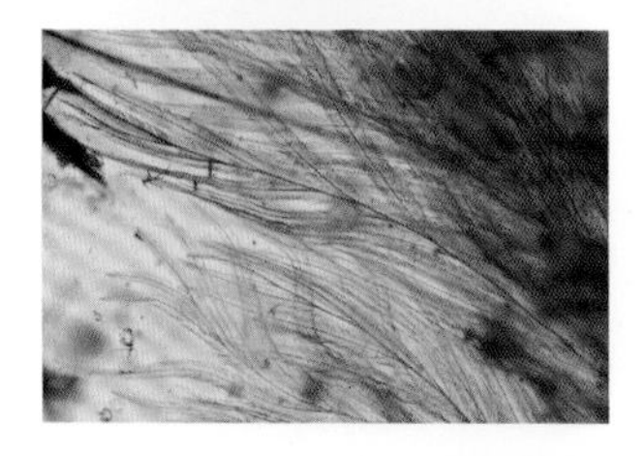

图 9-26　手盗龙“伊娃”尾巴及清晰羽毛琥珀标本
（图片来源：Xing L，2016）

图 9-27　手盗龙“伊娃”复原图
（图片来源：Xing L，2016）

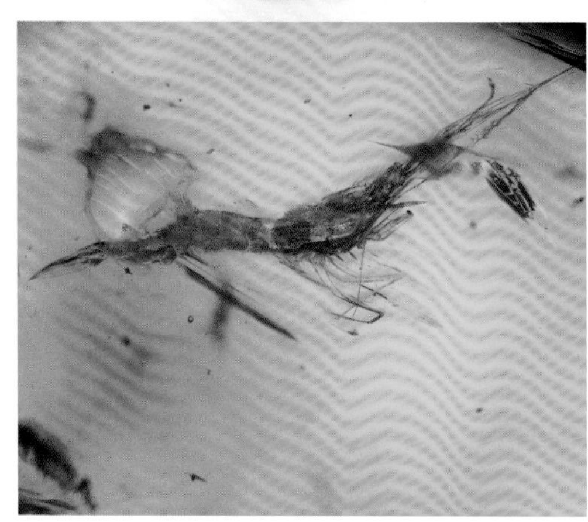

图 9-28　包裹有虾的琥珀及局部放大图
（图片来源：中国科学院动物研究所陈睿提供）

2018 年，中国科学院动物研究所在一枚墨西哥琥珀中发现了一只小虾，这只虾长约 8 毫米（图 9-28），与一片残叶和一只甲虫幼虫同时出现。经研究发现，这只虾很可能是长臂虾海洋祖先向淡水入侵过程中出现的新的过渡物种。但对于科学家而言，这只琥珀中发现的虾的意义不只演化地位这么简单，它的出现对墨西哥琥珀产地的沉积环境、物种多样性、早期真虾物种的分布以及对生活环境的适应性演化等研究，都具有重要的价值。

动物被包裹进树脂时会用力挣脱，因此在琥珀中会留下漩涡纹等挣扎痕迹及动物残肢，甚至在一些琥珀中还能观察到动物间的寄生、互利共生、偏利共生及捕食现象。琥珀中包裹的动物因隔绝了氧气，不会腐烂，因此可从中提取 DNA 进行研究，对古生物多样性、古生态及生物地理学分布等方面研究具有重要的科学价值。

（二）植物包裹体

琥珀中的植物包裹体（图 9-29）包括藻类植物、苔藓植物、蕨类植物及种子植物，以种子植物为主。

种子植物包括裸子植物和被子植物。琥珀中最常见的裸子植物为松柏纲植物，包括柏树、松树、杉树的细枝和球果，还可见苏铁纲植物；被子植物包裹体已发现记载有约 60 余科，有橡树、枫树、冬青树、山毛榉、栗子树、月桂、木兰、海神花、柳树、棕榈树、杜鹃花、天竺葵、虎耳草、疆南星、百合、亚麻、橄榄、榆树、蔷薇、荨麻等，主要包括这些植物的叶子、花朵等（图 9-30）。

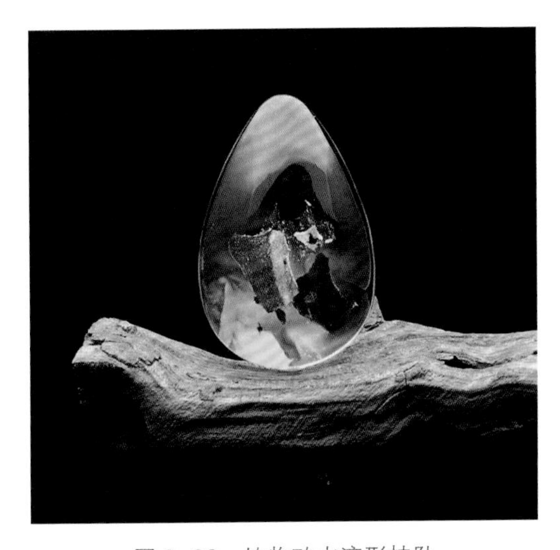

图 9-29　植物珀水滴形挂坠
（图片来源：卢建中提供）

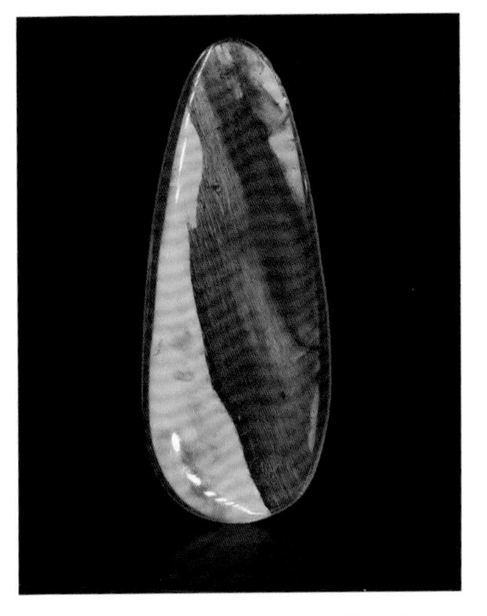

图 9-30　包裹脉络清晰完整树叶的植物珀

琥珀中植物包裹体较常见，但形态完整、具辨识度的叶子、细枝、球果、花朵等植物结构较少见。波罗的海琥珀中最常见的植物包裹体是树皮和橡树花的丝状物，丝状物呈簇状，来自橡树雄花，表明树脂于橡树开花的春夏季分泌，除丝状物外，被子植物通常较难辨认，其花粉仅在高倍显微镜下可见。

波罗的海琥珀中可见裸子植物包裹体，而多米尼加琥珀中所包裹的植物碎片大多属于被子植物，其中所包裹的叶子和花主要来自孪叶豆属树木（Hymenaea Protera）（现已灭绝）（图 9-31），可能就是这种植物分泌的树脂经一系列石化作用形成了多米尼加琥珀。

图 9-31　多米尼加植物珀中的孪叶豆属树叶包裹体
（图片来源：The Singularity，Wikimedia Commons）

有研究人员在缅甸北部胡康河谷中发现了四枚含蘑菇的琥珀化石（距今约 1 亿年），这四枚蘑菇化石结构完好，均保存在白垩纪中期的缅甸琥珀中，是迄今发现的最古老的完整蘑菇化石（图 9-32）。从形态上看，这些蘑菇化石与现生蘑菇非常类似，均有柱状的菌柄和圆形的伞盖，它们体长 2~3 毫米，分别属于四种蘑菇类型，极大地丰富了白垩纪蘑菇的多样性。

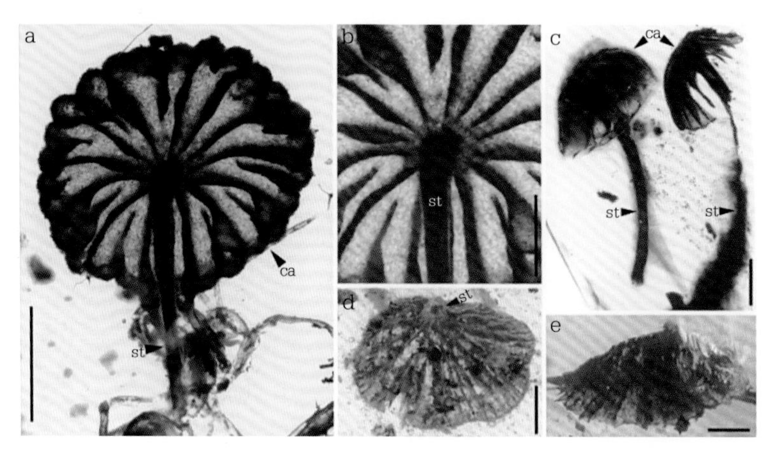

图 9-32 缅甸琥珀中的蘑菇包裹体
（图片来源：Cai C，2017）

二、非生物包裹体

（一）矿物包裹体

有些产区的琥珀具有矿物包裹体（图 9-33），如缅甸根珀中含有较多的方解石，呈花纹状或交织状分布，形成根珀的花纹（图 9-34）。其他产区的琥珀也可含方解石、石

图 9-33 缅甸根珀龙牌挂件

图 9-34 缅甸根蜜珀溶洞平安扣

英、长石、黄铁矿等包裹体。

（二）气液包裹体

气液包裹体在琥珀中较常见（图 9-35、图 9-36），一些科学家认为琥珀中的气体成分可以反映古大气情况。但由于琥珀的密封性存在争议，因此有些科学家认为小分子可以通过琥珀逸出，或气态包裹体中的氧气会与琥珀反应，从而改变气态包裹体的组分，不能准确反映古大气组分。

图 9-35 琥珀中的气液包裹体

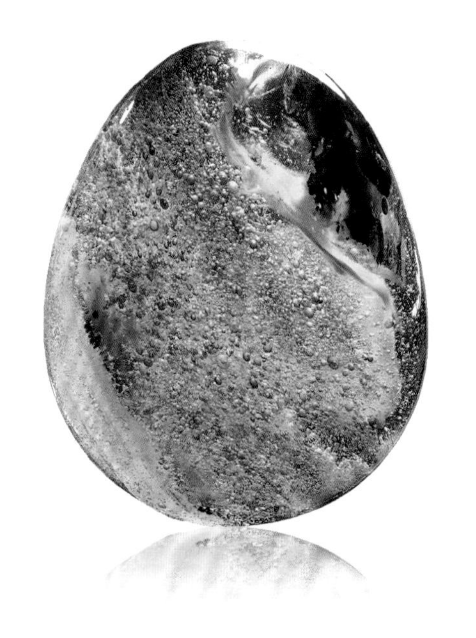

图 9-36 琥珀中可见流动构造的气液包裹体

（三）流动平面和裂隙

琥珀中还存在流动平面和裂隙。流动平面是树脂在下次流动覆盖前发生表面硬化而产生的分界平面，可反映树脂流动的连续性，沿流动平面可因上覆沉积物较重、后期开采、抛光等而产生裂隙。

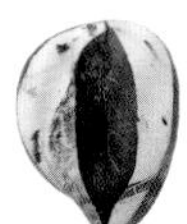

第十章

Chapter 10

琥珀的分类及其特征

琥珀的分类方法多种多样，根据我国国家标准 GB/T 37460—2019《琥珀 鉴定与分类》，依据外观特征（颜色、透明度等）、荧光、内部包裹体等特征可将琥珀分为十二个品种。

第一节
按外观和荧光特征分类及其特征

琥珀的颜色丰富，包括黄色、橘色、红色、白色、茶色、棕色及黑色等（图 10-1），以黄色琥珀居多。同时，琥珀内含物会造成透光程度的不同，使其呈现透明、半透明和不透明，在紫外荧光下观察，琥珀还可呈蓝色色调。综合外观和荧光特征这两个因素，可以将琥珀分成蜜蜡、金珀、血珀、棕珀、茶珀、蓝珀、根珀、花珀八个品种。

a 明珀　　b 血珀　　c 金珀

图 10-1　琥珀葫芦雕件

一、蜜蜡

蜜蜡颜色丰富，可分为黄色、红色、蓝色、青色、白色、黑色等多种颜色（图 10–2~ 图 10–4），以金黄色、棕黄色、蛋黄色等黄色为主（图 10–2、图 10–3），呈蜡状—树脂光泽。蜜蜡琥珀酸含量较高，内部含有大量细小气泡群或其他细小包裹体，使光线发生散射，呈半透明至不透明状，优质的蜜蜡成品色黄如蜜、光泽如蜡。

图 10–2　金黄色蜜蜡挂坠

图 10–3　棕黄色蜜蜡挂坠

图 10–4　白蜜蜡手串
（图片来源：卢建中提供）

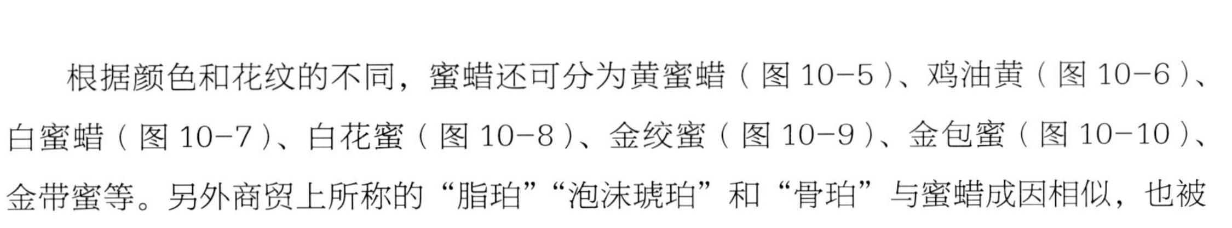

根据颜色和花纹的不同，蜜蜡还可分为黄蜜蜡（图 10–5）、鸡油黄（图 10–6）、白蜜蜡（图 10–7）、白花蜜（图 10–8）、金绞蜜（图 10–9）、金包蜜（图 10–10）、金带蜜等。另外商贸上所称的“脂珀”“泡沫琥珀”和“骨珀”与蜜蜡成因相似，也被归为蜜蜡。

图 10–5　黄蜜蜡牡丹胸坠

图 10–6　鸡油黄蜜蜡手串

图 10–7　白蜜蜡观音雕件
（图片来源：卢建中提供）

图 10-8　白花蜜龙纹雕件
（图片来源：卢建中提供）

图 10-9　金绞蜜素面吊坠

图 10-10　金包蜜素面吊坠

蜜蜡主要产于波罗的海、多米尼加、墨西哥、缅甸和中国抚顺。

二、金珀

金珀的颜色为黄色至金黄色，色泽饱满，透明度高，内部不含杂质或仅含少量杂质，是琥珀中的名贵品种（图 10-11），颜色过浅或过深者都不能称为金珀，若琥珀体色为浅黄色至无色，商贸名称为"明珀"（图 10-12）；若体色较深且带棕色调，则称之为"棕珀"。

金珀主要产于波罗的海、多米尼加、墨西哥、缅甸和中国抚顺。

图 10-11　金珀单圈圆珠手串

图 10-12　明珀手镯及镯芯

三、血珀

血珀又称"红珀"，红色至褐红色（图 10-13），透射光下呈血红色或金红色，反射光下呈红色至暗红或褐红色。缅甸血珀多为透明，其他产地血珀为透明至半透明。血珀的颜色与氧化作用有关，一般来说其表层氧化程度相对较深，内部氧化程度较浅，因此表层颜色更深，在紫外灯下可见褐黄色或褐黄绿色荧光，血珀一般有较厚的皮壳，其裸石在打磨后常有风化纹，由于风化强烈，质脆，因此一般不适合做雕件，比较适合镶嵌。

图 10-13　优质纯净的血珀胸坠和手串

优质的血珀要求体色纯正，色红如血，色调过度偏橙、偏黑或偏褐均不能称之为血珀。血珀主要产于波罗的海、多米尼加、墨西哥、缅甸和中国抚顺等，其中以缅甸血珀最负盛名。

四、棕珀

棕珀的颜色为棕色、棕黄色至棕黑色，透明至微透明，常为半透明，缅甸棕珀常具棕红云雾状颗粒或者流动纹（图 10-14），荧光多为亮白蓝色。

图 10-14　产自缅甸的金棕珀手镯及镯芯

根据其体色色调的不同，还可将其进一步分为黄棕珀（棕黄色）、纯棕珀（棕色）、棕红珀（棕红色）（图 10-15、图 10-16）等，另外根据棕珀泛色色调的不同，可分为紫罗兰珀（泛色为紫罗兰色）（图 10-17）、紫蓝珀（泛色为蓝

紫—紫蓝色）、酱油珀（泛色为酱油色）等。

棕珀主要产于缅甸，是缅甸琥珀的主要品种，另外棕珀在中国抚顺也有产出。

图 10-15　棕红珀雕花平安扣

图 10-16　棕红珀胸坠

图 10-17　紫罗兰珀胸坠

五、茶珀

茶珀珀体通透，颜色浓郁，透明度一般较好，在自然光下常呈现出茶水的颜色和感觉，其颜色多样，根据其体色色调不同有红茶珀（橙红色至褐红色）（图 10-18）、绿茶珀（褐黄色、褐绿色至褐色）（图 10-19）等。

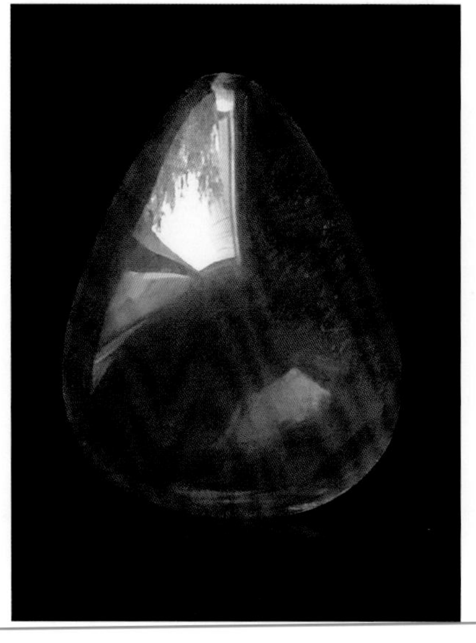
图 10-18　红茶珀素面胸坠

图 10-19　绿茶珀植物珀胸坠

红茶珀在紫外光下可见蓝色至蓝紫色荧光，“绿茶珀”在紫外光下可见粉色至紫红色、黄色至黄绿色、蓝色至蓝紫色荧光。

茶珀主要产于缅甸。

六、蓝珀

蓝珀在透射光下可呈黄色、棕黄色、黄绿色、棕红色，在反射光下常呈不同色调的蓝色，这种蓝色在黑色背景和紫外光下更明显（图 10-20）。

a 白色背景

b 黑色背景

图 10-20　不同颜色背景下的蓝珀佛像胸坠

蓝珀还具有乌萨穆巴效应（Usambara Effect），即随着琥珀厚度的改变，其体色会发生改变，小于 3 毫米厚的蓝珀呈黄色，3 ~ 6 毫米厚呈橙黄至黄橙色，6 ~ 8 毫米厚呈橙色，厚于 8 毫米者呈红橙或橙红色。

蓝珀主要产于多米尼加、墨西哥、缅甸等。多米尼加蓝珀主色调为蓝色，其中颜色最优者为“天空蓝”，在深色背景和紫外光照射下会出现浓郁的蓝色，色泽明亮，荧光颜色为空灵的天空蓝色（图 10-21）。墨西哥蓝珀的主要特点是具有蓝绿色调，蓝中可以看出一些绿意，也被称为“蓝绿珀”（图 10 22）。缅甸蓝珀体色为黄色，表面泛蓝，

图 10-21　优质蓝珀胸针

图 10-22　产自墨西哥的蓝绿珀（紫外光下）

（图片来源：卢建中提供）

又称“金蓝珀”。

对于蓝珀颜色的成因，目前存在两种不同的看法：一种认为在漫长的地质年代中，琥珀和硅藻类植物被同时掩埋形成沉积岩，硅藻的植物油贯穿到琥珀内部，琥珀中就产生了类似于煤焦油上看到的蓝色光泽；另一种认为，埋藏在地下的琥珀由于火山爆发或森林大火等地热原因发生熔化，在熔融状态下内部发生形变，而产生微弱的荧光。其实无论是哪种成因，都认为蓝珀的蓝色是因其中所含的某种芳香族化合物，被紫外光激发而产生强烈的蓝色荧光形成的。

在市场上还有一种商业名称为“绿珀”的琥珀品种（图 10-23），主要指“西西里岛绿珀”、缅甸金珀的变种“柳青珀”和墨西哥的“蓝绿珀”。西西里岛绿珀为淡绿色，但出土后在空气中很快氧化变黄，其资源已经枯竭很多年，十分罕见；缅甸的柳青珀属于金珀的一个变种，颜色带绿色调，呈褐绿黄色或褐黄绿色（图 10-24）；墨西哥的蓝绿珀带蓝绿色调，实际属于蓝珀。另外，市场上常见的所谓“绿珀”，其实主要是由柯巴树脂经加温加压改色、染色或有色膜覆盖处理获得的，少部分由琥珀经加压加温改色获得，因此绿珀在琥珀分类的国家标准中并不体现，而是根据其特征归为金珀、蓝珀等品种。

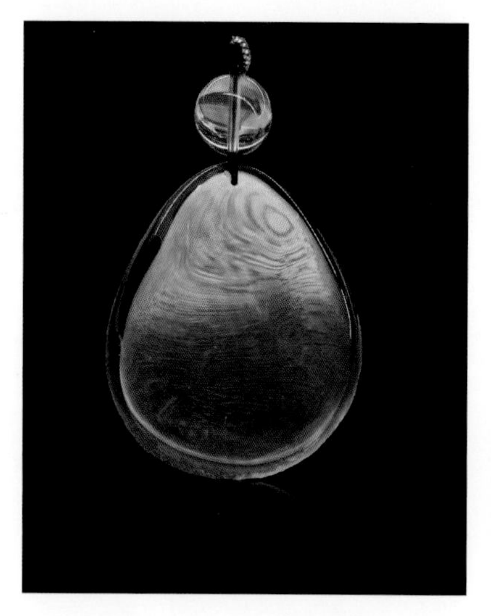

图 10-23　菠菜绿珀胸坠

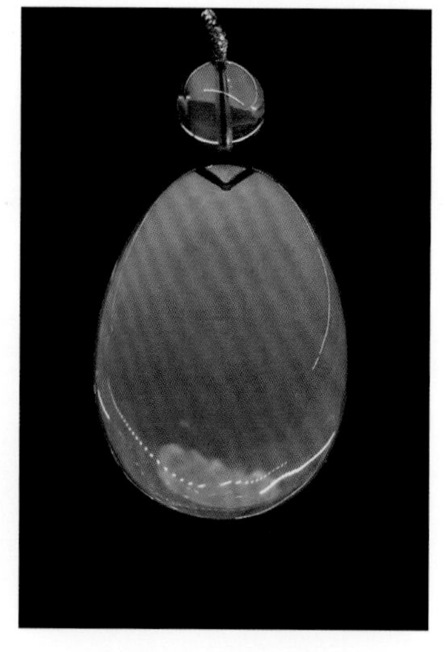

图 10-24　柳青珀胸坠
（图片来源：亓利剑提供）

七、根珀

根珀颜色常为灰白色、灰褐色至浅褐色，偶见灰蓝色，不透明，摩氏硬度可达 3，其孔隙中常充填有微晶方解石，黄褐色的琥珀和白色的方解石形成了根珀的斑杂纹理，在加工时，可根据其纹理和颜色的变化进行巧雕。

根据花纹及颜色的不同，可将根珀分为白根珀（花纹颜色以白色为主，间杂黑色、褐色花纹）（图 10-25）、黑根珀（花纹颜色以黑色为主，间杂白色、褐色花纹）（图 10-26）、雀脑（黑白或黑褐两色花纹相间分布，比例相当）和半根半珀（不透明的根珀与透明的琥珀相间分布）。

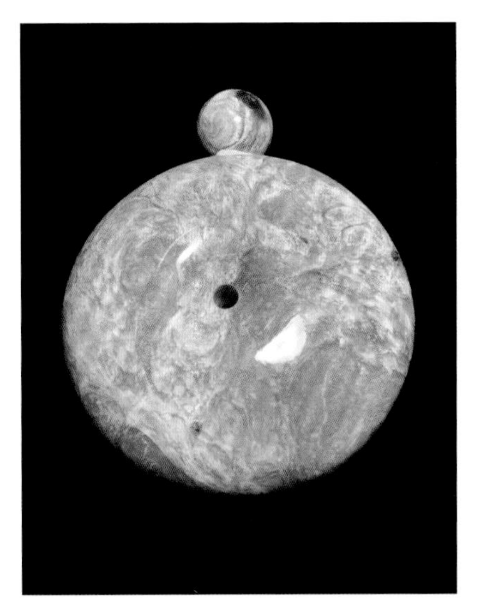

图 10-25　白根珀胸坠

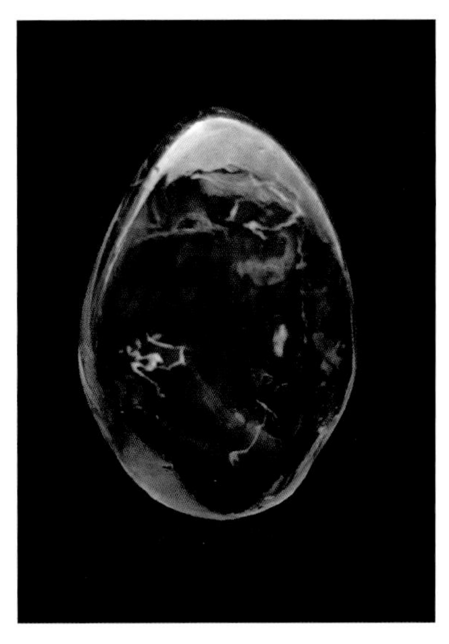

图 10-26　黑根珀胸坠

根珀主要产于缅甸，而波罗的海地区也产出一种与根珀外观类似的琥珀，其形成是由于土壤中盐类的渗入，使琥珀的颜色和透明度改变，原石具有较厚的表皮，抛光后显示形似大理石的褐色斑驳纹理。

八、花珀

花珀是一类有着独特外观的琥珀，根据其外观和内部包裹体特征可分为太阳花花珀和抚顺花珀。

太阳花花珀可呈黄色至褐黄色、红色至褐红色，透明至半透明，以具有独特的太阳花状包裹体（或称“太阳光芒”“睡莲叶”）为特征（图 10-27、图 10-28），这种包裹体是由琥珀内部气体包裹体在外界温压条件迅速变化时发生爆裂产生的。太阳花花珀主要产于波罗的海地区，但不多见（图 10-29），市场上的太阳花花珀基本都是经过人工优化而成的。

图 10-27 花珀宝瓶胸坠
（图片来源：卢建中提供）

图 10-28 花珀胸坠

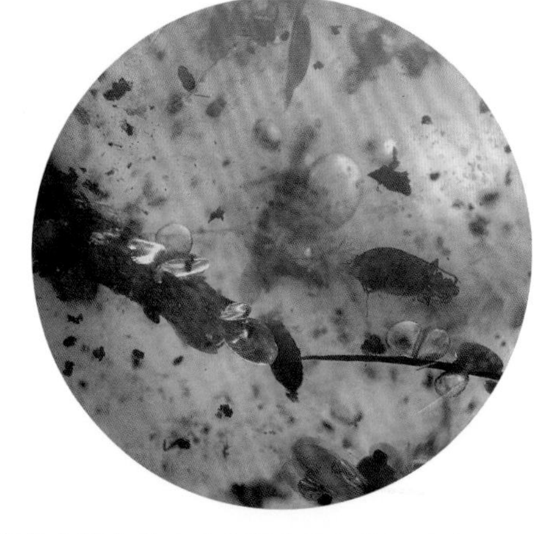

图 10-29 产自波罗的海的太阳花花珀（右图为局部放大图）

图 10-30 抚顺花珀手串

抚顺花珀常呈白色、棕黄色、黑色交杂分布的外观，与缅甸产的根珀颇为相似。抚顺花珀（图 10-30）产于我国辽宁抚顺，根据花纹的不同，抚顺琥珀研究所将抚顺花珀进一步分为象牙白花（不透明部分呈象牙白色）、黄花（不透明部分呈黄色）、黑花（不透明部分呈黑色）。抚顺花珀具有天然的纹理，古朴庄重，由于数量稀少，原料采集困难，其成品价格一般较高。

第二节

按包裹体分类及其特征

琥珀蕴含丰富的包裹体，那些封存在琥珀中的生命、矿物乃至一滴雨水、一抹空气，都定格了亿万年前一瞬的沧桑过往，描摹着远古地球生命繁盛的光景。根据琥珀中包裹体种类的差异可将琥珀分为虫珀、植物珀、水胆珀和矿物珀四个品种。

一、虫珀

虫珀呈透明至微透明，内部可包裹昆虫或其他动物的遗体、遗迹，如蜘蛛、苍蝇甚至恐龙的部分躯干（图 10-31）、蜥蜴或蛇类的外皮（图 10-32）、哺乳动物的粪便等。

虫珀主要产于波罗的海、缅甸、多米尼加、墨西哥、中国抚顺等。

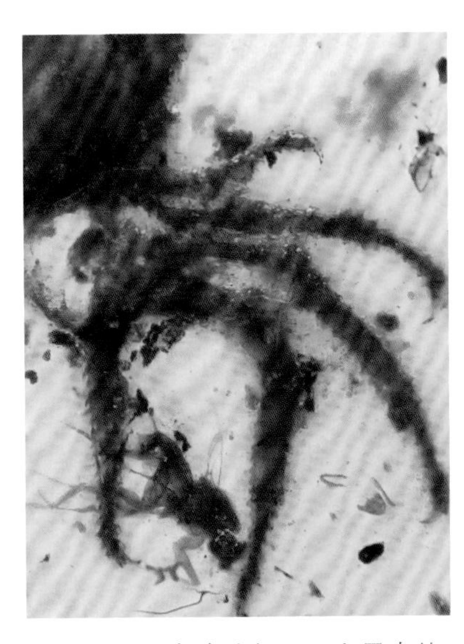

图 10-31　包裹蜥蜴爪子和昆虫的琥珀

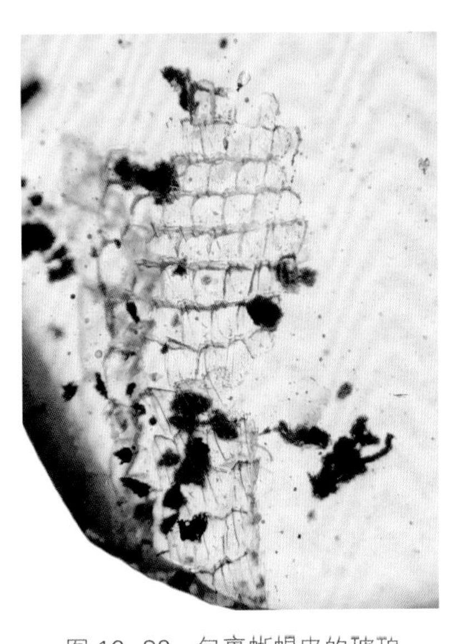

图 10-32　包裹蜥蜴皮的琥珀

二、植物珀

植物珀呈透明至微透明，内部可包裹植物碎片如花、叶、根、茎、种子等（图 10-33、图 10-34），主要产于波罗的海、多米尼加、墨西哥、缅甸、中国抚顺等。

图 10-33 意境生动的植物珀
（图片来源：卢建中提供）

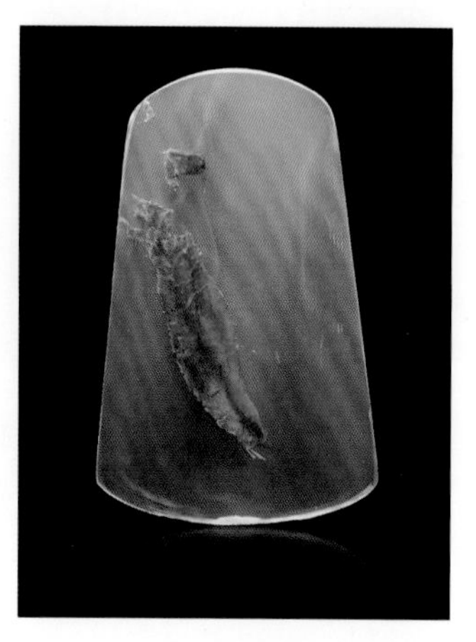

图 10-34 包裹颜色鲜艳树叶的植物珀

三、水胆珀

水胆珀是指内部包裹有肉眼可见的气体或水珠，或含有气液两相包裹体（水珠中含有气泡）的琥珀，常呈透明至微透明，有些水胆珀中的水珠或气泡甚至会随着琥珀的晃动而晃动，这类水胆珀被称为“活胆珀”（图 10-35）。

水胆珀主要产于波罗的海、多米尼加、墨西哥、缅甸、中国抚顺等。

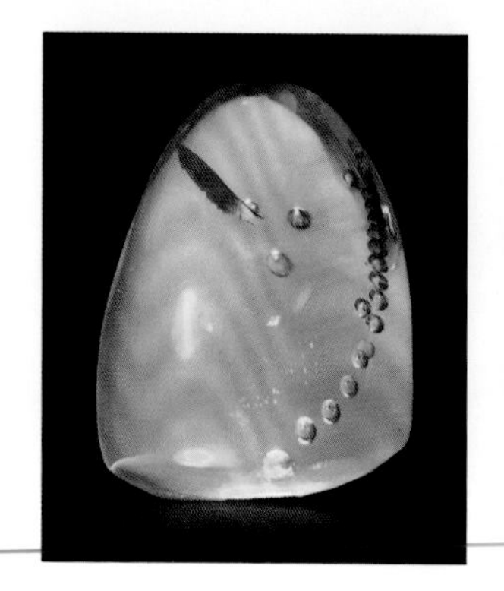

图 10-35 包裹可晃动气液包裹体的水胆珀

四、矿物珀

矿物珀可呈透明至微透明，内部包含有形态肉眼可见的矿物包裹体，常为方解石（图 10-36）、石英、长石、黄铁矿等。

矿物珀主要产于波罗的海、多米尼加、墨西哥、缅甸、中国抚顺等。

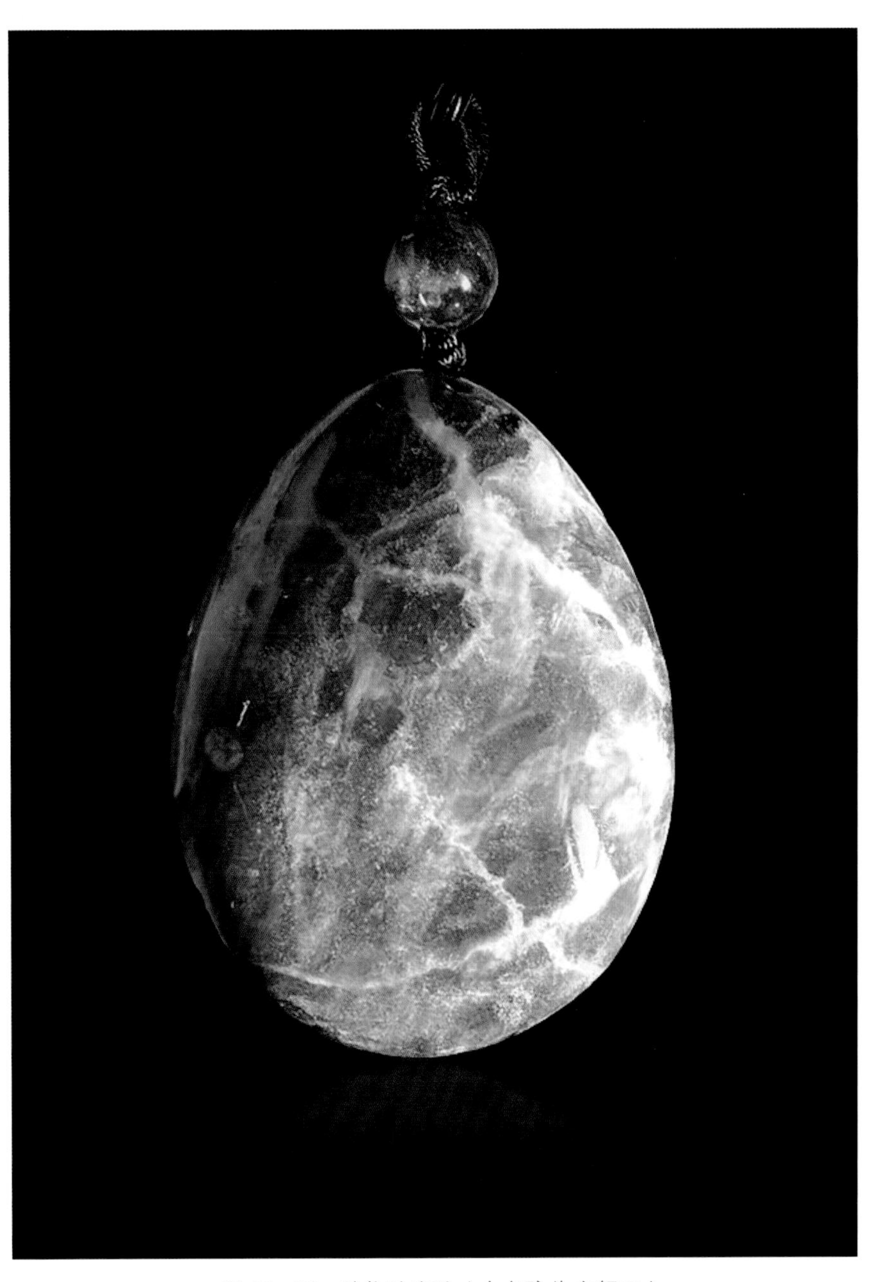

图 10-36　矿物珀胸坠（白色脉为方解石）

第十一章

Chapter 11

琥珀的产地、成因与贸易

琥珀在世界多个国家都有产出，有影响力的产地主要有波罗的海沿岸国家、多米尼加、缅甸、墨西哥、中国、日本、美国、加拿大、意大利、法国、英国等地，不同产地的琥珀各有其特征，并且已形成了各具特色的琥珀贸易市场。关于琥珀的成因，在我国古代有着许多有趣的传说故事，如“虎睛”说、“茯苓”说等，但随着人类不断地探索，人们逐渐发现琥珀实际是由树脂经石化作用形成的。

第一节

波罗的海的琥珀矿

一、概况

波罗的海琥珀（Baltic Amber）产量占全世界的 80%，主要产于北欧波罗的海沿岸国家，如俄罗斯（图 11-1）、波兰（图 11-2）、德国（图 11-3）、立陶宛、丹麦（图 11-4）等。

图 11-1　产自俄罗斯的琥珀原石
（图片来源：Pavel M. Kartashov，www.mindat.org）

图 11-2　产自波兰的琥珀原石
（图片来源：Antonio Borrelli，www.mindat.org）

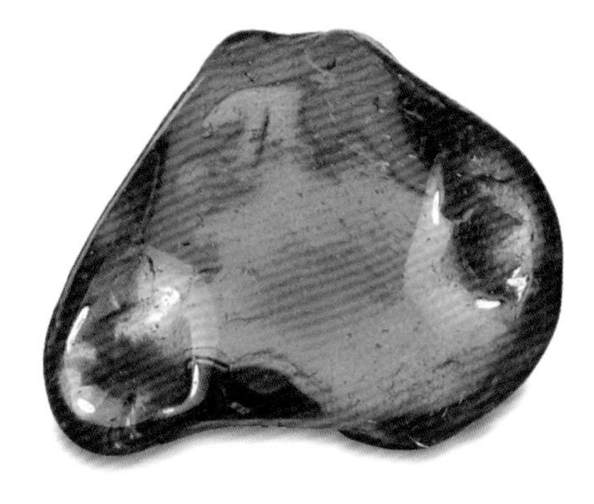

图 11-3　产自德国比特费尔德矿区的琥珀原石
（图片来源：Dan Weinrich，www.mindat.org）

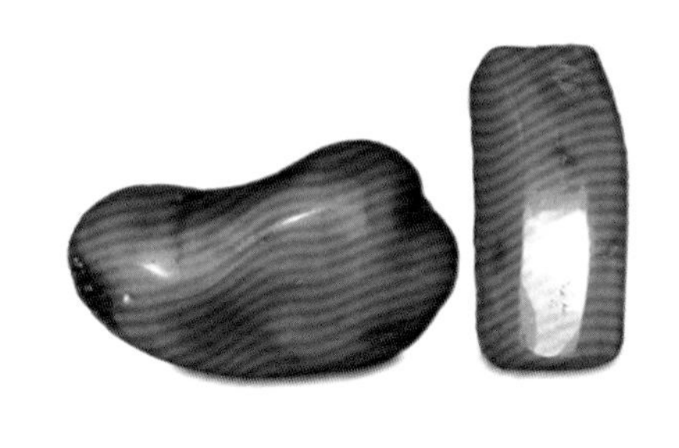

图 11-4　产自丹麦的琥珀原石
（图片来源：Torben Kjeldgård，www.mindat.org）

波罗的海琥珀形成于始新世（距今约 4500 万 ~ 3500 万年）的芬诺萨尔马提亚（Fennosarmatia）地区（今斯堪的纳维亚半岛及其附近地区）。在始新世，这一地区被广袤的亚热带森林所覆盖，森林中的针叶植物死亡后，被发源自此处的两条古河流——阿纳普斯（Anarps）河和艾瑞丹诺斯（Eridanos）河冲击，埋藏沉积到河流三角洲地带（主要位于今天的塞姆兰特半岛附近）。随着时间的推移，树木的躯干演变成了煤炭，但分泌的树脂经历了无氧条件下的成岩作用，即由树脂石化成琥珀。随着亚欧大陆的构造演化不断进行，沉积的一部分琥珀埋藏于现在北海附近的三角洲沉积区，另外两小部分则分别埋藏于乌克兰的克莱塞夫（Klesev）三角洲和波兰东部的帕尔切夫（Parczew）三角洲沉积区（图 11-5）。因此，波罗的海琥珀虽然产地众多，但它们的来源却十分相似。

图 11-5　产自波兰的琥珀原石
（图片来源：苏雨松提供）

波罗的海琥珀有悠久的使用历史，最早的琥珀制品发现于英国切德的戈夫洞，距今已有万余年。波罗的海琥珀产于滨海砂矿或煤系地层中，19 世纪之前，人们常可在海边捡拾到琥珀，但近年来这种来源的琥珀已极少见到。现在波罗的海琥珀多产于露天矿区或地下矿坑。

二、矿床地质特征

（一）塞姆兰特半岛矿区

塞姆兰特半岛（Samland Peninsula）是波罗的海十分重要的琥珀矿产地，该半岛的琥珀产量约占波罗的海琥珀的 90%。

图 11-6　产自俄罗斯加里宁格勒州的琥珀
（图片来源：John Krygier，www.mindat.org）

半岛位于波罗的海东南岸，毗邻波兰和立陶宛，属于俄罗斯加里宁格勒州（图 11-6），是远离俄罗斯本土的一块“飞地”。当地有现今世界上发现的最大的琥珀矿。琥珀主要产于半岛东部的扬塔尼镇（Yantarny，俄语意为琥珀镇）。19 世纪到 20 世纪中期，琥珀主要产于此镇的普拉兹霍瓦亚（Plazhovaya）矿，是世界上第一个露天琥珀矿。后来矿坑被水淹没，变成了露天湖泊。2008 年后，在旧矿附近挖掘找到普里莫斯基琥珀（Primorskoe）矿，并由加里宁格勒国立琥珀联合公司（Russky Yantar）进行开采。扬塔尼镇每年可开采 600 ~ 700 吨琥珀，其中只有 10% 可达宝石级，含动植物包裹体的琥珀原石不到 1%。

据研究，这里的琥珀沉积于晚渐新世至早始新世形成的河流中，赋存在第三纪的蓝泥地层（Blue Earth）内。蓝泥地层位于海平面下约 5 米处，距离表土层 18 ~ 24 米，厚 2 ~ 10 米。因含大量海绿石而显示蓝绿色，这一地区的蓝泥地层每立方米可开采琥珀约 2.5 千克。蓝泥地层可划分为三层：①由砂砾和泥灰岩组成的顶层蓝泥；②由含褐煤的砂岩或灰色黏土组成的中层蓝泥；③由含海绿石的黏土和砂岩组成的底层蓝泥，厚 15 ~ 18 米。三层均有琥珀产出，其中以底层蓝泥蕴藏的琥珀资源最为丰富。

（二）乌克兰矿区

乌克兰的地理位置并不毗邻波罗的海，但其埋藏琥珀的地层为始新世，与波罗的海地区的含琥珀地层属于同一块三角洲，因此将乌克兰所产的琥珀也归为波罗的海琥珀的范畴。

1978—1985 年在乌克兰北部和白俄罗斯南部发现的琥珀矿约有 50 个，乌克兰琥珀通常产于普里皮亚（Pripyat）盆地的克丽娑（Klesow）矿区的早第三纪地层中，含矿岩系为厚超过 6 米、含海绿石、腐殖质和黏土层的石英砂岩，每立方米含矿岩层可开采出琥珀 50 ~ 400 克。

乌克兰琥珀的原石多具深褐色的氧化外壳，外壳厚约几毫米，性脆，易与内核剥离（图 11-7）。

图 11-7　产自乌克兰的琥珀原石
（图片来源：卢建中提供）

（三）比特费尔德矿区

比特费尔德（Bitterfeld）矿区位于德国中部，柏林西南约 150 千米。该矿区的琥珀蕴藏于含泥沙、褐煤和云母的岩层中，这一岩层厚 4 ~ 6 米，约形成于中新世晚期，距今约 2200 万年。这一矿区每年可以开采 50 吨琥珀矿石（图 11-8），1993 年德国为了保护环境而将其封闭。

图 11-8　产自比特费尔德矿区的琥珀原石
（图片来源：Antonio Borrelli，www.mindat.org）

三、宝石学特征

波罗的海琥珀是各地琥珀中含琥珀酸最多的品种（琥珀酸含量 3% ~ 8%），琥珀酸的含量与透明度有关，一般琥珀酸含量越高琥珀的透明度越低。波罗的海琥珀摩氏硬度为 2 ~ 2.5，颜色以淡黄色为主（图 11-9），还可具白色、黄色、棕色、红色、褐色、黑色及其中的过渡色（图 11-10）。

图 11-9　产自乌克兰的植物珀
（图片来源：卢建中提供）

图 11-10　产自俄罗斯的琥珀手串
（图片来源：卢建中提供）

波罗的海琥珀具有易于辨识的特征栎树细毛和黄铁矿包裹体。栎树细毛在波罗的海琥珀中十分常见，呈微小纤细的丛状分布于琥珀中；黄铁矿包裹体常充填在波罗的海琥珀的裂隙中，或作为微晶交代某些内含物（如动植物包裹体）。黄铁矿包裹体在透射光下不透明，反射光下具金属光泽。

四、琥珀贸易

（一）波兰琥珀市场

波兰北部沿海地区最大的城市格但斯克（Gdansk）是世界上著名的琥珀加工与贸易中心，当地琥珀加工业有超过千年的历史，早在古罗马时代，格但斯克人就学会了加工琥珀。16—18 世纪，当地的琥珀加工业飞速发展，迅速成为整个欧洲的琥珀制造中心，18 世纪末至 20 世纪初，经历了拿破仑战争与两次世界大战的格但斯克损毁严重，琥珀加工业也随之凋敝。值得庆幸的是，从 20 世纪 40 年代开始，在当地琥珀行业工会的努力下，格但斯克的琥珀业开始复兴；至 20 世纪末开始迅速发展，琥珀作坊的数量在 7 年内从 500 家增加到 6000 余家，如今当地的琥珀产业已恢复了昔日的荣光。

位于格但斯克老城区的玛利亚大街（又称“琥珀街”）聚集了大量的琥珀商店，在维斯瓦河沿岸也常有摊贩销售琥珀（图 11-11）。这一地区的琥珀加工以手工作坊为主，很多店铺都是“前店后厂”的形式，顾客可以看到琥珀加工成首饰的全过程，也可以定制心仪的琥珀款式。波兰的琥珀加工工艺以精湛的琥珀镶银工艺著称，这种工艺不仅可以凸显琥珀的美感，也能对珍贵易碎的琥珀起到保护作用。

图 11-11　波兰格但斯克琥珀街一景

除了精湛的加工工艺，格但斯克独到的琥珀设计也堪称一绝。波兰悠久的琥珀历史与文化赋予了琥珀设计深厚的底蕴，当代的琥珀设计师创意大胆（图 11-12），将传统文化与现代艺术元素相融合，设计出一件件具有波兰文化特色的琥珀艺术品（图 11-13）。

图 11-12　琥珀项链《时间》
（图片来源：苏雨松提供）

图 11-13　琥珀十字架项圈
（图片来源：苏雨松提供）

波兰自 1994 年起开始举办国际琥珀博览会，以促进琥珀产业文化和商贸的交流。博览会于每年春夏两季的 3 月、8 月在格但斯克举办，如今已成为国际琥珀交易交流盛会。在2020年8月举办的第三十一届格但斯克国际琥珀与珠宝展览会上，吸引了来自波兰、立陶宛、德国和意大利等21个国家的470多家参展商及独立珠宝设计师参展。

除格但斯克外，波兰的首都华沙也是该国颇具规模的零售市场和成品集散地。与格但斯克不同的是，华沙以琥珀成品销售为主。在华沙老城内，聚集有大量的琥珀店铺，主要销售各类琥珀饰品，包括珠串、吊坠、小型雕件、小摆件，材料从低廉的压制琥珀到珍贵的天然琥珀均有。

（二）俄罗斯加里宁格勒琥珀市场

俄罗斯的加里宁格勒市以盛产琥珀著名，它是世界上最大的琥珀产地和重要的加工集散地。加里宁格勒市列宁大街两侧的商店中摆满了各式各样的琥珀制品，加里宁格勒琥珀博物馆也是世界上收藏琥珀珍品最多的博物馆。当地人将对琥珀的喜爱融于日常生活中，从装饰到摆设几乎都离不开琥珀（图11–14、图11–15），因此，琥珀也成了加里宁格勒最具特色的旅游工艺品。

图11–14 产自俄罗斯的琥珀原石摆件
（图片来源：国家岩矿化石标本资源共享平台，www.nimrf.net.cn）

图11–15 产自俄罗斯的蜜蜡耳坠
（图片来源：卢建中提供）

（三）立陶宛琥珀市场

立陶宛是波罗的海沿岸重要的琥珀加工中心。在第一次世界大战前的几年里，立陶宛海滨城市帕兰加每年可生产大约2000千克的琥珀制品。现在，立陶宛拥有许多琥珀加工公司，琥珀被送到这里进行初步的优化、打磨、抛光、钻孔等，并制成琥珀饰品或琥珀工艺品。

虽然在立陶宛的三个主要城市——维尔纽斯、卡乌纳斯和克莱佩达的主城区，均可见到琥珀商店，但琥珀成品销售在立陶宛的经济体系中所占比例并不高，大部分琥珀在初步加工后，会被送到波兰格但斯克进行进一步的设计加工，并销往世界各地。

立陶宛自2004年开始举办“琥珀之路”国际琥珀展，每年举办一届。据悉，“琥珀之路”国际琥珀展是波罗的海地区最大的琥珀展之一，每年都会吸引来自立陶宛、波兰、俄罗斯、乌克兰和中国等国的展商和顾客参展。

第二节 缅甸的琥珀矿

一、概况

缅甸琥珀（Burmese Amber）是由八千万年前到一亿年前的白垩纪杉树类树脂石化形成的，多产于缅甸北部和印度交界的沼泽地带。据说，缅甸当地居民每年夏天都会在沼泽地里观察，发现有冒水泡的地方就插上标记，等到旱季水退去时就去挖采，这种特殊的开采方法给缅甸琥珀增加了几分神秘的色彩。

缅甸是世界上重要的琥珀产地，近年来缅甸琥珀在我国腾冲、瑞丽等地大量销售，占有较大的市场份额。

二、矿床地质特征

缅甸琥珀主要产于缅甸克钦邦（Kachin State）北部的胡康河谷（Hukawng Valley），由达罗盆地和新平洋盆地组成。该地与我国云南、西藏接壤，一直以来由于政治原因长期封矿，直到近几年才重启开采。矿区所产琥珀大多形成于白垩纪森诺曼期（距今约9900万年），赋存于第三纪或白垩纪的岩层中。此地产出的琥珀原石多呈卵圆状，有学者推测是由于缅甸琥珀经过了自然搬运磨圆作用并被重新埋藏（图11-16）。

图 11–16　缅甸金棕珀原石

三、宝石学特征

缅甸琥珀因含方解石等物质，摩氏硬度可达 2.5 ~ 3，是世界上硬度最大的琥珀品种，因此缅甸琥珀也称为“硬琥珀”。但它硬而不脆，适于雕刻，其颜色多样，可具红色、黄色、绿色、蓝色、紫色、褐色、棕色、黑色等色调，以棕红色为主（图 11–17）。

缅甸琥珀中的杂质包裹体较为常见，可含方解石等矿物包裹体和种类多样的生物包裹体。具有流动感的棕红色流动纹是缅甸琥珀的标志性特征（图 11–18），在棕红珀中尤为常见。

图 11–17　颜色多样的琥珀原石

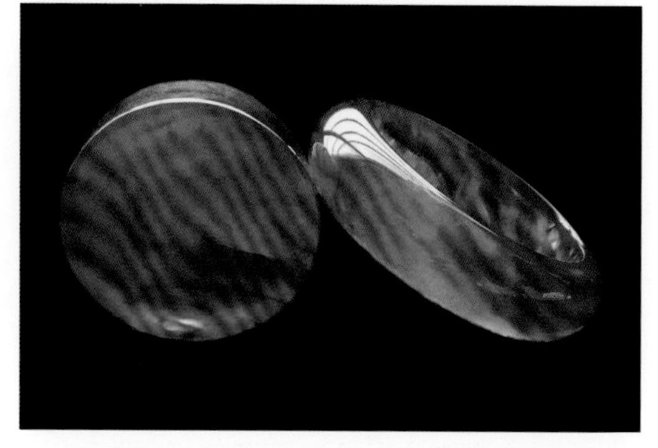

图 11–18　产自缅甸的棕红珀手镯及镯芯

缅甸琥珀中少见蜜蜡，这是由于杉树类树脂本身较黏稠，分泌流淌的过程中随温度的升高不易产生气泡，因而大多数形成完全透明的琥珀。部分缅甸琥珀因含有方解石而显得不透明。

大多缅甸琥珀具有较强的荧光效应（根珀除外），市场上又把这种特有的荧光效应称为“机油光”。某些缅甸琥珀还具有“留光”效应，即当撤去光源后，短暂时间内仍持续发光的现象，据研究，这种“留光”效应为长余辉效应。

四、琥珀贸易

缅甸琥珀的原产地交易市场位于缅甸北部克钦邦的首府——密支那（Myitkyina），该地区主要有两个交易市场，市场上的琥珀原石均按堆卖，一般不允许挑选。除这两个市场外，密支那地区的许多村民家中也有琥珀售卖，价格相对便宜。每年的5月到9月是缅甸的雨季，受天气的影响，许多矿坑都被雨水淹没，这期间的缅甸琥珀产量也会大幅度降低。缅甸产出的琥珀主要销往中国，缅甸民众在了解了云南腾冲地区每5天举行的赶集习俗后就常来集市上交换物品，长此以往众多边境地区的缅甸人都会来腾冲售卖琥珀，目前腾冲已成为公认的缅甸琥珀的最大集散地。

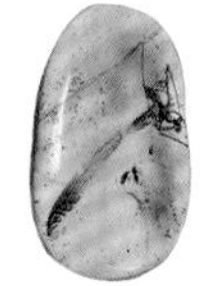

第三节 多米尼加的琥珀矿

一、概况

北美洲大安的列斯（Greater Antilles）群岛附近的国家和地区（主要包括古巴、海地、多米尼加共和国、牙买加、波多黎各、开曼群岛等）盛产琥珀，其中以多米尼加出产的琥珀最具商业价值（图11-19）。

图 11-19　产自多米尼加的优质蓝珀戒指和胸坠
（图片来源：卢建中提供）

多米尼加琥珀（Dominican Amber）由已灭绝的豆科植物——原始孪叶豆（Hymenaea Protera）分泌的树脂石化而成，约形成于始新世晚期—中新世中期（距今 3000 万 ~ 1700 万年）。这一地区的琥珀储量丰富，品质优良，但由于矿区多呈钟状，开采难度较大，导致琥珀的售价居高不下。

二、矿床地质特征

多米尼加的琥珀矿区主要分布在该国的北部和东部地区，这两处的琥珀矿区原属于同一个沉积盆地，后因断层移动而分离。

北部矿区位于圣地亚哥附近的北方山脉（Cordillera Septentrional）（图 11-20），琥珀赋存于含砂岩、薄片晶褐煤和砾岩的碎屑岩中。该矿区有约 10 个开采点，但由于资源有限，目前只有一部分还在继续开采，较著名的矿点有：帕洛·奥多（Palo Alto）、帕洛·奎马多（Palo Quemado）、拉·多卡（La Toca）和洛斯·卡沃斯（Los Cacaos），其中帕洛·奎马多以产出蓝珀而闻名。

图 11-20　产自多米尼加北方山脉的琥珀
（图片来源：akhenat，www.mindat.org）

东部地区的琥珀产于东科迪勒拉山脉（Cordillera Oriental）北缘的巴亚瓜纳镇（Bayaguana）和萨瓦纳德拉马尔镇（Sabana de la Mar)，琥珀主要赋存于石灰岩、泥灰岩和砾岩中，一般集中于灰色碳质泥灰岩中并常与褐煤混存。矿区从 1970 年开始开采，以产出绿色和紫色琥珀闻名，著名的矿点有：拉·比加（La Bija)、拉·罗马（La Loma)、雅尼瓜（Yanigua）和里科·佩尼亚（Rico Pena)。

三、宝石学特征

多米尼加琥珀成熟度较高，几乎不含琥珀酸，因此多具有良好的透明度，其中常可观察到由不同的成分相对流动造成的黄色调到橙色调的混合分布。

多米尼加琥珀中常含有形式多样的包裹体，包括保存完好的真菌、藻类、植物遗骸、动物遗骸等。动物遗骸一般为节肢动物、线虫、腹足类动物、两栖动物、爬行动物、哺乳动物和鸟（图 11-21)。

图 11-21　产自多米尼加的虫珀
（图片来源：Rob Lavinsky，iRocks.com，Wikimedia Commons，CC BY-SA 3.0 许可协议）

四、琥珀贸易

在 1950 年以前，多米尼加琥珀并不被人们所熟知。1950 年开始，许多联邦德国的公司辗转来到多米尼加寻找更多的琥珀资源，在此后的 10 年间，多米尼加琥珀被大量开采并多以未加工的原石形式出口，但当时这里所产出的琥珀并不被欧洲人所认同。直到 20 世纪 60 年代，多米尼加邀请著名琥珀雕刻大师伊米利奥·佩雷兹到圣地亚哥进行琥珀雕刻教学之后，欧美市场才开始逐渐接受多米尼加琥珀。多米尼加琥珀在进入中国市场时也遇到了相似的困难，直到 2012 年才被广泛接受，但随着资源的减少，2016 年多米尼加能源与采矿部门开始限制琥珀的出口（尤其是高品质琥珀)，导致多米尼加琥珀尤其是蓝珀的价格持续上涨。

第四节

墨西哥的琥珀矿

一、概况

墨西哥琥珀（Mexican Amber）的使用历史可以追溯到16世纪，当地的土著用琥珀做首饰和陪葬品。墨西哥盛产蓝珀（图11-22），与多米尼加一样，均为蓝珀的重要产地。由于人们对蓝珀的热衷，墨西哥琥珀近几年在琥珀市场上所占的份额也不断攀升（图11-23）。

图11-22　产自墨西哥的蓝珀原石
（图片来源：国家岩矿化石标本资源共享平台，www.nimrf.net.cn）

图11-23　墨西哥蓝珀印章
（图片来源：卢建中提供）

二、矿床地质特征

墨西哥琥珀主要产于墨西哥东南部的恰帕斯（Chiapas）州（图 11-24）。该地区的琥珀大致形成于晚渐新世到早中新世，距今 2600 万～2250 万年，主要赋存于含化石的岩层中。墨西哥琥珀与多米尼加琥珀像是一对孪生兄弟，无论是形成年代、形成树种、形成环境，还是物理性质，均十分相近，尤其是树脂来源，均为已灭绝的豆科植物原始孪叶豆。在地理位置上，恰帕斯州距多米尼加共和国直线距离不过 800 千米，根据大陆漂移学说，多米尼加大陆可能是从墨西哥大陆漂移而来，因此，有学者认为墨西哥琥珀与多米尼加琥珀具有同源性。

图 11-24　产自墨西哥恰帕斯州的琥珀
（图片来源：William Besse，www.mindat.org）

恰帕斯州平均每月可开采琥珀 300 千克。该州北部的西莫霍威尔地区（Simojovel Region）是墨西哥最大的琥珀矿区，恰帕斯州 95% 的琥珀都来自该区，其他地区如埃尔博斯克（El Bosque）等地也发现有琥珀矿床，但产量较少。

三、宝石学特征

墨西哥琥珀常呈黄色、褐色，也发现有红色、绿色和蓝色琥珀。相对多米尼加琥珀含有丰富的包裹体，墨西哥琥珀内部更为纯净，少有杂质，但常有大量裂纹。

四、琥珀贸易

恰帕斯州的琥珀资源开发进程并不顺利。20 世纪 90 年代，墨西哥政府开始实施自由主义的经济政策，国内市场随之开放，尤其是在 1994 年墨西哥与美国、加拿大签署了北美自由贸易协定后，大量国际资本涌入墨西哥，才开始了对包括琥珀在内的墨西哥资源开发的进程。但这之后的 6 年里，恰帕斯州时局动荡，各种起义暴乱层出不穷，当地资源开发的进程也被迫中断。

2000 年，为了恢复当地经济，恰帕斯州连续多年举办琥珀博览会，并在圣克里斯托瓦德拉卡萨斯（San Cristóbal de las Casas）西边的玛西德（La Merced）教堂旁修建了州内的第一家官方博物馆，该博物馆中有许多以玛雅文化为主题的琥珀雕件。

圣克里斯托瓦有着“琥珀之城”的美誉，当地步行街上布满了销售琥珀的店铺，大大小小的琥珀博物馆也随处可见。在圣・多明戈（San Domingo）教堂旁的手工市场内，也有许多印第安摊贩现场制作售卖各种琥珀饰品。最开始由于知名度较低，恰帕斯琥珀的经济效益并不好，2000—2009 年，恰帕斯琥珀的价格始终维持在 10 比索 / 克（1 比索≈ 0.32 元人民币）左右，质量好的琥珀，价格也仅有 30 比索 / 克。但从 2009 年开始，随着中国商人进入当地市场，恰帕斯琥珀的价格迅速抬升，在最高时甚至涨到 300 比索 / 克，为当地带来了巨大的经济效益。

第五节

中国的琥珀矿

一、概况

目前，我国的主要琥珀产地有辽宁（图 11-25）、河南、吉林、黑龙江、新疆、陕西、湖北、四川（图 11-26）、福建、云南等省区，其中以辽宁省抚顺地区所产琥珀最具宝石学价值。

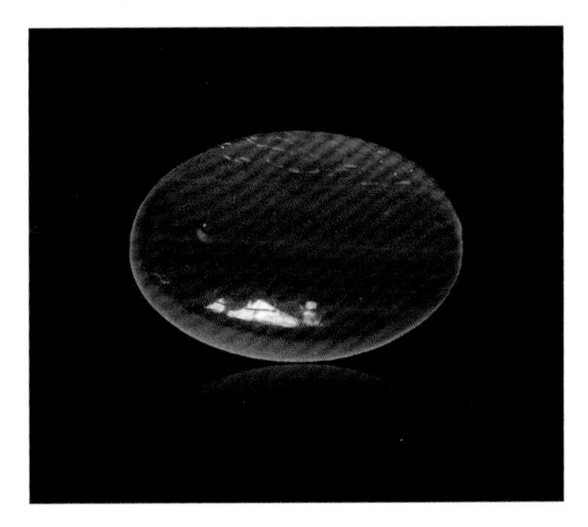

图 11-25　产自辽宁抚顺的琥珀
（图片来源：国家岩矿化石标本资源共享平台，www.nimrf.net.cn）

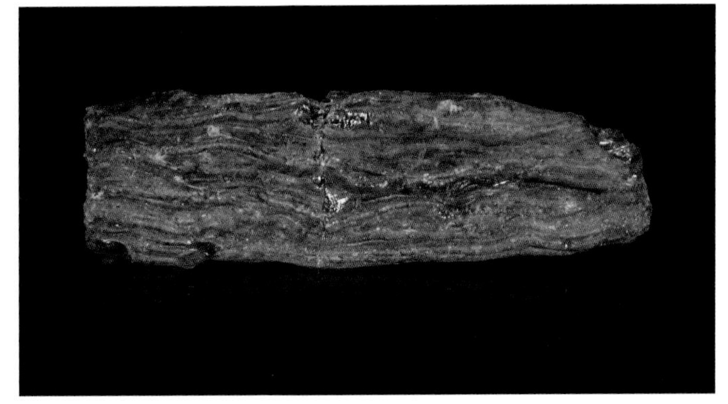

图 11-26　产自四川的琥珀
（图片来源：国家岩矿化石标本资源共享平台，www.nimrf.net.cn）

辽宁省抚顺地区产的琥珀形成于古近纪始新世，距今约5300万年，由杉科植物（如水杉、红衫、水松等）分泌的树脂石化而成。

二、矿床地质特征

抚顺琥珀主要产于西露天煤矿中，该矿是亚洲最大的露天煤矿，位于抚顺市西南部，矿坑东西长 6.6 千米，南北宽 2.2 千米，矿坑总面积 10.87 平方千米，开采垂直最深处可达 420 米，被称为“亚洲最大的人工矿坑”。

琥珀主要赋存于古城子组含煤层中，常与煤精共生，可呈不规则带状分布于煤层中，或呈不规则状、结核状富集于煤层顶底板的煤矸石中，偶以液滴状赋存于煤核中（图 11-27）。煤层中琥珀含量较丰富，高者可达 34% 左右，当地人在采煤时，便可回收琥珀。

图 11-27　产自辽宁抚顺的含琥珀的煤矿石
（图片来源：国家岩矿化石标本资源共享平台，www.nimrf.net.cn）

三、宝石学特征

抚顺琥珀大料比较少见，原石直径多在 10 厘米以下，0.3 ~ 5 厘米者常见。因其产于煤矿中，原石常具黑色煤质外皮，这也是抚顺琥珀独有的产地特征。

抚顺琥珀颜色多样，可具黄色、褐色、黑色、花色、红棕色等色调，偶见浅绿色、浅蓝色、淡紫色琥珀，可含有煤等杂质包裹体，形成独具特色花纹的“抚顺花珀”（不同于“太阳花花珀”），为抚顺特有品种。

抚顺琥珀所赋存的矿体主要为煤炭和油母页岩，油性较大，因此琥珀经抛光后可显示出比其他地区的琥珀更加明亮的光泽，为强树脂光泽。

四、琥珀贸易

（一）云南腾冲琥珀市场

腾冲位于我国西南边陲，毗邻琥珀产地缅甸，是我国重要的珠宝玉石集散地。明代中期，缅甸北部所产的琥珀由腾冲进入我国，并在腾冲形成了琥珀加工中心与商品集散地。自明代以来，由于宫廷内部及达官显贵对琥珀的需求，也使得琥珀市场商贾云集，相传极盛时期的腾冲甚至有“琥珀牌坊玉石桥”的奇观。

今天的腾冲依旧是我国重要的琥珀集散地。缅甸琥珀在腾冲琥珀市场上占有较大份额，同时也有波罗的海琥珀、多米尼加琥珀与抚顺琥珀。自 2005 年腾冲第一家琥珀商铺开张，标志着琥珀市场开始形成。2013—2014 年经历了高速发展时期，随着市场的兴起，大批缅甸琥珀商人云集于此，形成了“琥珀街”“琥珀村”。目前，腾冲缅甸琥珀的原石加工和交易都极为红火，形成了庞大的加工销售市场。

2016 年 2 月，在腾冲市委、市政府的指导下，腾冲成立了我国第一个地方性的琥珀协会。协会的成立，从一定程度上增强了企业对市场风险的抵御能力，对加强行业管理与约束、推动琥珀文化的发展与研究都具有重大意义，也使得腾冲琥珀市场的发展更加有序。

（二）辽宁抚顺琥珀市场

抚顺市是我国琥珀的主要产区，市内建有琥珀城与琥珀博物馆，抚顺的“中国琥珀城”是集琥珀的加工、批发、销售、琥珀产品开发为一体的琥珀市场。2012 年，抚顺琥珀被辽宁省政府列入“辽宁四宝”，同年抚顺开始举办中国抚顺国际琥珀展销会（又称“中国抚顺琥珀节”或“中国抚顺琥珀文化艺术博览会”），来自波兰、缅甸、墨西哥、韩国等国家及北京、广东、云南等省市的许多琥珀经销商都会参展。抚顺当地有许多与琥珀相关的博物馆，对抚顺琥珀的历史与文化的宣传与推广起到重要推动作用。此外，在琥珀的主要产区古城子一带，沿街常有村民摆设琥珀摊位。

（三）广东琥珀市场

随着琥珀饰品在我国持续走俏，在北京、广州、深圳、上海的各大珠宝集散中心与销售中心均有琥珀类饰品销售，琥珀爱好者可以根据各自的需求进行选择。

广州是我国著名的沿海开放城市和国家综合改革试验区，与全国各地的联系极为密切，有“中国南大门”之称，当地的琥珀批发市场集中在荔湾区的华林国际珠宝饰品城与荔湾广场。

华林国际珠宝饰品城主要售卖玉石饰品，但也有许多专门经营琥珀的店铺，有来自日本和东南亚的商人到此批发货物。荔湾广场分北塔和南塔，其中经营琥珀饰品的商家主要集中在北塔一层，在其他层还有许多批发其他宝石和饰品配件的商家。

除广州外，深圳的松岗琥珀国际交易市场在国内琥珀市场中也十分重要。市场一、二层是不同商家的卖场，三层是世纪琥珀博物馆，四层为原石批发市场，五、六层为琥珀主题酒店。松岗琥珀国际交易市场的建立吸引了大大小小的加工厂和卖家向其周边聚集，形成了一条集原料、制造、批发、交易、展示、文化为一体的完整产业链。

（四）北京琥珀市场

北京市作为中国的政治、文化中心，有许多大大小小的珠宝市场和企业，其中最为人熟知的为潘家园旧货市场和北京菜市口百货股份有限公司。

潘家园旧货市场主营古旧物品、珠宝玉石、工艺品、收藏品及装饰品等，市场里有来自全国各地的琥珀批发商，经营的琥珀品种十分丰富（图 11-28）。

图 11-28　北京潘家园珠宝市场的琥珀成品

北京菜市口百货股份有限公司是北京规模最大、品种最全的黄金珠宝首饰专营公司，除经营足金、铂金、钻石、翡翠以外，还专门设有售卖琥珀的柜台（图 11-29、图 11-30）。近年来，该公司举办各种琥珀文化展，对琥珀的大众科普起到了积极的促进作用。

图 11-29　琥珀手串

图 11-30　琥珀胸坠

第六节 琥珀的成因

一、中国古代对琥珀成因的认识

关于琥珀的起源，在中国古代有一些有趣的传说故事。有人认为琥珀由老虎眼睛演变而来，有人认为琥珀与茯苓（一种由孔菌科制成的中成药）同宗同源，也有人认为琥珀起源于松胶。不论观点正确与否，先人的美好想象凝聚成了一个个美丽的传说。

（一）“虎睛”说

汉代有传说认为，琥珀是老虎的眼睛精魄落到地下后而形成，所以称为“虎魄”。按照古人造字的习惯，因“虎魄”出于地下，类似于玉，于是加斜玉旁作“琥珀”。

根据《本草纲目》的记载，在解释琥珀的成因问题时，唐代药学家陈藏器便沿用了这一传说：“藏器曰：虎魄，凡虎夜视，一目放光，一目看物。猎人候而射之。弩箭才及，目光即堕入地，得之如白石者是也。”针对这一观点，明代药学家李时珍进一步解释说：“目光之说，亦犹人缢死则魄入于地，随即掘之，状如麸炭之义。按《茅亭客话》所云：猎人杀虎，记其头项之处，月黑掘下尺余方得，状如石子、琥珀。”

（二）“茯苓”说

唐代苏敬等编撰的《新修本草》中描述道：“松柏脂入地千年化为茯苓，经千年为琥珀，再千年为璧、为江珠。”意思是松脂在形成茯苓之后再转化成琥珀，这种说法认为茯苓和琥珀是同一事物的不同发展阶段，存在认识上的偏差。

宋代医士陈承对琥珀和茯苓的关系有了进一步的认识，他在《本草别说》中指出：“两物皆自松而出，而所禀各异，茯苓出于阴着也，琥珀生于阳而出于阴。”这里他所指的阴阳就是地下与地上，即认为茯苓形成于地下，而琥珀生于地上而在地下形成。陈承的看法纠正了从东汉一直到唐代以来人们对琥珀和茯苓关系的认识误区。

（三）松胶说

在我国首个认识到琥珀源于松胶的先人是东汉末年的杨孚，他在《异物志》中描述道：“琥珀之本成松胶也。”这是对琥珀成因认识的重大突破，但因缺乏更加详细的推断，并未受到人们重视。

二、现代琥珀成因的科学认识

（一）琥珀形成的过程

琥珀是由松柏科植物分泌的树脂经地质石化作用形成的，其形成过程可分为三个阶段：第一阶段是树脂从松柏树上分泌出来凝结成团块；第二阶段是树脂被深埋，并发生石化作用，树脂的成分、结构和特征都发生了明显的变化；第三阶段是石化树脂受地壳运动、岩浆活动和海洋陆地相互转化作用的影响被冲刷、搬运、沉积从而形成不同产地的琥珀。

（二）琥珀形成的地质时代

关于琥珀形成的时间，目前普遍认为其地质年龄约为 2000 万 ~ 3.2 亿年，为古生代晚石炭世至新生代新近纪中新世。而不同地区产出的琥珀，其地质年龄也有所差异，缅甸琥珀最早出现于白垩纪中期（距今约 9900 万年），波罗的海琥珀为古近纪始新世（距今 4500 万 ~ 3500 万年），多米尼加琥珀年龄多为古近纪始新世至新近纪中新世（距今 3000 万 ~ 1700 万年），我国辽宁抚顺产出琥珀属古近纪始新世早期（距今约 5300 万年）。

迄今为止发现的最古老的琥珀，来自美国的伊利诺伊州的晚石炭世距今约 3.2 亿年的沉积物中，它长约 5 毫米，属于 I 类琥珀（图 11–31），主要组成成分为半日花烷二萜聚合物。由此可以推断，远古时期的松柏纲植物应早于这一时间出现，并已进化出能合成复杂萜烯类树脂的生物机制；而现代的裸子植物（如松柏纲植物）和被子植物已普遍具备合成半日花烷二萜聚合物的能力，推测应在石炭纪就已开始这方面的进化。

图 11–31　石炭纪琥珀，迄今发现最早的琥珀
（图片来源：Bray P S，2009）

（三）琥珀的成因产状

根据琥珀的成因产状，可将其分为“海珀”（Sea Amber）和“矿珀”（Pit Amber）。

海珀是指从海上或近海地带直接获得的琥珀，多蕴藏于波罗的海沿岸的含珀蓝泥（Blue Earth）地层中，琥珀在海水的冲击下剥离岩层，漂浮于海上或被冲击到近海滩。一般来说，海珀具有较低的硬度和较高的纯净度，整体颜色较淡雅。

矿珀是指开采于露天矿坑或地下矿区的琥珀，主要产于波罗的海、缅甸、辽宁抚顺、墨西哥和多米尼加，其中抚顺所产出的矿珀多包裹于泥页岩和煤层中。矿珀硬度较大，表面多具风化外壳，包裹体种类多样，常与煤精伴生，由原地同生生物化学沉积形成。

第十二章

Chapter 12

琥珀的优化处理、再造与相似品

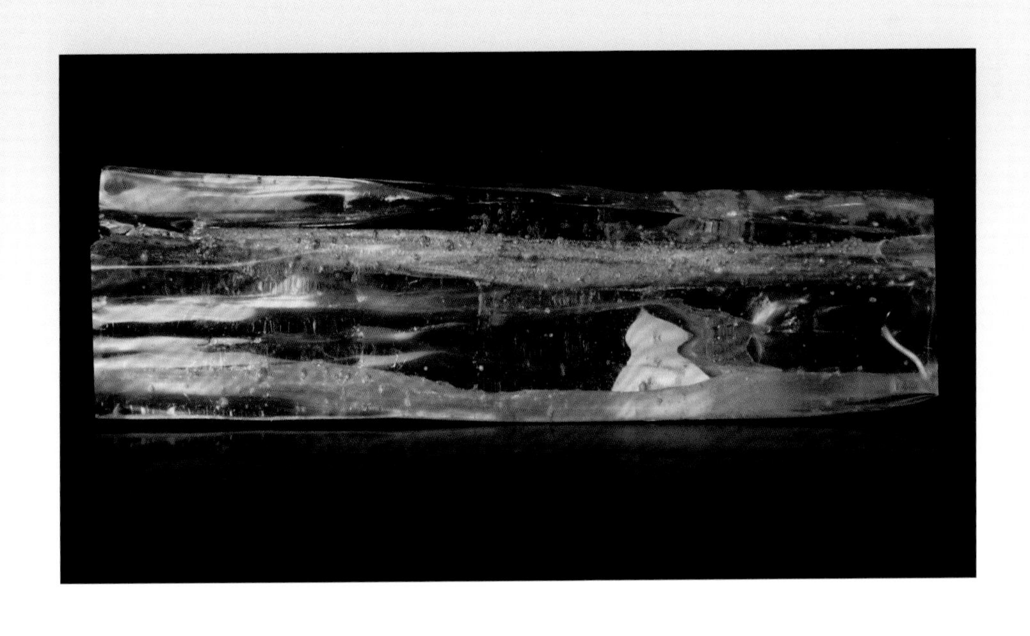

随着市场的发展，与琥珀相关的优化处理方法、再造方法以及仿制品层出不穷。虽然有些方法目前已被人们广泛接受，但仍存在许多欺骗消费者的现象。因此，了解不同优化处理方法及再造方法的原理和条件，掌握不同优化处理品、再造品和相似品的鉴定特征，对维护市场秩序、保护消费者权益都有重要的意义。

第一节 琥珀的优化处理及其鉴别

琥珀的优化指传统的、被人们广泛接受的能使琥珀潜在的美显现出来的方法，包括热处理（可附加压处理）和无色覆膜。处理则指非传统的、尚不被人们接受的优化处理方法，包括有色覆膜、染色处理、加温加压改色处理、充填处理和辐照处理。我国国家标准 GB/T 16552—2017《珠宝玉石 名称》规定，经处理的宝石应在鉴定证书上注明所用处理方法。

一、热处理

琥珀的热处理是一种常见的优化方法，通常将透明度较差或颜色较淡的琥珀浸入含植物油的压炉中，通过控制温度和气氛条件对琥珀进行加热，以改善琥珀的透明度和颜色。这种方法也可使琥珀内部的气泡炸裂产生片状炸裂纹，称为“睡莲叶”或“太阳光芒”。

根据工艺条件的不同，可将琥珀的热处理工艺分为净化工艺、烤色工艺、爆花工艺和烤老蜜蜡工艺四类。净化工艺是指通过控制压炉的温度和压力，在惰性气氛下去除琥珀中的气泡，以达到提高其透明度的目的；烤色工艺是在净化的基础上，往压炉中加入适量的氧气，使琥珀表面产生红色—深褐红色的氧化薄层，达到改色的目的（图 12-1）；爆花工艺一般用于生产花珀，在加热、加压完成时迅速释放压炉内的气体，破坏琥珀中气泡的受压平衡状态，使气液包裹体膨胀、炸裂，产生具反光效应的圆盘状裂隙，即“太阳光芒”；烤老蜜蜡工艺是在常压、恒温条件下对蜜蜡进行加热，使其缓慢氧化，颜色变深。

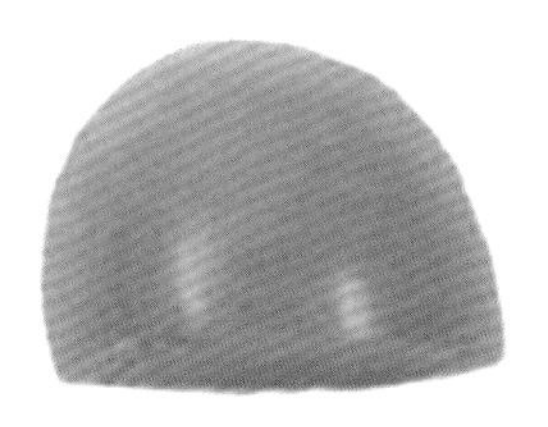

a 处理前

b 处理后

图 12-1　琥珀热处理前后对比
（图片来源：秦毅，2017）

热处理的琥珀通常具有更通透的外观，内部可见盘状裂隙、红色流动纹、汽化纹、龟裂纹和氧化裂纹。琥珀内部盘状裂隙的特征可帮助鉴别其是否经过热处理，一般经热处理后的琥珀内部气泡会全部爆裂成盘状裂隙，而天然琥珀中虽也可见盘状裂隙，但仍有浑圆状气泡残留。热处理的琥珀常伴有折射率升高、荧光弱化或湮灭等现象，某些热处理琥珀长波下还可具白垩状荧光。此外，热处理琥珀的红外吸收光谱的吸收峰较天然琥珀强度明显增强，并表现出多个吸收峰合并的趋势。

琥珀的热处理可附加压处理，同样属于优化，过程中将块度较大、分层或存在较大裂隙的琥珀原料放入热压处理琥珀的压炉中，通过加热软化裂隙表面再压固使裂隙融合，以达到改善琥珀外观和耐久性的目的。分层琥珀原石经加压热处理后变得致密，放大检查可见流动状红褐色纹，多保留有原始表皮及孔洞，可与再造琥珀相区别。

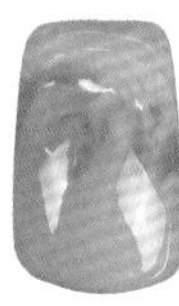

二、覆膜处理

琥珀的覆膜处理分为无色覆膜和有色覆膜。其中，无色覆膜属于优化，这种方法常用于增强琥珀表面的光泽及耐磨性；有色覆膜主要用于改善琥珀的颜色，属于处理。市场上常见的有色覆膜琥珀主要有两种：一种是在底部覆有色膜，以提高浅色琥珀中“太阳光芒”的立体感；另一种是在琥珀表面覆有色膜，来冒充各种优等颜色的琥珀，如价格相对较高的血珀、金珀、绿珀和棕黄色的老蜜蜡等，这种处理工艺还常用于掩盖再造琥珀和拼合琥珀中的人工处理痕迹。

覆膜处理琥珀一般折射率较低，多为 1.51 ~ 1.52，其光泽也比未覆膜的琥珀强，可达强树脂光泽。放大观察覆膜处理的琥珀，表面有不均匀覆盖的调漆淋流痕迹，颜色在表面凹陷处浓集，部分还可见表面薄膜脱落，用丙酮浸泡或用针挑拨，薄膜可成片脱落。此外，红外光谱下覆膜琥珀可见膜层特征峰，而天然琥珀缺失这些吸收峰。

三、染色处理

染色处理是指将有裂隙的琥珀放入染剂中，通过加压等手段使有色染料进入琥珀裂隙中，从而改变琥珀的体色，属于处理方法，常用于仿制血珀、绿珀和深褐色的琥珀。

染色处理的琥珀通过放大观察，可见其颜色分布不均匀，有色染料多在裂隙间或表面凹陷处富集。染料在紫外光下可发特殊荧光，经丙酮或无水乙醇等溶剂擦拭可掉色。

四、加温加压改色处理

加温加压改色处理是指将琥珀放入特殊装置中进行烧结，合理控制温压参数，经多次反复加温加压处理，使琥珀的颜色发生变化。过程中加入黏结剂等有机物质，并适当控制处理时间，可提高琥珀的透明度和颜色均匀程度，属于处理方法。

加温加压改色处理的琥珀相对密度较低，为 1.03 ~ 1.05，强光照射下透明度较好的处理品主要呈现处理前的原始色调，此外这种方法处理的琥珀荧光常呈斑块状（蓝白色、黄色、褐色等）。

五、充填处理

充填处理是指在琥珀的空洞、裂隙中充填颜色相近的树脂类物质以达到改善外观的目的，多用于大尺寸的琥珀雕件或手把件。充填少量孔洞时属于优化方法，但应附注说明；充填大量空洞裂隙时则属于处理方法。将昆虫置于空隙中再用树脂封存，是一种常见的虫珀造假方法。

充填处理过程中所用的充填物有多种选择，若充填材料为琥珀，其纹路、颜色或多或少会与主体琥珀有差异，在其结合处可见气泡、胶结物；若充填物为人工树脂，放大检查结合边界多见气泡，且充填部位呈下凹状，低于主体表面。长波紫外光下，充填部位有异于主体琥珀的荧光效应。

六、辐照处理

辐照处理是指利用电子加速器带电粒子或 $^{60}Co-\gamma$ 射线等辐射源照射琥珀，以改变琥珀的颜色（图 12-2），经辐照处理的琥珀可变为橙黄、橙红色，不易检测，仅可通过拉曼光谱或红外光谱等仪器对其进行测试鉴别。

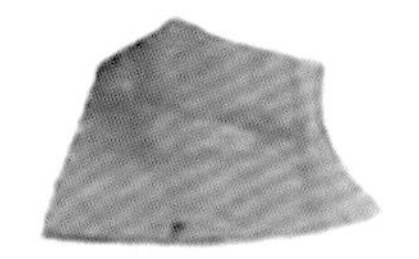
a 辐照前

b 辐照后

图 12-2 琥珀辐照处理前后对比
（图片来源：潘彦玫，2019）

除上述优化处理方法外，在市场上还有一种在琥珀表面黏合一层琥珀表皮以掩盖原有空洞、裂隙或充填物的方法，称为琥珀的拼合处理，也称“贴皮琥珀”。黏合位置通常较为隐蔽，但主体琥珀皮色与贴皮颜色及紫外荧光颜色可有差异，侧向照明，放大检查可见主体琥珀与假皮的接触边界、气泡及胶结物，也可在结合处取少量粉末，进行红外光谱等成分分析，判断是否含有人工树脂等胶结物。

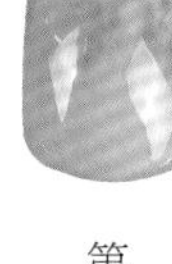

第二节 再造琥珀及其鉴别

再造琥珀（Ambroid），也叫压制琥珀（Pressed Amber/ Reconstituted Amber），是由块度较小的琥珀碎屑在适当温度、压力下烧结后形成的块度较大的琥珀。根据国家标准 GB/T 16552—2017《珠宝玉石　名称》，再造琥珀属于人工宝石，不能算作天然琥珀或优化处理琥珀。

一、再造琥珀的方法

1880 年再造琥珀首次出现在维也纳。当时人们发现通过控制温度压力，可以将小块琥珀熔结成较大块的琥珀。1881 年，德国开始通过机械化量产再造琥珀使其商业化。所用原料是琥珀首饰制作中剩余的边角料，将经筛选和清洗的边角料加热至 170 ~ 190 摄氏度，琥珀会软化发黏，为防止琥珀受热氧化分解，将其放置于有孔眼的钢盘中，在 200 ~ 250 摄氏度下真空加热并施加压力使琥珀流体经孔眼流至下一隔层冷却成块状固体。

市场上目前主要有两种再造琥珀：一种是由琥珀颗粒直接熔结而成，未添加其他物质（图 12-3）；另一种是在熔结过程中掺入数量不等且成分相对复杂的外来添加物（合成树脂、增塑剂、热固剂等）再造而成，若添加物掺入过多，使琥珀的主要成分发生改变则不能称之为再造琥珀，而应定名为仿琥珀。

图 12-3　再造琥珀块料

（图片来源：国家岩矿化石标本资源共享平台，www.nimrf.net.cn）

二、再造琥珀的鉴别

（一）早期再造琥珀

早期再造琥珀较易鉴别，放大检查常具立体网状“血丝”构造（颗粒边缘氧化形成的红色轮廓），值得注意的是加压热处理的琥珀中也会出现类似的褐红色流动纹，区别是再造琥珀“血丝”状纹路多闭合，线条生硬而有棱角，而加压热处理琥珀的褐红色流淌纹不闭合，纹路相对流畅。再造琥珀放大观察还可见未熔融颗粒及接触面边界（图 12-4、图 12-5），具粒状结构，部分表面可见由不同硬度的颗粒形成的凹凸不平的边界。

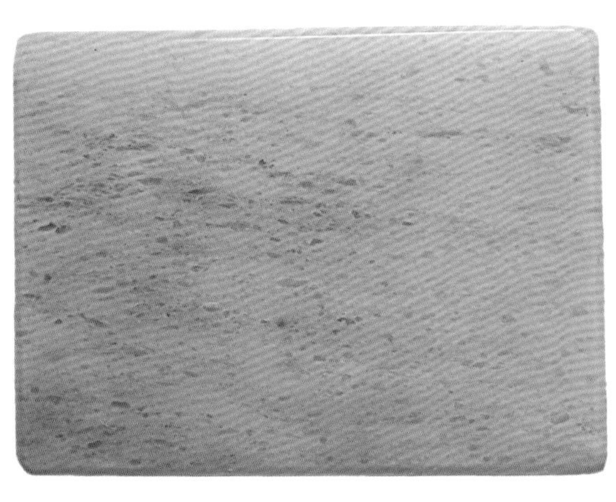

图 12-4 再造琥珀
（图片来源：亓利剑提供）

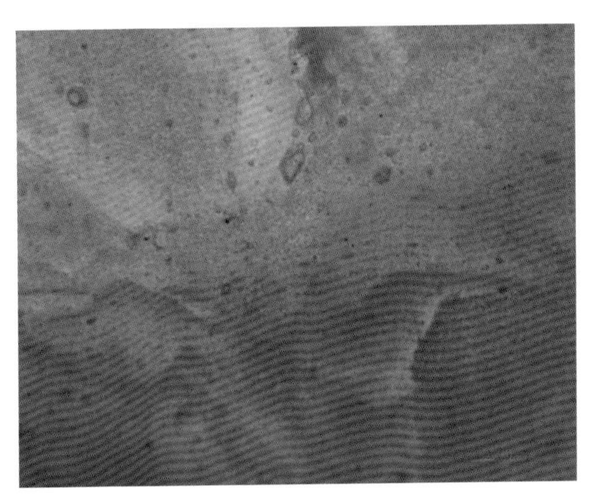

图 12-5 再造琥珀放大可见未熔颗粒
（图片来源：周雪妮，2017）

在正交偏光镜下观察，天然琥珀常表现为局部明亮的蛇带状或波状异常消光，而再造琥珀多呈碎粒状异常消光，其消光常出现分区现象，界限分明，颗粒感强，有时还伴有异常干涉色。紫外荧光下，天然琥珀的荧光一般相对均匀，而再造琥珀的荧光常呈不均匀分布，颗粒感明显，其颗粒的边缘轮廓多与显微镜下观察到的“血丝”分布方向相一致，这种特征在钻石观测仪（DiamondView™）下也可观察到，且由于该仪器可以调节放大倍率和紫外光强度，所以更适合小颗粒再造琥珀的局部观察。

（二）近期再造琥珀

近年来，由于工艺的提升，所生产的再造琥珀中难以观察到上述早期再造琥珀的特征，正交偏光镜下和紫外荧光下均较难区分，因此放大检查对于这类再造琥珀显得尤为重要。

再造琥珀内部多有扁平拉长状的片状炸裂纹，沿“血丝”（即颗粒边界）分布，在强透射光源照射下，仔细观察可见断续状的闭合“血丝”或局部带棱角的颗粒边界。再造琥珀颗粒较小时，虽无“血丝”状构造，但可见细小颗粒边界，表现为流动的“砂糖”状构造。

第三节

琥珀的相似品及其鉴别

珠宝市场上最常见的琥珀相似品为天然树脂和塑料。天然树脂主要有柯巴树脂、硬树脂和松香；塑料的主要成分为加聚或缩聚反应形成的大分子量的合成树脂，主要有酚醛树脂、醇酸树脂、赛璐珞等（图 12–6、图 12–7）。

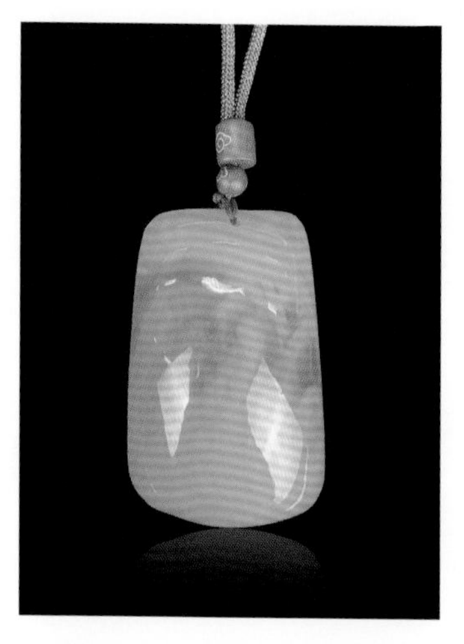

图 12–6　塑料仿蜜蜡挂坠

图 12–7　塑料仿虫珀

一、天然树脂

（一）柯巴树脂

柯巴树脂是天然树脂向琥珀转变的一种过渡状态，与琥珀相比形成时间较短（形成时间约为 100 万年前），但未经石化作用。其外观与琥珀极为相似，是琥珀最常见的仿制品，通常表现为透明的淡黄色、无色或橙色（图 12–8），偶可见半透明或不透明的样品。原石通常保留有树皮状凹凸不平的纹路（图 12-9），内部可含有昆虫等包裹体。

图 12-8　柯巴树脂

（图片来源：国家岩矿化石标本资源共享平台，www.nimrf.net.cn）

图 12-9　柯巴树脂块料

柯巴树脂普遍韧性不佳，性脆易碎，其折射率为 1.54，相对密度与琥珀相近为 1.05 ~ 1.06，摩氏硬度在 1.5 ~ 2 之间，略低于琥珀，用指甲刻划有滞黏感。由于成熟度较低，因此柯巴树脂易溶于酒精、乙醚等有机溶剂，热针触探时也易熔。其紫外荧光较弱，短波下常呈白色，另外红外特征吸收峰与琥珀有差异。

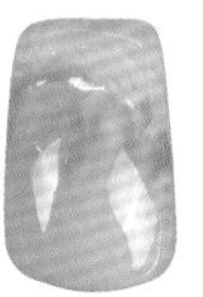

（二）硬树脂

硬树脂是一种地质年代很新的半石化树脂，它与琥珀成分近似，但不含琥珀酸，挥发分含量高于琥珀，内部可见天然包裹体。

硬树脂的折射率为 1.53，相对密度为 1.06 ~ 1.07，其成熟度相对较高，不溶于酒精但易溶于乙醚，在短波紫外光下常表现为强白色荧光。硬树脂的熔点低于琥珀，因此在热针触探时较琥珀更易熔化，其红外特征吸收峰也不同于琥珀。

（三）松香

松香由天然树脂分泌出后直接接触空气硬化形成，是一种未经地质作用形成的树脂，常呈淡黄色，不透明，硬度较小，具树脂光泽，表面常具油滴状气泡。

松香的折射率为 1.53，相对密度为 1.05，由于未经地质作用，成熟度低，易溶于酒精和乙醚等各类有机溶剂，热针触探时极易熔，其常在短波紫外光下呈现黄绿色荧光，红外特征吸收峰也与琥珀不同。

二、塑料

（一）酚醛树脂

酚醛树脂又称电木，为苯酚和甲醛缩聚、中和、水洗后制成，透明，合成品为无色或黄褐色，市场上常将其染制成黄色或微红色以仿制琥珀（图 12-10）。

图 12-10　塑料仿琥珀挂件
（图片来源：国家岩矿化石标本资源共享平台，www.nimrf.net.cn）

酚醛树脂的折射率较高，为 1.61 ~ 1.66，相对密度较大，为 1.25 ~ 1.30，在饱和食盐水中下沉，热针触探时有刺鼻的辛辣气味（图 12-11）。其在紫外光下常发褐色荧光，由于塑料具有可切性，用小刀切割时会成片剥落。

a 天然琥珀

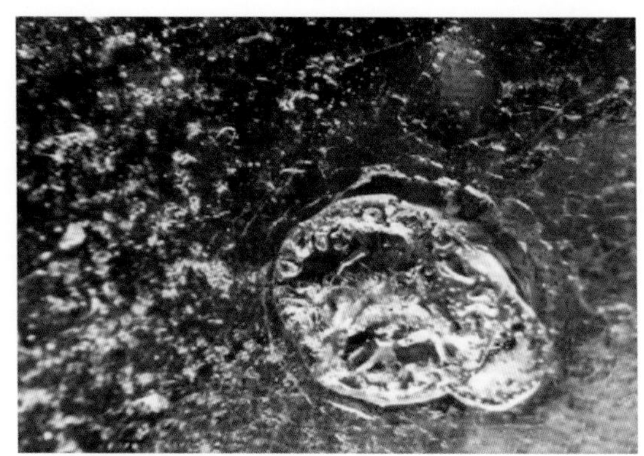

b 塑料仿琥珀

图 12-11　热针测试镜下图
（图片来源：刘翊萱，2018）

（二）醇酸树脂

醇酸树脂由多元醇、邻苯二甲酸酐、脂肪酸或甘油三酯缩聚而成，具蜡状光泽，半透明，常染制成金黄色仿制蜜蜡（图 12-6）。

醇酸树脂的折射率为 1.57，相对密度为 1.21 ~ 1.22，摩氏硬度 2 ~ 3，其内部可见飘纱状的色带或聚集成尘点状的染料残余，热针触探时有刺鼻的辛辣气味，用小刀切割时会成片剥落。

（三）赛璐珞

赛璐珞又名硝化纤维塑料，由硝酸纤维素和樟脑反应形成，透明，可被染料染制成各种颜色，通常染成黄色以仿琥珀，高度易燃，合成时会加入稳定剂以降低易燃性。

赛璐珞折射率为 1.49 ~ 1.52，相对密度为 1.35，硬度 2，用小刀切割时会成片剥落，由于高度易燃，不可进行热针触探试验。

琥珀的相似品及其鉴定特征如表 12-1 所示：

表 12-1　琥珀及其相似品的鉴别特征

分类	品种	折射率	相对密度	硬度	荧光性	热针试验	溶解试验
琥珀	琥珀	1.54	1.08	2.5	长波紫外光下多具蓝白等色荧光	热针探触可熔，具芳香气味	不溶于有机溶剂
天然树脂	柯巴树脂	1.54	1.05 ~ 1.06	1.5 ~ 2	短波紫外光下具白色荧光	热针探触易熔	易溶于酒精、乙醚等有机溶剂
	硬树脂	1.53	1.06 ~ 1.07	—	短波紫外光下具强白色荧光	热针探触较琥珀易熔，具芳香气味	不溶于酒精，易溶于乙醚
	松香	1.53	1.05	—	短波紫外光下具黄绿色荧光	熔点低，热针探触极易熔	易溶于酒精、乙醚等各类有机溶剂
塑料	酚醛树脂	1.61 ~ 1.66	1.25 ~ 1.30	—	常具褐色荧光	热针探触具辛辣刺鼻气味，赛璐珞易燃，不可进行热针试验	—
	醇酸树脂	1.57	1.21 ~ 1.22	2 ~ 3	—		—
	赛璐珞	1.49 ~ 1.52	1.35	2	—		—

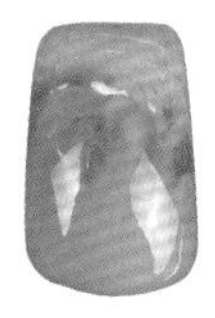

第十三章

Chapter 13

琥珀的开采加工与质量评价

根据琥珀的成因产状可将其分为海珀与矿珀，两者的开采方式虽有所区别，但一般来说机械化程度都很高，仅有一些矿床由于地质条件不允许，只能进行人工采挖。琥珀硬度低且具有热敏感性，其加工打磨的方式与普遍的宝石或玉石加工方法有所不同，在雕刻过程中要尤为注意。目前针对琥珀的质量评价还没有统一的标准，比较公认的质量评价因素主要有颜色、透明度、包裹体、块度、雕工五个方面。

第一节

琥珀的开采

一、琥珀的开采历史

波罗的海的琥珀主要因海水搬运作用沉积于海滩或沙洲，早期人们可以直接在海滩上捡到琥珀，13 世纪起日耳曼人宣布管控当地琥珀，并设立专门的琥珀法庭对违反命令擅自开采琥珀的人进行处罚。自 16 世纪开始，除在海滩采获散乱分布的琥珀砂矿外，人们开始进入水域捞获琥珀（图 13-1），后来利用一些机器设备直接从海底开采琥珀（图 13-2）。

图 13-1　用于打捞琥珀的大网
（图片来源：MJ Czajkowski，2009）

16 世纪中叶，琥珀的露天开采主要在海岸边进行，到 17 世纪中叶，人们开始在岸边更陡峭处挖掘琥珀。波罗的海地区的首个琥珀矿开采于1781年，位于塞姆兰特半岛的锡尼亚维诺（Sinyavino），矿坑深约30米，它代表着琥珀工业化开采的开端，但后来由于经营不善而被迫关闭。至19世纪上半叶，琥珀的露天开采技术越发成熟，在琥珀富集的海岸边也出现了越来越多的小型矿坑，直径约30米，开采时移开上覆物后，直接在蓝泥层中开采。

图13-2 第二次世界大战前琥珀的机械化开采
（图片来源：MJ Czajkowski，2009）

1912年，一大型露天采矿区在远离海洋的帕姆尼肯（Palmniken）（今加里宁格勒州的扬塔尼镇）地区建立，该矿区开采了近60年，直至20世纪70年代初才闭矿。第二次世界大战前，该矿每年可产出约400吨琥珀矿石，产出的矿石在东普鲁士的加里宁格勒琥珀工厂做进一步处理。1945年，受第二次世界大战的影响矿区被迫停止运行。战后又有人在此安顿下来，起初人们以为该地区所遗留的琥珀不过是普通的树脂，甚至将其用于生火。德军撤出后，人们在工厂的储藏室中发现有数十吨的优质琥珀，由许多退伍军人和一小部分德国人在村中的小型作坊对其进行加工，1947年琥珀工厂又重新恢复生产。

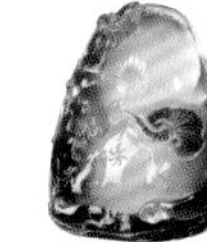

二、琥珀的开采方式

目前琥珀的开采方式主要为高度机械化的露天开采，剥离上覆岩层后可见含琥珀层，上覆岩层的厚度可达数米至数十米，如俄罗斯滨海边区的普里莫尔斯基（Primorsky）矿区的上覆岩层厚度可达56米。1995年前，人们常用连接绳索的桶在含有琥珀的蓝泥层进行挖掘作业，然后再通过传送带将含矿蓝泥运至选矿厂，如今为了保持琥珀的完整性，主要使用水力机械进行挖掘，并通过管道运输。被水冲刷过的蓝泥层，首先在工厂用孔隙直径5厘米的网格筛分选，工人可以直接挑出较大的琥珀，剩余的大部分会再用2厘米的网格筛分选。分选留下的琥珀矿石会经电弧筛进一步分选，并经历初步的洗涤和干燥，之后再用重介质分选机进行再次筛选，较小的琥珀与木块会在重液表面漂浮，最后用具有不同孔径的网格筛对琥珀的大小进行分选。

不同地区的琥珀矿开采难易度不同，多米尼加琥珀形成于距今约3000万年的地层中，于1949年进行商业性开采，由于地埋原因，该地琥珀矿难以用机械开采，只能人工开采，产量少，其中优质的琥珀成为资深琥珀收藏者追逐的目标。

第二节

琥珀的加工

一、琥珀的加工历史

早在石器时代，波罗的海的原住民就学会了利用细砂、木头和水等材料，对琥珀进行粗略地打磨、钻孔和抛光，并能够制作出形貌各异的琥珀制品。

在此后的青铜时代和随后的十几个世纪里，琥珀的加工工艺并未出现长足的进步。直至 17 世纪，琥珀加工业开始在波罗的海地区兴起，因为冬天气候寒冷，不便于进行户外生产活动，当地人多在自家的小作坊里加工琥珀，补贴家用。至 19 世纪，波兰这些小作坊式的琥珀加工业发展到了顶峰，他们多采用手工方式对琥珀进行加工制作：首先用砂石或金属刮擦去除琥珀外部裂隙发育的表皮，将尺寸较大的琥珀锯成需要的块度，再通过刮擦或锉削使琥珀成型，最后利用木屑或草木灰作为抛光材料在琥珀表面轻快摩擦抛光。

手工加工生产的琥珀制品有圆形珠、椭圆形珠、戒面（图 13-3）、随形吊坠、圆形浮雕、十字架以及圆形、方形、三角形、花形的各类扣子等（图 13-4~ 图 13-6）。其原料主要来源于波兰琥珀矿区，包括卡舒贝（Kaszuby）和库尔派（Kurpie）区域、波美

图 13-3　琥珀戒指

图 13-4　“鸡油黄”蜜蜡手串

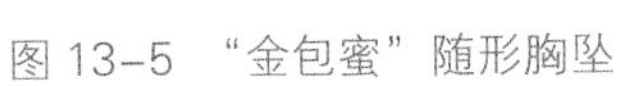

图 13-5 “金包蜜”随形胸坠

图 13-6 “黄蜜蜡”圆形胸坠

拉尼亚省的突丘拉森林（Bory Tucholskie Forest）及纳雷夫河（Narew River）盆地。

18 世纪后，人们开始将纺车作为简略的机械车床，用于圆形和圆柱形琥珀的加工（图 13-7），并利用玻璃对琥珀进行切磨。

图 13-7 “金绞蜜”圆柱形挂坠

二、琥珀的加工程序

（一）选料设计

在琥珀的加工过程中（图 13-8），原料的选择是非常重要的。琥珀制品根据用途可分为佩饰、摆件和实用品，大块的琥珀原料可用于制作摆件或实用品，色好质优的小块原料常用于制作首饰。

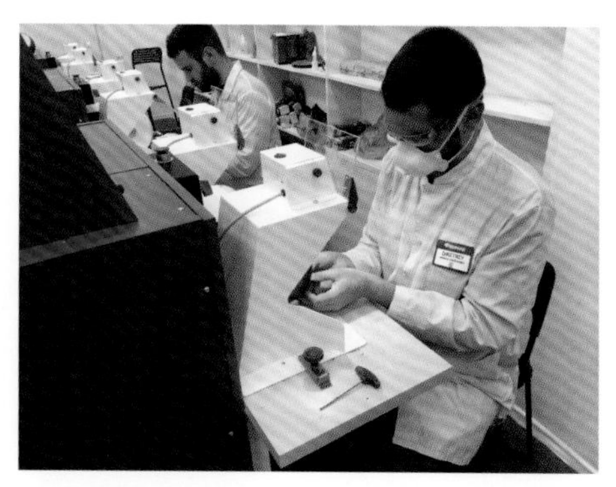

图 13-8　琥珀加工打磨

选择好合适的原料后，再根据所选原料的形状、质地、颜色分布、裂隙和杂质分布、包裹体特征以及外皮等特点结合制品用途进行设计，并在加工过程中逐步审料、改进设计方案直至最终成型。琥珀中的包裹体具有十分重要的价值，含有各种动植物包裹体的琥珀尤为珍贵，通常会直接保留原块进行打磨（图 13-9）。此外，有时也会在成品中保留部分琥珀原皮，显示其原生态（图 13-10）。

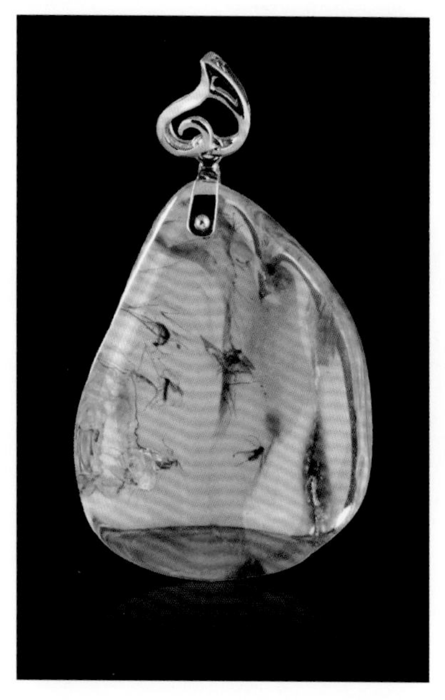

图 13-9　经打磨后的虫珀胸坠

图 13-10　琥珀"连年有余"胸坠

（二）切割制型

在完成选料设计步骤后，通常使用线锯对琥珀原石进行切割。由于琥珀具有热敏感性，猛烈碰击易碎裂，因此在切割时需注意冷却，不能使线锯抖动或弯曲，以免琥珀崩碎，若琥珀原石颗粒较小，可直接进行后续雕琢工作。我国抚顺所产的琥珀常与煤质共生，原料常有一层黑色的表皮，加工时会先将外皮去除，再进行切割雕琢等工序。

弧面型琥珀的预形较为简单（图 13-11），通常使用小刀或锉刀将其削制成型。刻面型琥珀制品相对较少（图 13-12），成型时可在预形机或玉雕机上圈形，预形过程中应放慢速度，适当用力，防止局部过度切削。

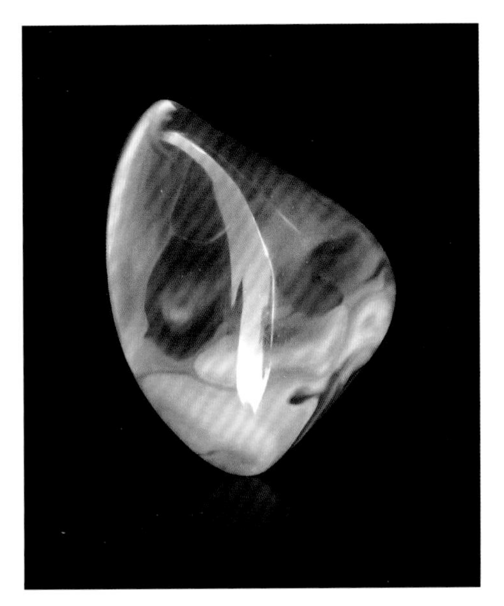

图 13-11　随形“鸡油黄”老蜜蜡

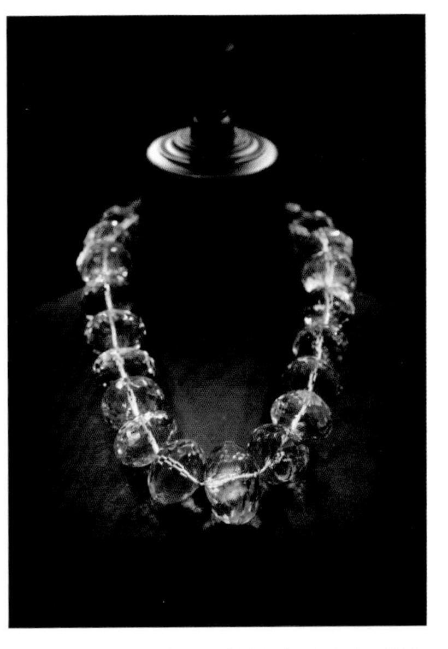

图 13-12　刻面切割的琥珀珠串项链
（图片来源：苏雨松提供）

（三）打磨抛光

琥珀的打磨分为粗磨和细磨，弧面型琥珀的粗磨和细磨都采用砂纸进行湿式砂磨，以避免过热对琥珀造成损伤；刻面型琥珀一般用磨盘机进行机械打磨，打磨时要注意控制磨盘旋转速度和力度，颗粒较大的琥珀可以直接手拿磨制，而颗粒较小的琥珀则需用胶冷粘到杆上进行研磨。

抛光也称“上光”，琥珀常用氧化铝粉、硅藻土等作为抛光剂，一般在皮革或毛呢盘上进行。

三、琥珀成品的主要类型

目前市场上的琥珀首饰类型主要有项链、项坠、手串、手镯、戒指、耳钉、耳坠、耳环等，许多琥珀被雕刻成不同造型，寓意丰富，主要包括本命佛、弥勒佛（图13-13）、观音（图13-14）、十八罗汉（图13-15、图13-16）、葫芦（图13-17）、牡丹（图13-18）、寿桃、蝙蝠、仙鹤（图13-19）、鱼（图13-20）等。

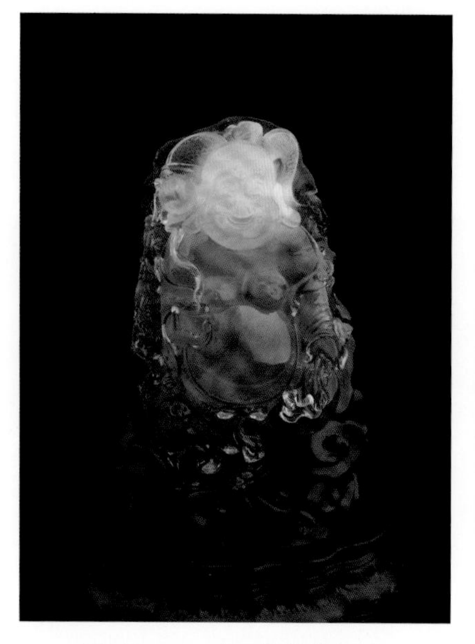

图13-13　琥珀弥勒佛摆件

图13-14　蜜蜡观音摆件

图13-15　琥珀十八罗汉手串

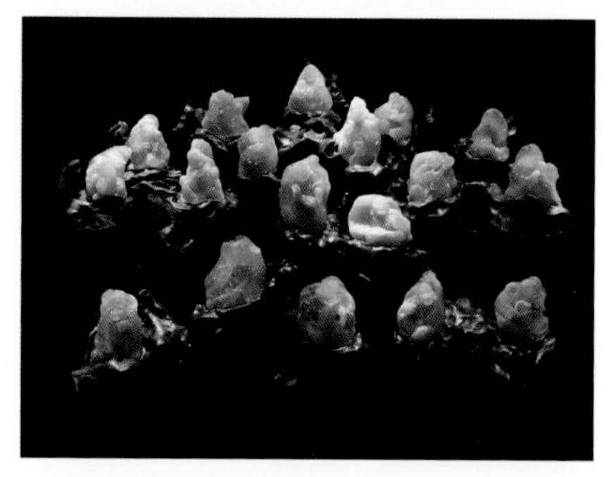

图13-16　蜜蜡十八罗汉摆件

图13-17　金珀葫芦胸坠

图13-18　血珀牡丹花胸坠

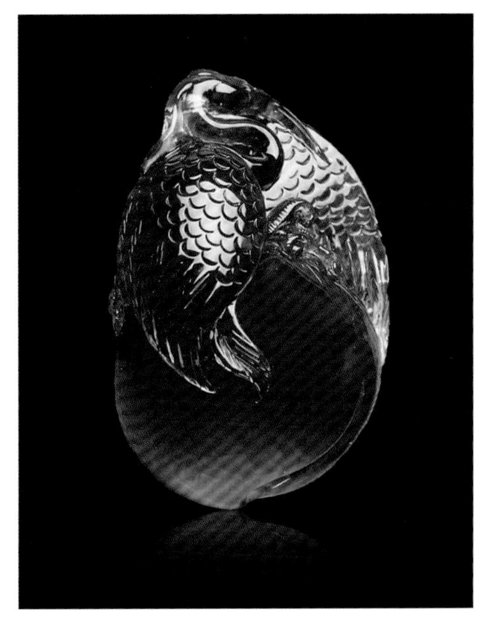

图 13-19　琥珀“仙鹤献桃”胸坠

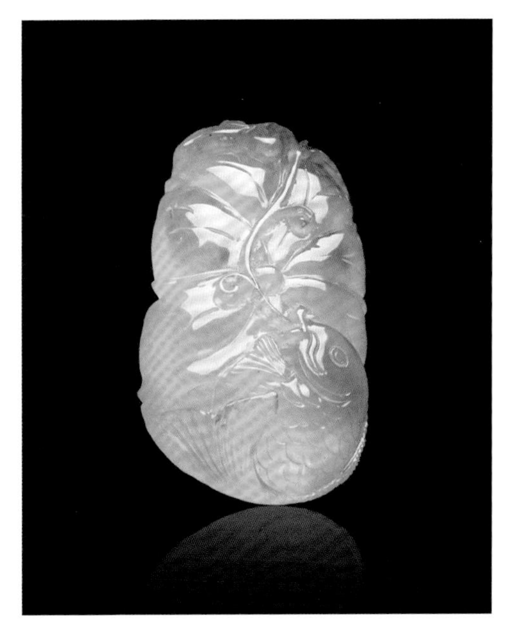

图 13-20　琥珀锦鲤胸坠

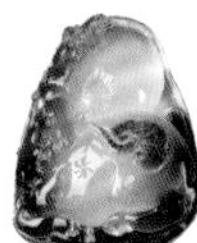

第三节
琥珀的质量评价

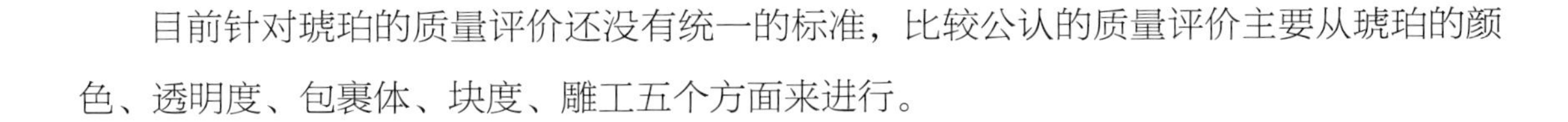

目前针对琥珀的质量评价还没有统一的标准，比较公认的质量评价主要从琥珀的颜色、透明度、包裹体、块度、雕工五个方面来进行。

一、颜色

琥珀的颜色主要有浅黄色（图 13-21）、浅红棕色、淡红色、深绿褐色、深褐色、橙色、红色和白色，少见蓝色（图 13-22）、浅绿色、淡紫色，其中以颜色浓正、透明度高的蓝色和红色品种（图 13-23）价值最高。此外蜜蜡中呈“鸡油红”（图 13-24）、“鸡油黄”和白色者也较稀有。总体来说，颜色越浓艳、纯正者价值越高。

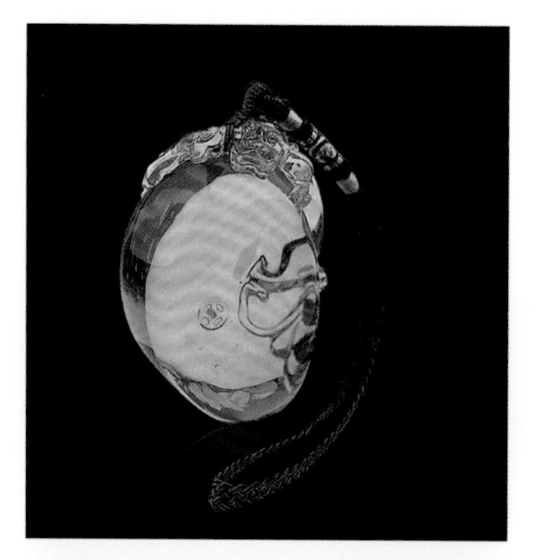

图 13-21　黄色琥珀把玩件

图 13-22　蓝珀佛头雕件

图 13-23　优质血珀葫芦挂坠

图 13-24　优质“鸡油红”蜜蜡手串

二、透明度

透明度的高低直接影响琥珀本身的价值，但对不同品种琥珀的透明度要求往往不同：对金珀、蓝珀、血珀等品种要求透明度越高品质越好（图 13-25），对“金绞蜜”或“金带蜜”等品种而言，要求半透明且蜜占琥珀一半为最佳，对于蜜蜡、根珀等品种认为透明度越低越好，且蜡质应又满又浓（图 13-26、图 13-27）。

图 13-25　优质透明金珀把玩件

图 13-26　优质不透明根珀雕件

图 13-27　优质不透明白色蜜蜡佛像胸坠

（图片来源：卢建中提供）

三、包裹体

琥珀的内部有许多气相和气液两相包裹体，还有各种动植物包裹体如甲虫、蚊子、树叶等。通常来说，包含动植物包裹体的琥珀价值更高，且所包含动植物包裹体的稀有度、完整度、清晰度和数量与琥珀的价格有直接关系。

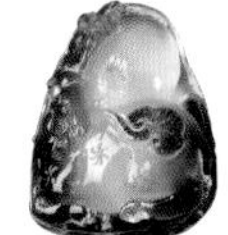

四、块度

与其他宝石相同，琥珀块度越大价值也越高（图 13-28），但由于琥珀裂隙较多，在加工过程中损耗也较大，因此大多用作首饰等，能加工成大型摆件的甚少。

图 13-28　内部纯净的大块度琥珀原石

五、雕工

琥珀雕件在琥珀成品中占有较大的比例，雕件工艺的好坏直接决定其价值的高低。好的雕工能做到扬长避短、繁而不杂（图 13-29、图 13-30），对其价值有极大的提升；坏的雕工往往会使成品的价值大打折扣。因此，在品质相同的情况下，雕工越好的琥珀价值越高（图 13-31、图 13-32）。

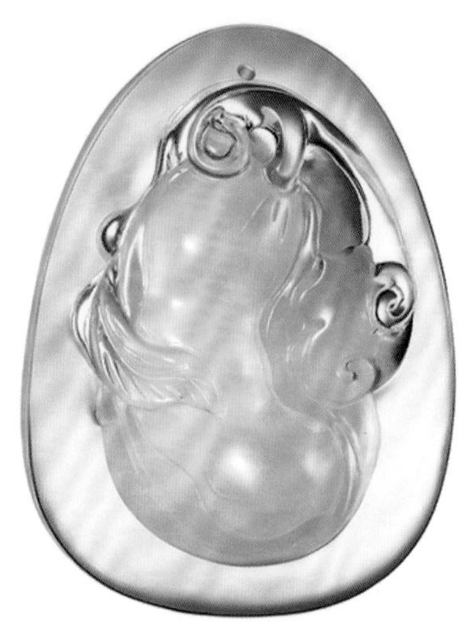

图 13-29　金包蜜俏雕挂件

图 13-30　保留原皮的琥珀俏雕挂件

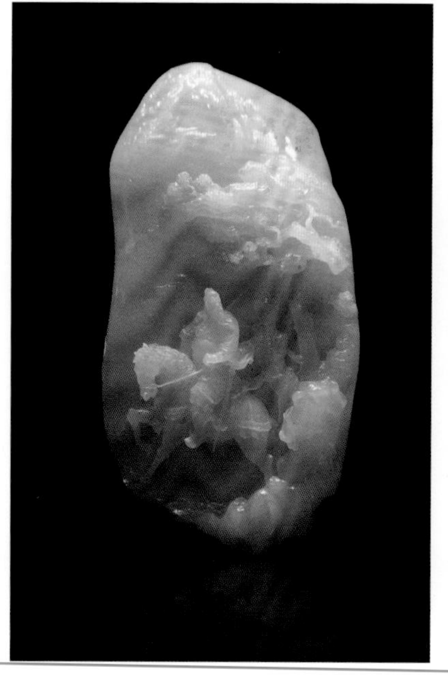

图 13-31　蜜蜡“千里走单骑”雕件

图 13-32　蓝珀“花魂”雕件

Part 3
第 三 篇

珊瑚

第十四章

Chapter 14

珊瑚的历史与文化

珊瑚是海中的瑰宝，凝聚着自然灵气，在世界各地有着悠久的历史。自古以来，珊瑚便是尊贵祥瑞的象征。汉武帝时期，珊瑚经丝绸之路传入中原，开启了珊瑚在中国的权贵之路。相传，古罗马人将红珊瑚视为开启智慧、保佑平安的“护身符”。在东方佛典中，珊瑚被列为佛教七宝之一，象征着佛法的智慧和博大。

第一节
珊瑚的名称由来

珊瑚，多数学者考证认为“珊瑚”二字并非汉语，而是外来词汇。有国外学者认为珊瑚一词出自古波斯文 Sanga，意为“石头”，但现代伊朗语中并无相关记载。

有一种说法是，珊瑚的中文名称来源于西域商队的贸易。西域商队带着珊瑚前往中原的途中，为了购买满足日常生活需求的物品，用珊瑚与阿拉伯人换取钱币。在交易时，阿拉伯人常以“萨（sah）”“栅（jah）”的发音代指珊瑚，于是商队到达中原后就沿用阿拉伯人的发音，之后汉人结合发音将其写作“栅”字。汉人常将从西方传入中原的物品（胡人之物）名称上加“胡”字，因而称之为“栅胡”，而后当时的文人觉得“栅胡”二字不足以彰显珊瑚的美丽，因珊瑚为稀世宝物，可以与玉相媲美，便采用“玉”作为栅胡的偏旁，从而形成今日的“珊瑚”。

珊瑚的英文名 Coral，有的人认为它来自希腊语 Korallion，意为“硬质钙质骨骼的珊瑚动物”；有的人认为它来自希腊语 Kura-halos，意为“美人鱼”，因为有些细的珊瑚看上去的确很像人；还有人认为 Coral 一词来源于希伯来语 Goral，即“抽签中使用的小石头”。

第二节

珊瑚的历史与文化

一、国外珊瑚的历史与文化

人类很早就开始利用珊瑚资源。约7000年前，欧洲新石器时代的洞窟之中，已经发现有珊瑚的碎片，这是迄今发现的最早的珊瑚使用证据。6000年前，巴比伦文化已有采集珊瑚和佩戴珊瑚饰物的记录。5000年前，古代苏美尔人（Sumerians）就已经用宝石级红珊瑚制作首饰。

通过对意大利珊瑚渔场遗迹的研究，人们可以追溯到在距今2000多年的罗马共和国时期，罗马人就开始捕捞珊瑚。著名的古罗马博物学家普林尼在《自然历史》中也多次提及珊瑚。

古罗马人认为红珊瑚有消除灾祸、开启智慧和止血去热的功效。一些航海者则相信佩戴珊瑚可以防闪电、飓风，使海浪平息，保佑旅途平安。因此，罗马人称珊瑚为“红色黄金”，据说当时的男人外出征战或谋生时，珊瑚是长辈赐给儿子、妻子送给丈夫的“护身符”。

1925年，巴黎举办“装饰艺术和现代工业国际博览会”，欧美掀起“装饰艺术”风潮。其特点为注重表达材料的质感与光泽，强调运用鲜艳的色彩和对比色，以造成强烈、华美的视觉印象。珊瑚在这一时期被广泛应用到珠宝设计中，受到欧洲名媛的喜爱与追捧（图14-1 ~图14-4）。

在“装饰艺术”时期，珠宝品牌卡地亚还创造性地将中国元素融入珠宝设计中，作品中的红色大多是用珊瑚来诠释（图14-5 ~图14-7）。

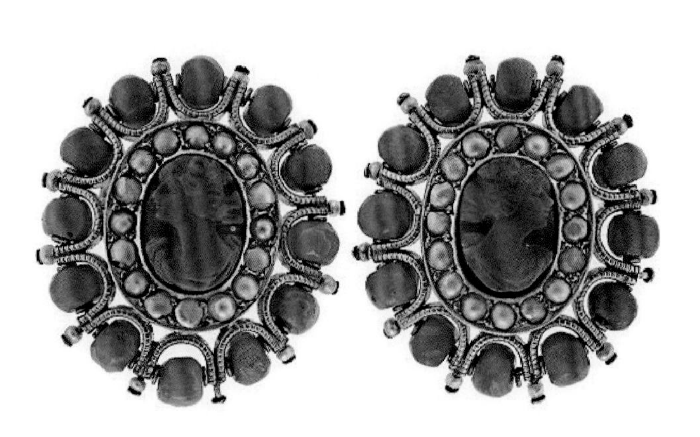

图 14-1　珊瑚配珍珠耳钉
（图片来源：www.viola.bz）

图 14-2　珊瑚配钻石耳坠
（图片来源：www.viola.bz）

图 14-3　珊瑚配钻石手镯
（图片来源：www.viola.bz）

图 14-4　珊瑚配钻石戒指
（图片来源：www.viola.bz）

图 14-5　珊瑚与祖母绿双龙戏珠手镯
（图片来源：摄于故宫博物院卡地亚珠宝展）

图 14-6　珊瑚香氛瓶（原为鼻烟壶，卡地亚将其改作香氛瓶）
（图片来源：摄于故宫博物院卡地亚珠宝展）

图 14-7　珊瑚与祖母绿棘爪式扣针
（图片来源：摄于故宫博物院卡地亚珠宝展）

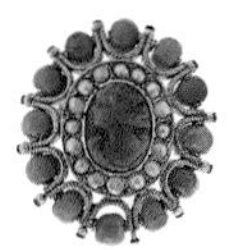

二、国内珊瑚的历史与文化

1983 年，在新疆哈密七角井的细石器遗址中，发现了我国最早的珊瑚遗迹——珊瑚珠，距今约 1 万年。由此可见珊瑚很早就传入我国了。我国古人对珊瑚的生长及开采已经有所了解，东晋郭璞所著《玄中记》中记载："珊瑚出于大秦国（指古罗马）西海中，生水中石上。初生白，一年黄，三年赤，四年虫食败。"三国时期吴国的万震所著《南州异物志》中提道："珊瑚生大秦国。有洲在涨海中，距其国七八百里，名珊瑚树洲。底有盘石，水深二十余丈，珊瑚生于石上。初生白，软弱似菌，国人乘大船，载铁网，先没在水下，一年便生在网目中，其色尚黄，枝柯交错，高三四尺，大者围尺余。三年色赤，便以铁钞发其根，系铁网于船，绞车举网还，裁凿恣意所作。若过时不凿，便枯索虫蛊。”东吴的康泰、朱应在《扶南传》中提道：“涨海中倒珊瑚洲，洲底有磐石，珊瑚生其上也。”简明地描绘了珊瑚的生长特点。

到了汉代，汉武帝也非常喜爱珊瑚，还为此解锁了新的赏玩方法。《汉武故事》有云：“前庭植玉树。植玉树之法，茸珊瑚为枝，以碧玉为叶，花子或青或赤，悉以珠玉为之。”根据文中记述，汉武帝以珊瑚玉树盆景供奉在神堂之中。东晋的王嘉在《拾遗记》中记载，汉武帝的床就是珊瑚做的，皇帝日日以珊瑚为伴，显示其特有的地位。

20世纪末，在江苏徐州东汉墓出土的东汉鎏金镶嵌兽形铜盒砚上，人们见到了中国最早的珊瑚镶嵌物。此后，在辽宁朝阳辽代北塔地宫出土了小型珊瑚法器，在江苏无锡元代钱裕墓中出土了珊瑚桃形饰，这些都证明了珊瑚在我国古代的重要地位。至清代，珊瑚的地位被推至顶峰。清代典制规定：皇帝在朝日坛（日坛）祭日时须佩挂珊瑚朝珠；皇太后、皇后和皇贵妃着朝服时，也要佩挂红珊瑚朝珠两盘；皇太后、皇后和后妃们的领饰、朝珠、冬朝冠及头饰上均不得缺少珊瑚饰品（图14-8）；二品官员的顶珠，即帽子正中的饰物就是珊瑚。如今故宫和颐和园中还保存有许多经过精雕细琢的珊瑚摆件（图14-9～图14-11）。

图14-8　清代银镀金珊瑚领约
（图片来源：摄于故宫博物院）

图14-9　清代玉石珊瑚菊花盆景
（图片来源：摄于故宫博物院）

图 14-10 珊瑚福禄寿摆件
（图片来源：摄于颐和园文昌院）

图 14-11 清光绪时期珊瑚蝈蝈白菜花插
（图片来源：摄于颐和园文昌院）

清雍正时期的金胎珊瑚雕云龙福寿纹桃式盒，整体呈桃形，分为盒和盖两部分。盒内为金胎，表面选用多块红珊瑚粘接而成。盖表面满琢云纹，并有九条龙穿跃其中。盖顶中部琢一篆书团寿字，字上凸雕一飞翔状蝙蝠，寓意“福寿”（图 14-12）。

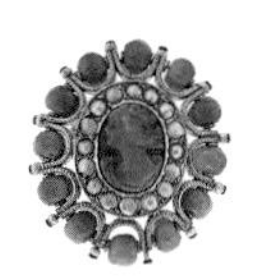

图 14-12 金胎珊瑚雕云龙福寿纹桃式盒
（图片来源：摄于故宫博物院）

清代末期，身世显赫的豪门贵族用整套珊瑚首饰作为女儿的嫁妆（图 14-13），既显示其尊贵的身份，又寄托着父母愿女儿一生吉祥如意、家族永葆昌盛的美好愿望。

图 14-13　珊瑚配饰（清晚期）
（图片来源：摄于首都博物馆）

三、珊瑚与佛教

珊瑚与佛教关系密切，在佛经中有着“宝树”之名。唐代慧琳的《一切经音义》中提道：“珊瑚，梵本正云钵攞娑福罗，谓宝树之名。其树身干、枝条、叶皆红赤色。”珊瑚是海中的瑰宝，自然灵气的凝聚，象征着佛法的智慧和博大，也符合佛教超脱世俗、与世无争的精神境界，在佛教中一直备受青睐。

佛教七宝在不同经书的叙述中虽有所差异，但都少不了珊瑚的身影。作为佛教七宝之一，珊瑚是佛教重要的供养品，经常用于布施和供养佛、菩萨、大德高僧等。

如《广清凉传·高德僧事迹十九》中叙述：“隋帝梦五台山华严寺，法珍大师院，有摩尼宝珠二十颗。敕遣黄门侍郎郭，驰骅求取珠。法珍院供养库中，果得宝珠，尽符圣梦。乃造七宝函，盛之进献。自余珠宝，有百千种，凡五斗余，有诏复送台山。仍以珊瑚树一株并归山，供养文殊大圣。”隋文帝为表彰法珍大师之德行，将所得珍宝及其珊瑚树一株一并施与五台山华严寺，供养文殊菩萨。

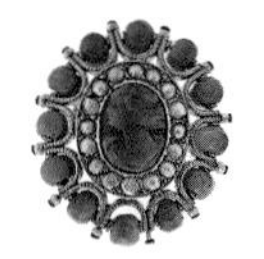

又如《大般若波罗蜜多经》卷三九八中叙述：“所谓金银、吠琉璃宝、颇胝迦宝、末尼、真珠、杵藏、石藏、螺贝、璧玉、帝青、大青、珊瑚、虎珀，及余无量异类珍财，……可持供养甚深般若波罗蜜多及说法师法涌菩萨。”即以珊瑚、珍珠、琉璃、琥珀等珠宝供养大般若波罗蜜多经和大法师，以求佛法永驻、福田长存。

珊瑚也常用来制作佛教法器，如制作幡幢、念珠等（图 14-14）。《全唐诗》卷四二九《游悟真寺诗》中叙述：“众宝互低昂，碧珮珊瑚幡。风来似天乐，相触声珊珊。”这首诗是唐代诗人白居易在游悟真寺时，看到珊瑚装饰的幡在风动时发出“珊珊”的美妙声音而有感创作的，证明了佛教有

图 14-14　珊瑚念珠

用珊瑚宝石装饰幡幢的事实。

《曼殊室利咒藏中校量数珠功德经》指出使用珊瑚念珠诵佛可以获得百倍的福德。其文载:“若用真珠、珊瑚等宝为数珠者，诵掏一遍得福百倍。”在敦煌诗集中也能见到用珊瑚制成念珠在密教修行作用中的记录。《念珠歌》云:“马瑙珊瑚嶉（堆）合成，惠线穿连无间隔。……智为珠，惠为线，穿连悟（无）常纵横遍。遮莫三千及大千，总在如来第一念。悟人见，心欢喜，识得菩提真妙理。”诗中把用玛瑙、珊瑚制作的念珠看作是智慧珠，认为常思念持，能彻悟无常，识得菩提妙法。

第十五章
Chapter 15
珊瑚的宝石学特征

从生物学的角度而言，珊瑚是由大量珊瑚虫（水螅体）聚合生长在一起的一种生物群体。群体的形成靠单一的水螅体以出芽或分裂的方式产生大量新的水螅体聚合而成。从宝石学的角度而言，珊瑚是指珊瑚虫分泌的钙质为主体的堆积物形成的骨骼，这种骨骼常呈树枝状产出（图 15-1）。

图 15-1　珊瑚原枝摆件

第一节

珊瑚的基本性质

一、化学成分

珊瑚按主要成分的不同，可以分为钙质型（碳酸盐型）珊瑚、角质型（介壳质）珊瑚两类。钙质型珊瑚以碳酸钙为主，角质型珊瑚以有机质为主。两种类型珊瑚的各个品种，主要成分基本一致，微量元素成分有所差异。

钙质型珊瑚中碳酸钙来源于珊瑚的钙化作用。钙化作用的进行通常来自珊瑚虫体内，经由肠腔壁借主动运输吸收 Ca^{2+}，输送至内部组织，与存在柱状内皮组织中的 HCO_3^- 作用 $HCO_3^- + Ca^{2+} \rightarrow Ca(HCO_3)_2$，此化合物经分解作用形成碳酸钙结晶，碳酸钙结晶与珊瑚虫体分泌物混合，堆积后形成骨骼。

钙质型珊瑚还可分为方解石型和文石型，市场上的常见品种红珊瑚和白珊瑚，属于方解石型，无机物质主要由富镁方解石组成，主要化学成分为碳酸钙，含有较高的镁（Mg）、锶（Sr）和硫（S），还含有钠（Na）、钡（Ba）、钛（Ti）、硅（Si）、锰（Mn）、锌（Zn）、铁（Fe）和氟（F）等十几种微量元素（表 15-1）。文石型珊瑚的镁含量则明显低于方解石型珊瑚，锶、钡含量高于方解石型珊瑚（表 15-2），文石型珊瑚常见有金色钙质珊瑚。珊瑚的有机质主要为角质蛋白和有机酸等，包括脯氨酸、谷氨酸等十四种氨基酸（表 15-3），具体成分含量因品种不同有所差异。

表 15-1　钙质红珊瑚电子探针成分分析结果　　单位：%

种类	样号	CaO	MgO	SrO	SO_3	Na_2O	BaO	FeO	TiO_2	SiO_2	MnO	P_2O_5	K_2O	F	总量
阿卡珊瑚	A1	50.078	3.871	0.218	0.142	0.074	0.023	0.059	0.066	0.004	0.017	0.040	0.002	0.137	54.731
	A2	51.789	1.812	0.180	0.392	0.016	0	0.003	0.010	0	0	0.037	0.016	0.139	54.394
	A3	51.725	6.387	0.294	0.254	0.407	0.016	0	0	0	0	0.040	0.024	0	59.147
沙丁珊瑚	S1	49.293	5.341	0.312	0.240	0.183	0	0.012	0	0.037	0	0.033	0.013	0.189	55.653
	S2	52.727	2.133	0.292	0.349	0.045	0	0.032	0.047	0	0.009	0.061	0.019	0	55.714
	S3	47.721	2.568	0.192	0.287	0.250	0.021	0.030	0.053	0.012	0	0.029	0.002	0	51.165
莫莫珊瑚	M1	56.632	5.691	0.128	0.421	0.150	0	0	0	0	0	0.062	0.001	0.171	63.256
	M2	53.961	5.585	0.375	0.203	0.350	0.022	0.010	0	0	0.006	0.050	0.022	0.095	60.679
	M3	51.214	3.775	0.318	0.685	0.197	0	0	0	0.079	0	0.111	0	0.214	56.593

测试单位：中国地质科学院矿产资源研究所。

表 15-2　文石型金色钙质珊瑚 LA-ICP-MS 仪器写全成分分析结果

成分	CaO	MgO	Na_2O	SiO_2	K_2O	P_2O_5	FeO	MnO	Sr	B	Ba	V	Ni	Cr	Cu	Zn
样号单位	wt%	wt%	wt%	wt%	wt%	wt%	wt%	wt%	ppm	ppm	ppm	ppm	ppm	ppm	ppm	ppm
J1-1	95.0	0.11	2.00	0.68	0.077	0.058	0.0085	0.0002	14359	65.4	16.0	0.65	2.43	6.21	2.30	1.22
J1-2	94.0	0.89	2.52	0.56	0.11	0.11	0.0097	0	15230	109	17.5	2.52	4.41	1.10	7.27	0.073
J1-3	94.3	0.97	2.2	0.55	0.11	0.1	0.0066	0	15658	105	17.7	2.68	4.15	0.98	6.06	3.54

据：燕唯佳，2013 年。

表 15-3　钙质珊瑚的有机质成分分析　　单位：%

有机物种类	天冬氨酸	苏氨酸	丝氨酸	谷氨酸	甘氨酸	丙氨酸	胱氨酸	缬氨酸
含量	0.2101	0.0986	0.1744	0.2899	0.1608	0.0768	0.2296	0.2153
有机物种类	异亮氨酸	亮氨酸	蛋氨酸	酪氨酸	脯氨酸	精氨酸	总和	
含量	0.1527	0.1065	0.1571	0.0581	0.4918	0.0530	2.4747	

据：周佩玲，2004 年。

角质珊瑚是较稀少的珊瑚品种，主要包括黑珊瑚和金珊瑚。角质珊瑚主要由有机质组成。黑珊瑚绝大部分为有机质，不含或极少含碳酸盐成分；而金珊瑚中不仅含有有机质，还含有碳酸盐等矿物成分，红外光谱显示方解石和文石的特征谱峰。角质珊瑚的主要元素为碳（C）、氮（N）、氧（O）、碘（I），其次为溴（Br）、氯（Cl）、硫（S）、钡（Ba）、钙（Ca）、硅（Si）、镁（Mg）、钠（Na）以及微量元素锌（Zn）、铜（Cu）、锰（Mn）、钛（Ti）、钒（V）、钴（Co）、镍（Ni）等元素。其中，黑珊瑚中氯、溴、硫的含量相对较高，而金珊瑚中钡、硅的含量高出很多。

二、形态与结构特征

珊瑚的形态多样、生动、奇特，主要呈树枝状（图 15-2）、扇状、星状、蜂窝状等。由于本身遗传因子和生长环境条件的不同，钙质珊瑚与角质珊瑚及其各品种在成分、颜色和形态上存在差异性。

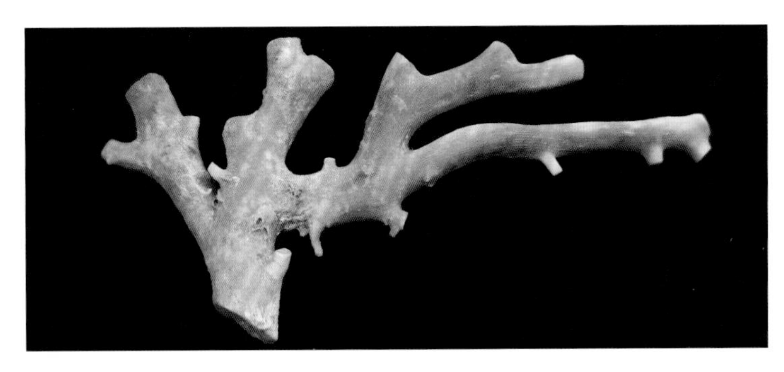

图 15-2　树枝状珊瑚原枝

（图片来源：国家岩矿化石标本资源共享平台，www.nimrf.net.cn）

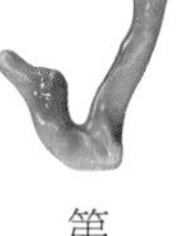

放大观察，钙质珊瑚横截面具同心环状及放射状条纹，同心环状纹理由颜色深浅不同、近等距分布的色环组成（图 15-3），放射状结构为纵向白色细条纹，白色条纹边界几乎不可见，结构中心为白色或接近于体色（图 15-4）。纵截面（平行珊瑚枝方向）可见颜色与透明度稍有变化、近等距分布的平行波状条纹（图 15-5），纹理颜色浅于珊瑚体色，呈脊槽凹凸状分布。在珊瑚原枝上，常见一些小的虫洞、凹坑等（图 15-6），有时可见表面隔膜（图 15-7），部分珊瑚横截面有白芯（图 15-8）。

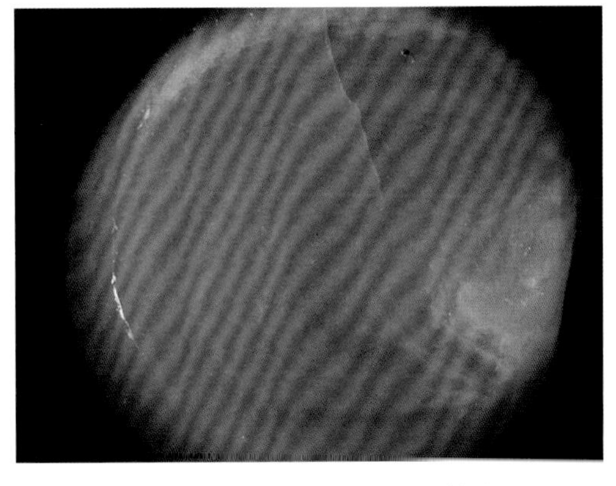

图 15-3　钙质珊瑚的同心环状纹理

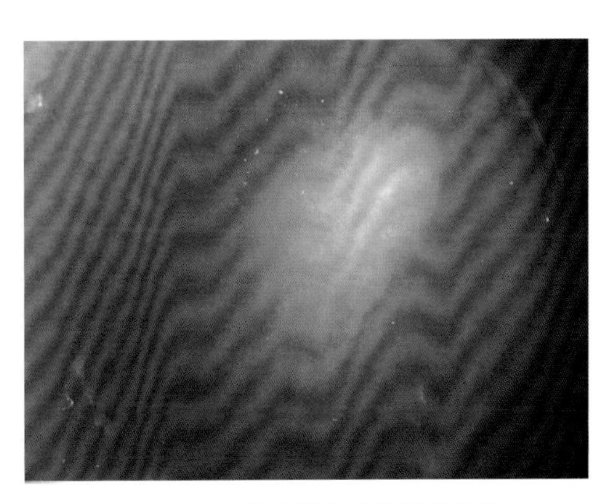

图 15-4　钙质珊瑚的放射状纹理

图 15-5　钙质珊瑚的平行波状条纹

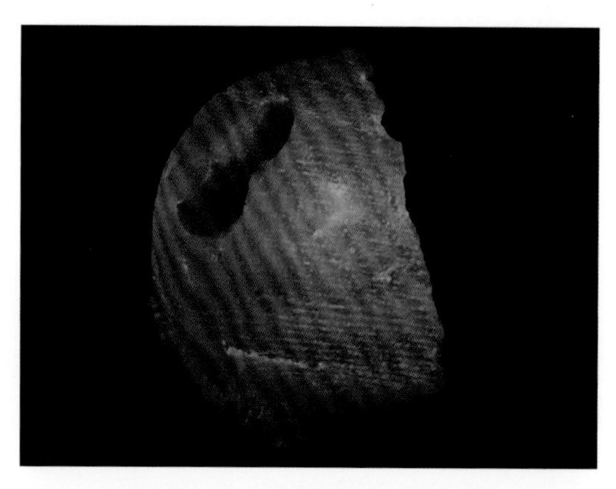

图 15-6　钙质珊瑚虫洞和凹坑

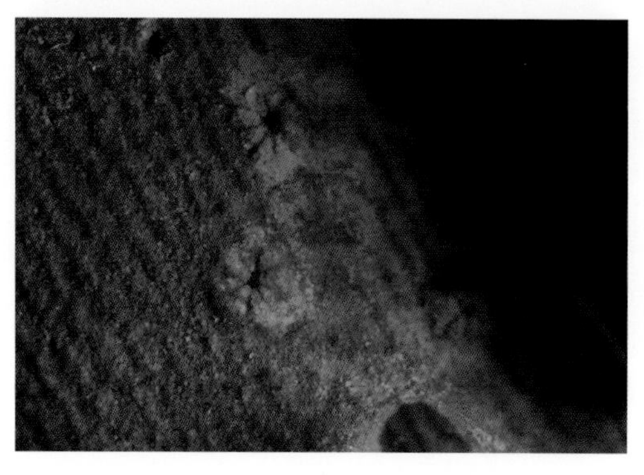

图 15-7　钙质珊瑚表面隔膜

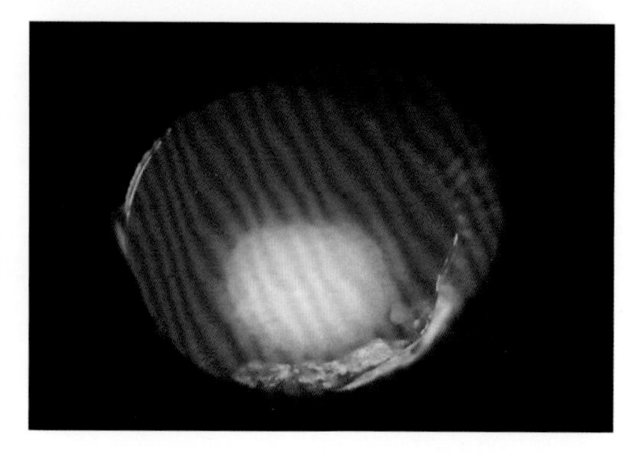

图 15-8　钙质珊瑚横截面白芯

角质珊瑚的横截面显示环绕中轴的同心环状结构（图 15-9），与树木的年轮状生长纹类似，这是其分泌物沿中轴以同心圆方式不断向外生长形成的。此外，横截面偶尔可见几组断续的、由中心向外延伸的放射状纹理，这与珊瑚的生长痕迹相关。黑珊瑚可见纵向生长条纹，类似于树木纵切面上均匀细密的纤维结构，但其粗细均匀程度不及树木。角质金珊瑚的表层可见独特的丘疹状外观（图 15-10），多沿平行枝条的中轴方向环绕分布，是珊瑚表层生长的"触角"或"刺手"被磨平后留下的痕迹。

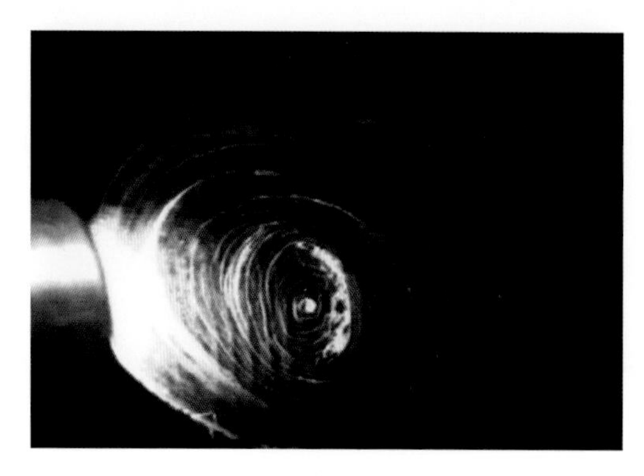

图 15-9　黑珊瑚的同心环状结构
（图片来源：李立平等，2012）

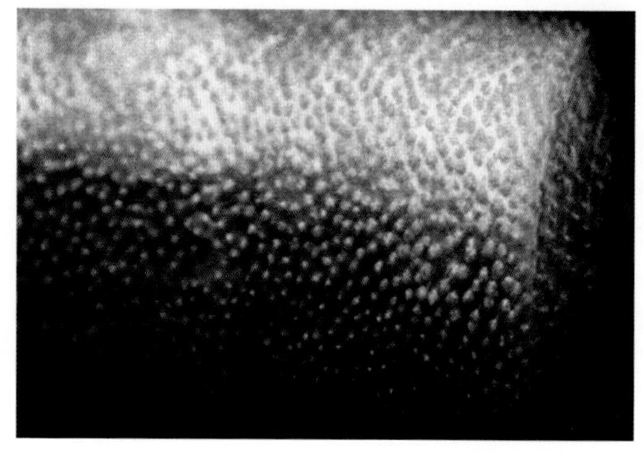

图 15-10　角质金珊瑚的丘疹状外观
（图片来源：马遇伯，2013）

第二节

珊瑚的物理化学性质

一、光学性质

（一）颜色

钙质珊瑚常见的颜色有浅粉红至深红色（图 15-11）、橙色、白色、奶油色，偶尔见蓝色和紫色。角质珊瑚通常为黑色、金黄色、深棕色或黄褐色。

红珊瑚颜色多样，色彩绚丽。最初，关于红珊瑚的颜色成因有三种理论：色素离子致色、金属卟啉致色、有机质致色。也有不少学者认为其颜色是由于骨骼中类胡萝卜素的存在，但后来研究人员通过拉曼光谱进行研究，发现致色的有机质成分并非类胡萝卜素，而是多烯类色素，并获得了一些色素结构信息。至今，大多数学者认为红珊瑚由拥有 11 ~ 12 个 -C=C- 键的多种多烯有机质致色，但有机色素分子的具体成分和结构仍未明确。

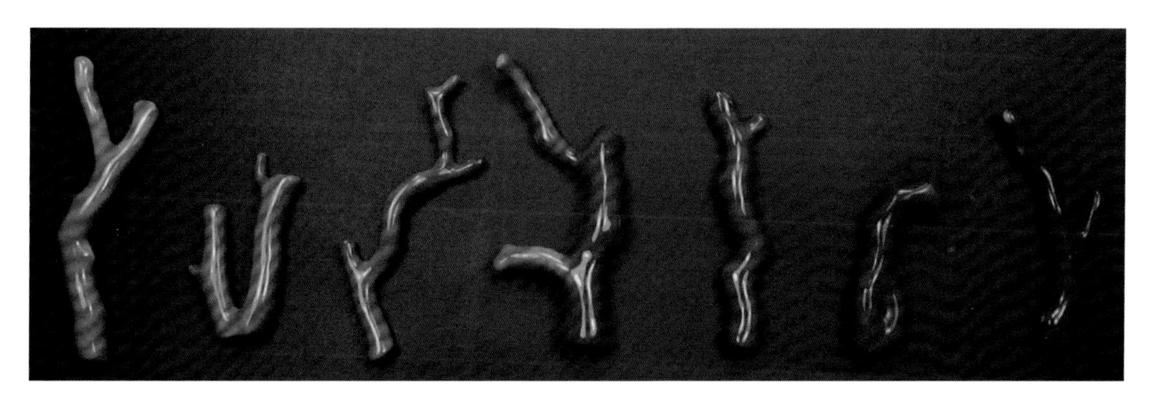

图 15-11　浅粉红至深红色的珊瑚

（二）光泽

珊瑚表面具有蜡状光泽（图 15-12），抛光面呈树脂至玻璃光泽（图 15-13）。

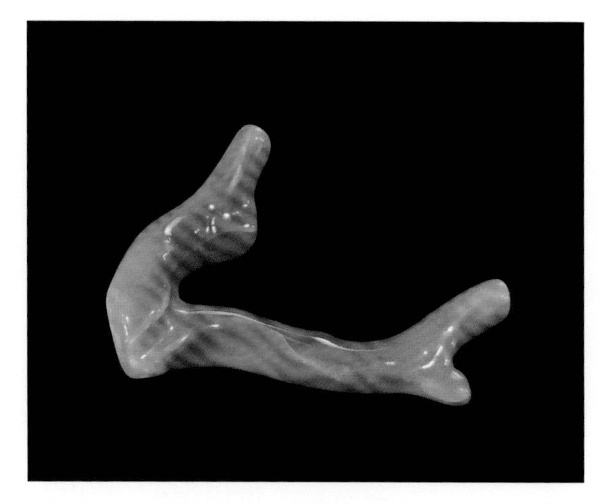

图 15-12　珊瑚的蜡状光泽
（图片来源：懿德提供）

图 15-13　珊瑚的玻璃光泽

（三）透明度

珊瑚呈微透明至不透明。

（四）折射率

钙质珊瑚的折射率为 1.48 ~ 1.66（点测），双折射率不可测。

角质珊瑚的折射率为 1.56 ~ 1.57（点测）。

（五）光性

钙质珊瑚的无机成分为隐晶质方解石和文石的集合体，有机成分为非晶质体。整体为非均质集合体。

角质珊瑚为非晶质体，光性均质体。

（六）多色性

珊瑚无多色性。

（七）紫外荧光

钙质珊瑚：白色珊瑚呈无至强的蓝白色荧光，浅（粉、橙）红至红色珊瑚呈无至橙（粉）红色荧光，深红色珊瑚呈无至暗（紫）红色荧光。

角质珊瑚：通常无荧光。

（八）红外光谱

钙质珊瑚在中红外区具有碳酸根离子振动所致的红外光谱特征峰。

角质珊瑚在中红外区具蛋白质等有机物中官能团（基团）振动所致的红外光谱特征峰。

二、力学性质

（一）解理与断口

珊瑚无解理。

钙质珊瑚的断口呈参差状至裂片状，角质珊瑚的断口呈贝壳状至参差状。

（二）硬度

钙质珊瑚的摩氏硬度为 3 ~ 4.5，角质珊瑚的摩氏硬度为 2 ~ 3。

（三）密度

钙质珊瑚的密度为 2.65（±0.05）克／厘米^3；角质珊瑚的密度为 1.35（+0.77，−0.05）克／厘米^3。

三、其他性质

（一）可溶性

钙质珊瑚易被酸溶蚀，在珊瑚雕件不显眼的地方滴一小滴稀盐酸可产生大量气泡。

角质珊瑚在稀盐酸与稀硝酸中不溶，仅出现软化现象；而在稀硫酸中会随时间的延长发生微溶直至完全溶解。

（二）热学稳定性

珊瑚接触珠宝工匠所用吹管的火焰会变黑。角质珊瑚加热后可散发蛋白质烧焦的臭味。

第十六章

Chapter 16

珊瑚的分类及其特征

珊瑚的种类繁多，因而有多种分类方式。按照生物学分类，作为海洋无脊椎动物的珊瑚分为八放珊瑚亚纲和六放珊瑚亚纲；按照贵重程度将珊瑚分为造礁珊瑚和贵重珊瑚，后者即为宝石珊瑚；按照颜色将珊瑚分为红珊瑚系列、白珊瑚系列、蓝珊瑚、黑珊瑚和金珊瑚，其中宝石级红珊瑚最为珍贵也最具市场价值。

第一节
按生物学分类及其特征

在生物学中，珊瑚指无脊椎动物中腔肠动物门的珊瑚虫纲生物，珊瑚虫纲全部是水螅型的单体或群体动物，根据珊瑚生物体的隔膜和触手的数目及其不同的钙质骨骼分泌方式将珊瑚分为八放珊瑚亚纲（Octocorallia）和六放珊瑚亚纲（Hexacoralla）（图16-1）。六放珊瑚亚纲和八放珊瑚亚纲中珊瑚骨骼的分泌方式不同，造成其骨骼特征也不相同，决定其骨骼质地以及能否作为首饰材料。首饰用珊瑚按成分又分为钙质珊瑚和角质珊瑚，分别属于珊瑚虫纲的八放珊瑚亚纲和六放珊瑚亚纲。

一、八放珊瑚亚纲

八放珊瑚亚纲又称为海鸡冠虫亚纲，主要包括软珊瑚目、海鸡冠目、苍珊瑚目、柳珊瑚目等，为群体生活。八放珊瑚的水螅虫口盘周围分布着一圈或许多圈的羽状触手，为八或八的倍数，下面连接位于消化循环腔内的八个隔膜，口盘中央为裂缝的口，体壁由口向胃腔延伸，形成一个扁平的口道，口道一端具有口道沟，内有纤毛分布在口道沟的腹面，隔膜均与口道相连。不与口道相连的隔膜膨胀，称为隔膜丝，隔膜丝中叶上分

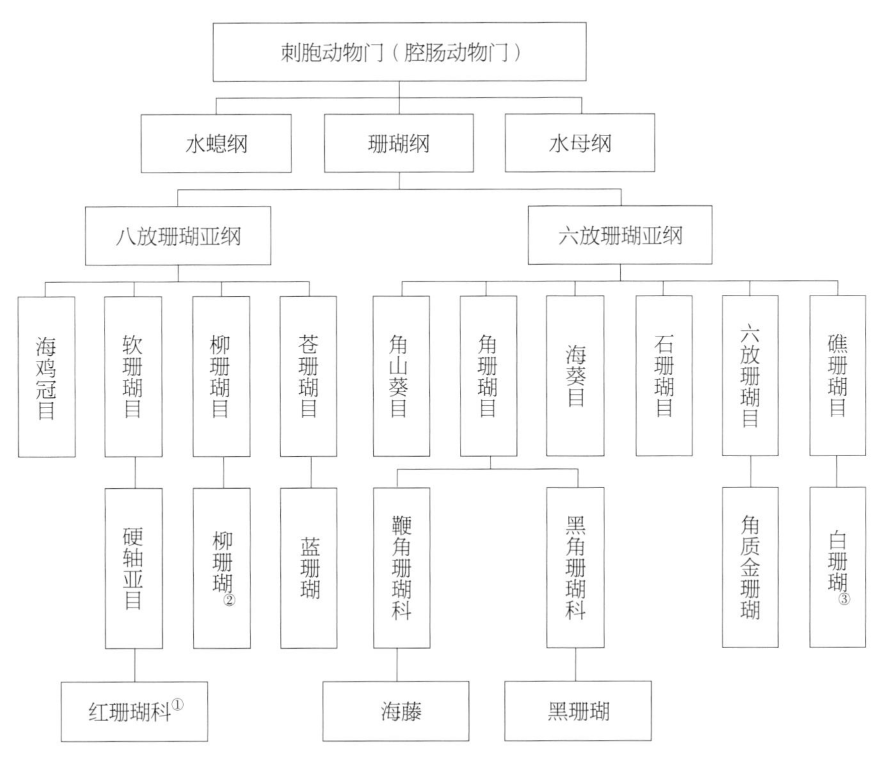

图 16-1　市场常见珊瑚的种属分类

（据：马遇伯，2013 年修改）

注：①首饰用钙质珊瑚大多属于红珊瑚科；

②染色柳珊瑚常用作仿制红珊瑚；

③此处的白珊瑚属于造礁珊瑚，常用作观赏性珊瑚。

布有大量的刺细胞和腺细胞。八放珊瑚的水螅体外部形态大致可分为上半部分可收缩的珊瑚头及下半部分的体干，水螅体在受到刺激后，触手可在口部折起或者收入消化循环腔内。八放珊瑚亚纲中的珊瑚骨骼由中胶层中的变形细胞所分泌，有的愈合成为中轴骨骼，如红珊瑚；有的形成钙质的细管状骨骼，如笙珊瑚（图 16-2）。宝石级红珊瑚的

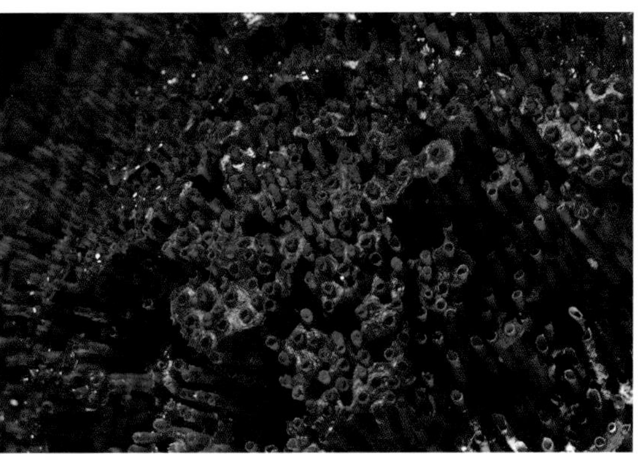

图 16-2　笙珊瑚骨骼

种属归为八放珊瑚亚纲（Octocorauia）－软珊瑚目（Alcyonacea）－硬轴珊瑚亚目（Scleraxonia）－红珊瑚科（Coraliidae）。

二、六放珊瑚亚纲

六放珊瑚亚纲具体分为：海葵目、石珊瑚目（图 16-3）、六放珊瑚目、角珊瑚目、角海葵目等，为单体或群体生活。六放珊瑚的口盘周围分布着一圈或许多圈的触手，为六或者六的倍数。与八放珊瑚不同，口道的两侧各有一个口道沟，内有纤毛分布，平时借纤毛的摆动，水流可从两个纤毛沟进入消化腔，再从口的中央流出。胃腔内壁的内胚层向胃延伸形成了隔膜。六放珊瑚的隔膜数为六或者六的倍数，分为完全隔膜和不完全隔膜。完全隔膜直达口道，不完全隔膜分布在完全隔膜之间，依照长短程度不同又分为次级隔膜和三级隔膜。六放珊瑚亚纲中的珊瑚骨骼由生物体下表皮细胞分泌而成，其骨骼较坚硬、粗糙、体型较大、钙化速度快。传统的金色角质珊瑚属于六放珊瑚亚纲中的六放珊瑚目。

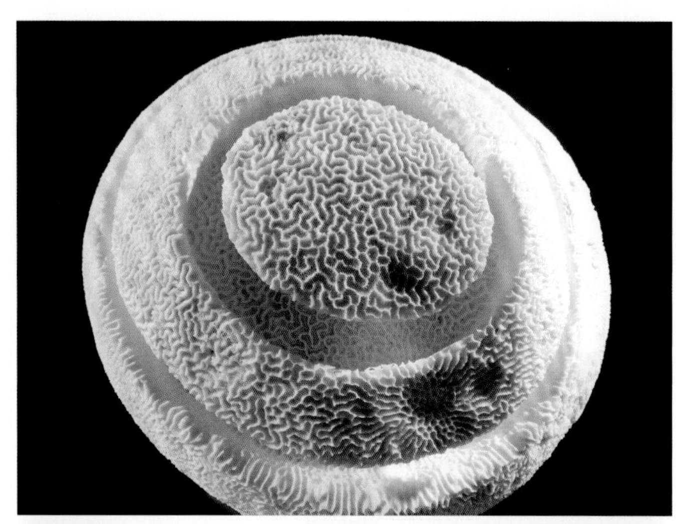

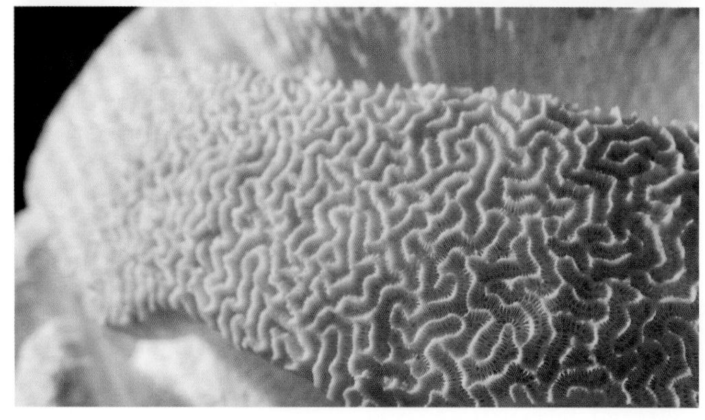

图 16-3　石珊瑚骨骼

第二节

按贵重程度分类及其特征

在自然界中，珊瑚的品类众多，但并不是每一种珊瑚都可以用作宝石。珊瑚按名贵程度可分为造礁珊瑚和贵重珊瑚。

一、造礁珊瑚

造礁珊瑚，又称“造礁石珊瑚”。因有石灰质骨骼而能在海岸上的浅水区形成珊瑚礁，故称之为“造礁珊瑚”。现在人们所熟知的大堡礁生长的珊瑚大多都是造礁珊瑚，造礁珊瑚包括六放珊瑚亚纲石珊瑚目以及八放珊瑚亚纲中的笙珊瑚等。造礁珊瑚骨骼粗糙、颜色多样，多为白色和红色。

珊瑚礁是造礁石珊瑚群体死亡后，其骨骼和外壳聚集在一起形成的沉积建造。造礁珊瑚是一种非常娇气的海洋动物，它们要求特定的环境条件：暖水温、浅水域、充足的日照、清澈的水质、低营养盐浓度和高氧气浓度等。造礁珊瑚在年平均水温 23 ~ 27 摄氏度的水域中生长最为茂盛。其生长离不开共生藻类，如虫黄藻。虫黄藻需要充足的光线进行光合作用，它一面制造养料，一面为造礁珊瑚清除代谢废物并提供氧气。清澈的高盐度海水能加速光合过程。因此，水深 10 ~ 20 米、盐度 3.5% 左右，最适合造礁珊瑚生存。

珊瑚礁生态系统是海洋中极为重要的生态系统，有“海洋热带雨林”的称号。

珊瑚礁分布广泛，自身的再生性很好地维持了海洋的生态平衡。但造礁珊瑚的硬度小于 2，不能用作雕刻艺术品的原料，只能作为奇石供观赏（图 16-4）。

图 16-4　造礁珊瑚（巨大合叶珊瑚）

二、贵重珊瑚

贵重珊瑚又称宝石珊瑚，俗名珊瑚，不能形成珊瑚礁。正所谓“千年珊瑚万年红”，宝石珊瑚极为贵重稀有，历来被视为海中珍宝，藏中极品，唯有质地、硬度和光泽均佳的贵重珊瑚，才能制作出精美的工艺品和首饰（图 16-5、图 16-6）。

贵重珊瑚外形为树枝状（图 16-7），骨骼细致，颜色多样，多为白、粉白、粉红、桃红和深红等。与造礁珊瑚不同，贵重珊瑚不需要与藻类共生。贵重珊瑚生长在水深 100 ~ 2000 米的热带深海礁岩上，其生长极为缓慢，约 10 年才生长 1 厘米。由于其生长极慢、恢复力差、繁殖力低，迄今尚无法通过人工养殖培育贵重珊瑚。

图 16-5　镶嵌贵重珊瑚戒指

图 16-6　镶嵌贵重珊瑚胸坠

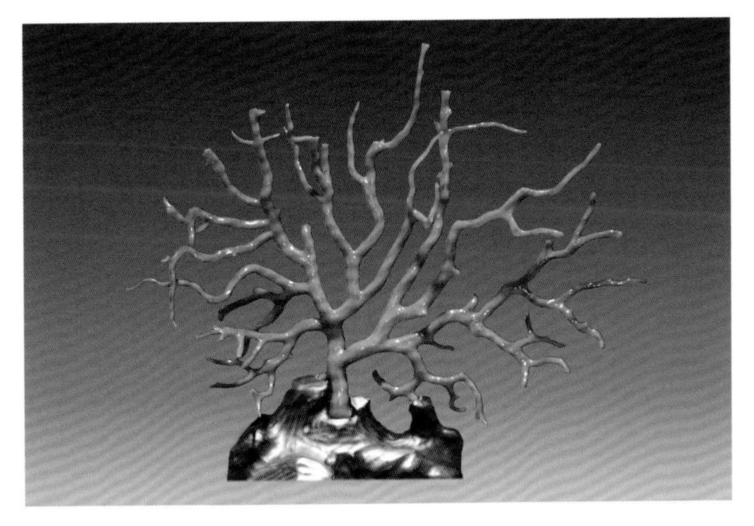

图 16-7　贵重珊瑚

第三节
按成分和颜色分类及其特征

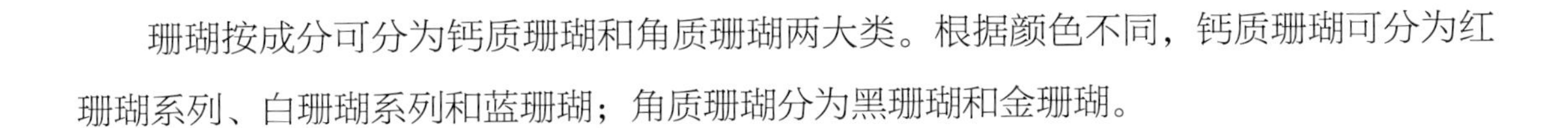

珊瑚按成分可分为钙质珊瑚和角质珊瑚两大类。根据颜色不同，钙质珊瑚可分为红珊瑚系列、白珊瑚系列和蓝珊瑚；角质珊瑚分为黑珊瑚和金珊瑚。

一、红珊瑚系列

红珊瑚系列指颜色为红色—橙红色的珊瑚。市场常见的宝石级红珊瑚品种主要包括阿卡珊瑚、沙丁珊瑚和莫莫珊瑚等，在本书第十七章有详细叙述。

二、白珊瑚系列

白珊瑚系列指白色、乳白色、瓷白色或灰白色的珊瑚，深海产的白珊瑚十分少有。

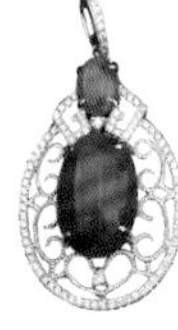

其主要分布于中国南海海域、澎湖海域以及菲律宾海域、琉球群岛海域、九州岛西岸海域和中途岛海域等。

对于宝石级的白珊瑚，中国大陆地区对于其划分界限并不清晰。参照意大利、日本以及中国台湾的白珊瑚划分，认为只有属于红珊瑚科的、其钙质骨骼为白色—淡粉色的珊瑚才是具有一定价值的宝石级白色珊瑚（图 16–8），在许多品种中都有出现，在第十七章有详细叙述。一种产于中国台湾和日本之间海域的白珊瑚，学名为皮滑红珊瑚（*Corallium Konojoi*），质感、造型与后文中的莫莫珊瑚相似，与其他珊瑚不同之处在于，这种白珊瑚的表面为白色，横切面具有红芯。

而其他白色的珊瑚，则以其商业名称或生物学名定名，例如海柳等。还有其他一些白色的造礁珊瑚，包括八放珊瑚亚纲和六放珊瑚亚纲的一些品种，例如礁珊瑚目中的白珊瑚是造礁白珊瑚。这些非宝石级的白色珊瑚品种价值均不高，但对海洋生态环境具有重要作用，常用作观赏性珊瑚。

图 16–8　白珊瑚项链
（图片来源：张旭光提供）

三、蓝珊瑚

蓝珊瑚，学名为 *Heliopora Coerulea*，英文名称为 Blue Coral，由帕拉斯（Pallas）1766 年命名，属于八放珊瑚亚纲（Octocorallia）– 苍珊瑚目（Heliporacea）– 苍珊瑚科（Helioporidae）– 苍珊瑚属（*Helipora*），是苍珊瑚目下的唯一一种珊瑚，曾在非洲海岸发现过，现在已经基本绝迹。

蓝珊瑚的颜色为蓝色至浅蓝色，不透明。其坚硬的蓝色骨骼带有细长的水螅体，形状有枝形、盘形、柱形等（图 16–9）。横断面上呈同心环状的花纹结构，质地细腻。它的骨骼呈巨大块状，由文石组成，与石珊瑚目相似。珊瑚虫在骨骼内的筒子中生活，由一层骨骼外的薄层组织联结。蓝珊瑚生存范围比较广，可生长在热带、亚热带，甚至寒带，在浅海、深海以及各种基质的海底，如沙质、岩石底也可以生存，主要分布在印度洋及太平洋海域，形成浅水的珊瑚礁。

图 16–9　蓝珊瑚骨骼

四、黑珊瑚

黑珊瑚为颜色呈灰黑至黑色的珊瑚，为角质型珊瑚，几乎全部由有机质组成，比较罕见，价值较高。在生物学中属于六放珊瑚亚纲（Hecacorallia）– 黑角珊瑚目（Antipatharia）– 黑角珊瑚科（Antipatharidea），为群体生长，具有细长的分枝，可形成高大的珊瑚树。黑珊瑚生长在热带、亚热带和温带海域，在夏威夷群岛、新西兰、中国台湾、南中国海、菲律宾、印度尼西亚、印度洋均有产出。黑珊瑚大多生长在水深 30 ~ 110 米的海域，称为浅水黑珊瑚（图 16–10），还有些品种则是生长在水深约 250 米以下的海域，称为深水黑珊瑚（图 16–11）。

无论是深水还是浅水的黑珊瑚都是呈树枝状构造，深水黑珊瑚本体分枝具有一定的方向性，浅水黑珊瑚较无方向性；深水黑珊瑚表面光滑无丘疹状结构，横切面可见同心环状结构，浅水黑珊瑚表面粗糙，生长细小较圆丘疹状结构，横切面可见断续的反射环结构。

由于人为的大量滥采，致使近几年黑珊瑚的产量锐减，再加上某些品种黑珊瑚常与造礁珊瑚共生，所以目前黑珊瑚的产量极少，并且十分珍贵。

a 无方向性生长

b 未经抛光的表面呈现丘疹状结构

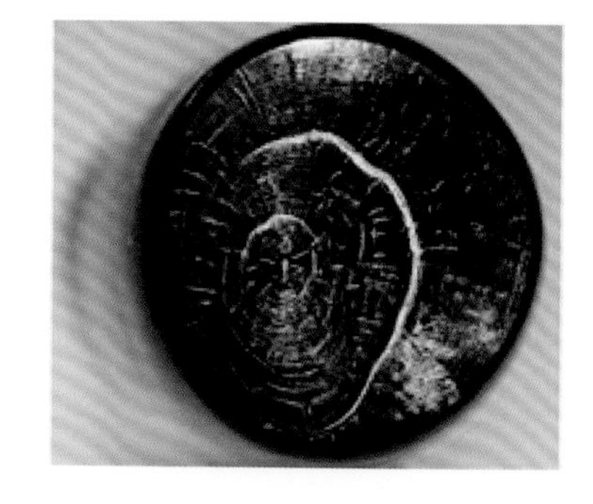
c 横切面呈现断续放射状结构

图 16-10　浅水黑珊瑚
（图片来源：李琳清等，2012）

a 生长有方向性

b 未抛表面光滑无"丘疹"

c 横切面的同心环状结构，无放射状结构与气孔

图 16-11　深水黑珊瑚
（图片来源：李琳清等，2012）

五、金珊瑚

目前珠宝行业标准中对于金珊瑚还没有明确的定义，市场上有两种金色珊瑚都被称为"金珊瑚"。它们分别为角质型金珊瑚和钙质型金珊瑚，前者价值远不及后者。

图 16-12　角质金珊瑚表面特征
（图片来源：马遇伯，2013）

（一）角质型金珊瑚

角质型金珊瑚呈黄褐色至金黄色，几乎全部由有机质构成，表面有密集的丘疹状突起，横断面有同心环状条纹（图 16-12），有时可呈现独特的丝绢光泽。这种金珊瑚饰品表面一般经过抛光或镀膜处理，经常可以观察到气泡和表面涂层。市场上见到的这类"金珊瑚"

一般为海藤经漂白镀膜所制，很难辨别。

（二）钙质型金珊瑚

钙质型金珊瑚呈浅金黄色至金黄色，主要成分为文石等矿物成分及少量有机质。天然的钙质型金珊瑚一般呈树枝状，根部基底一般是白色钙质珊瑚，整体如树木具分枝构造。原枝呈蜡状光泽（图 16–13a），抛光后呈弱玻璃光泽，表面有平行波状纹理（图 16–13b）。有些钙质型金珊瑚伴有明显的粉紫色、淡蓝色—蓝紫色晕彩（图 16–13c），晕彩分布不均匀。表面无丘疹状突起，为下凹的纵纹，纵纹之间为不规则的下凹圆点。断面处可见层状结构，横截面抛光后可见明显的同心圆状的“年轮纹路”，但无放射状纹路，结构疏松，生长层之间有空隙及断裂（图 16–13d）。有些钙质型金珊瑚在反射光下可见表面有蓝绿色和金黄色的金属反光，局部可见丝绢光泽，断面未抛光处也可见弱金属光泽，在牙白色的轴心处也可见弱金属光泽和层状结构。

钙质型金珊瑚十分罕见，价值较高。钙质金珊瑚主要生长在太平洋北部和大西洋海底山坚硬的海底玄武岩基底上，寄生在白色钙质珊瑚上，最终生长到全部覆盖、替代寄主珊瑚。

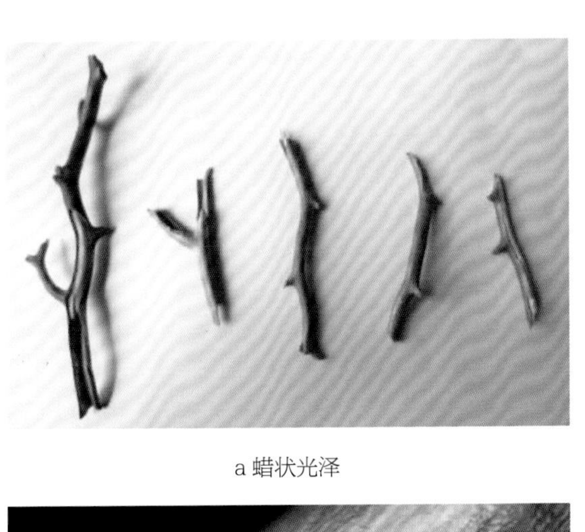

a 蜡状光泽

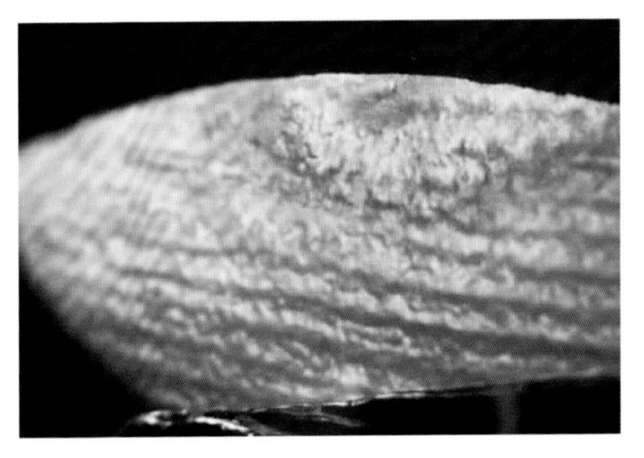

b 平行波状纹理

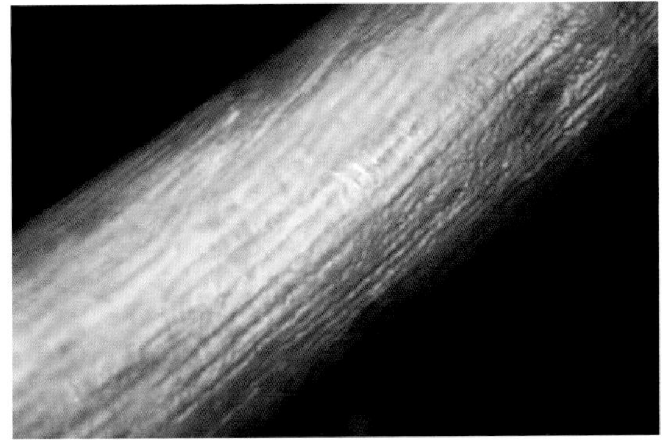

c 淡蓝色—蓝紫色晕彩

d 生长层之间的空隙及断裂

图 16–13 钙质金珊瑚的原枝及外观结构特征

（图片来源：马遇伯，2015）

第十七章

Chapter 17

红珊瑚主要品种及其特征

根据 DZ/T 0311—2018《宝石级红珊瑚鉴定分级》行业标准中对宝石级红珊瑚的定义：一种生物成因有机宝石，主要由方解石型碳酸钙和少量有机质组成，生物学中属于腔肠动物门（Coelenterata）- 珊瑚虫纲（Anthozoa）- 八放珊瑚亚纲（Octocorallia）- 软珊瑚目（Alcyonacea）- 红珊瑚科（Coraliidae）。将宝石级红珊瑚分为红—橙红色系列和粉—白色系列两类，低于红—橙红色珊瑚最低彩度级别的珊瑚都归为粉—白色系列。红—橙红色系列颜色包括深红—红色、橙红色、橙黄色，主要有阿卡珊瑚、沙丁珊瑚、莫莫珊瑚等品种；粉—白色系列颜色包括粉色、浅粉色、白色，主要有 Miss 珊瑚、深水珊瑚、浅水珊瑚、美都珊瑚和南枝珊瑚等。

第一节

红—橙红色系列红珊瑚

一、阿卡珊瑚

阿卡珊瑚，英文名称是 Aka Coral。以生物学名日本红珊瑚（*Corallium japonicum*）为主，又称赤红珊瑚、赤血珊瑚。所谓“阿卡”是日语“红色”（あか）的音译，但在宝石学中，它代表的是一个品种而非一种颜色。

阿卡珊瑚通常被认为是红珊瑚中价值最高的品种，其质地、光泽度和透明度是红珊瑚中最佳的（图 17-1、图 17-2）。常见朱红色、深红色、正红色、橘红色、黑红色、米白色、白色等，还有桃红色、粉红色、橘粉色等。颜色越浓郁品质越高，顶级的颜色被称为“牛血红”。呈玻璃—树脂光泽，半透明到微透明。原枝常呈扇形树枝状，中轴有玻璃质感，表面可见纵向生长纹理，枝节末端可见白枝，背面和侧面有时可见虫孔。

它质地致密而细腻，无颗粒感，抛光后纹理不明显。横切面可见同心环状及放射状纹理，常见有白芯但大多不位于中轴部分（图 17-3）。

图 17-1　阿卡珊瑚胸坠

图 17-2　阿卡珊瑚胸针

图 17-3　阿卡珊瑚项链（部分可见白芯）

阿卡珊瑚主要分布在太平洋海域，生长在水深 110 ~ 360 米的海底岩石或峭壁上，流动的海流带来氧气与浮游生物，有利于珊瑚虫的生长。日本各地的阿卡珊瑚大多长成 30 ~ 40 厘米的高度，其基部的直径也只在 3 ~ 5 厘米；中国台湾海域可以产出骨骼与手臂一般粗的珊瑚（图 17-4），但是量很少，约占阿卡珊瑚总量的 0.1%。

图 17-4　世界最大的阿卡珊瑚树（50 厘米×60 厘米，24 千克）
（图片来源：摄于中国台湾台东绮丽珊瑚博物馆）

二、沙丁珊瑚

沙丁珊瑚，英文名称为Sardinia Coral，以生物学名浓赤红珊瑚（*Corallium rubrum*）为主，又称全红珊瑚、浓赤珊瑚。“沙丁”一词来源于 Sardinia（意大利撒丁岛），最初专指是意大利撒丁岛产出的珊瑚，如今成为红珊瑚的一个品种名称。

沙丁珊瑚的颜色多为深红—浅橙红色，不如阿卡珊瑚颜色浓艳，但色调纯正，颜色均匀无白芯（图 17-5）。蜡状至弱玻璃光泽，光泽稍逊于阿卡珊瑚，大多呈微透明，极少数呈半透明，玉质感强。原枝呈树枝状，枝体较小，表面平行纵向纹理清晰，凹凸感明显，质地较粗（图 17-6）。横截面无白芯，可见同心环状及放射状纹理，条带之间边界清晰、颜色差异较明显。沙丁珊瑚一般株体不大，一株红珊瑚重量达到 0.6 千克就很难得了，直径大都在 10 毫米以下，超过 10 毫米就很稀少，无法制作大型雕件。大部分珊瑚被用来加工成贴身饰品，以小圆珠、小戒面及珊瑚原貌的装饰为主，常用于制作手链和项链（图 17–7）。

图 17–5　沙丁珊瑚花型雕刻

图 17–6　沙丁珊瑚原枝纵向纹理清晰

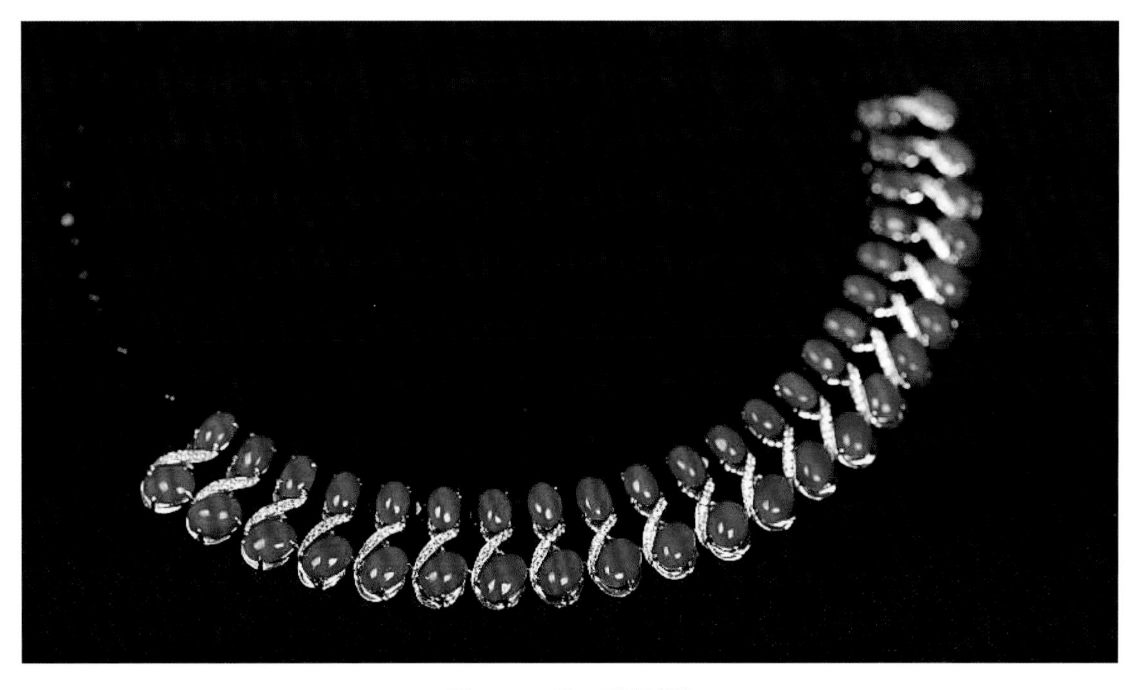

图 17–7　沙丁珊瑚项链
（图片来源：张旭光提供）

三、莫莫珊瑚

莫莫珊瑚，英文名称为 Momo Coral，以生物学名瘦长红珊瑚（*Corallium elatius*）为主，又称桃色珊瑚、桃红珊瑚。Momo 一词来源于日语中的“桃”（モモ）的音译，

图 17-8　镶嵌不同颜色莫莫珊瑚的耳钉胸针首饰套装
（图片来源：www.viola.bz）

图 17-9　抛光后呈蜡状光泽的莫莫珊瑚
（图片来源：懿德提供）

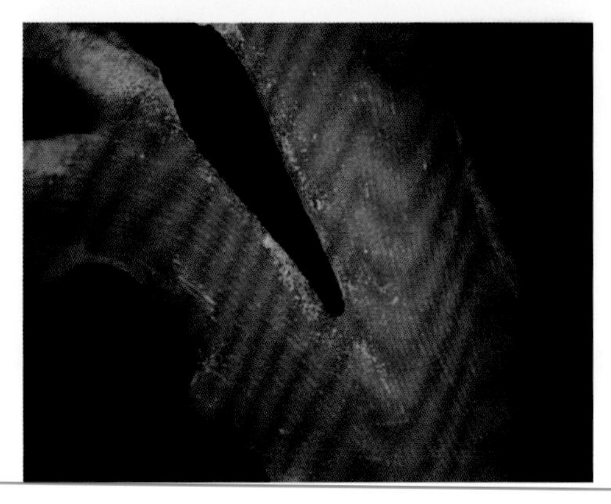
图 17-10　莫莫珊瑚自然枝及表皮的纵向纹理

因这个品种有蜜桃一般的颜色而得名，是宝石级红珊瑚中产量最大、分布最广的品种，也是中国台湾产量最大的珊瑚品种。

莫莫珊瑚颜色变化范围较广，常见橘红色、桃红色、橘粉色、粉色、浅粉色、白色、正红色，深红色、朱红色少见（图 17-8）。颜色均匀的浅粉红色莫莫珊瑚称为 boke，色泽均匀的粉红色莫莫珊瑚在欧洲被称为 Angel Skin，意为“天使之肤”，是欧美人极为喜爱的珊瑚品种。

莫莫珊瑚的质地不透明，光泽略逊于阿卡珊瑚，但强于沙丁珊瑚，呈树脂光泽，抛光面呈玻璃光泽至蜡状光泽（图 17-9）。其整体形态呈扇形树枝状产出，偶见特殊形状，肢体末端可见白枝。莫莫珊瑚质地较致密，生长纹理较阿卡珊瑚更清晰。常见白芯，且位于珊瑚主体中轴部位，白芯与红色部分结合的可分为三类：一类颜色过渡自然，一类存在白色与红色的渐变和跳跃，还有一类红白两色间分界明显。横切面可见以白芯为中心的同心放射状纹理，纵截面上具有平行的“脊—槽”状构造，质地较细腻，部分枝体较粗者具颗粒感（图 17-10）。

莫莫珊瑚原貌是所有珊瑚种类中外形最大的一种，其枝干可长达 1 米、基部直径 15 厘米、重达 40 千克。1980 年 10 月 8 日，在中国台湾宜兰龟山岛外曾捞获一株莫莫珊瑚，高 125 厘米，宽 70 厘米，重约 105 千克，是目前吉尼斯世界纪录最大的宝石珊瑚。该株珊瑚最早由中国台湾海山珊瑚公司收购，不久后转移至台北收藏家的手中。

莫莫珊瑚的加工制品最为多样化且数量众多，包括圆珠、戒面、鼓型珠及雕件（图 17-11、图 17-12）。枝型大者常被做成大型雕件和摆件（图 17-13），外形完整及具特殊造型者可直接以原貌作为装饰。

图 17-11　莫莫珊瑚珠串
（图片来源：张旭光提供）

图 17-12　莫莫珊瑚花形雕件
（图片来源：张旭光提供）

图 17-13　整枝莫莫珊瑚雕刻而成的雕件
（图片来源：王礼胖提供）

第二节

粉一白色系列红珊瑚

一、Miss 珊瑚

Miss 珊瑚，生物学名 *Corallium sulcatum*，又称粉红珊瑚、美西珊瑚、Misu 珊瑚。相传，珊瑚商人们第一次见到颜色如此粉嫩的珊瑚，犹如少女的肌肤一般，不约而同喊出“Miss！”，Miss 珊瑚便由此得名，之后因英译日的谐音被称为 Misu，后又被闽南语音译为“美西”。

图 17-14　Miss 珊瑚美人像
（图片来源：懿德提供）

Miss 珊瑚颜色为淡色系，色泽较均匀，可呈白色、粉色、粉红色、粉白色到浅橘色，深红色不常见。呈玻璃—蜡状光泽，半透明—微透明。原枝呈扇形，末端细枝可见白枝，一般呈现透明质感，整体结构细致，正面生长完整，表面较难见生长纹，背面生长纹明显，横切面可见同心生长纹理，且白芯靠近后背。

Miss 珊瑚生长于水深 280 ~ 700 米处，因其生长水深环境中，有些 Miss 珊瑚会有压力纹的现象。其原貌与阿卡珊瑚较为相似，但株体较小，加工制品以戒面及水滴圆珠居多，雕刻品以小雕件为主（图 17-14）。

二、深水珊瑚

深水珊瑚，生物学名未定（*Corallium* sp.），因生长海域较深而得名（最深可达2500 米）。其颜色为有浅红色、粉色、浅粉色和少量的白色等，几乎没有纯白色。抛光面呈玻璃—树脂光泽，深水珊瑚比起南枝珊瑚和美都珊瑚更具玻璃质感，表面具有花斑（图 17-15）。此类珊瑚原枝呈树枝状，枝干呈饱满的圆柱状，背部有压力纹，这是深水珊瑚生长环境水压大，在捕捞时快速提拉渔网所导致的。横切面可见同心层状生长纹及白芯，轴骨表面可见生长纵纹（图 17-16）。

深水珊瑚是生长在太平洋中途岛海域的珊瑚品种，株体较大的深水珊瑚，加工制品以雕件居多，而颜色均匀、质地细腻的小枝以戒面、小雕刻花和吊坠居多。

图 17-15　深水珊瑚手串
（图片来源：洪垚提供）

图 17-16　深水珊瑚生长纵纹
（图片来源：洪垚提供）

三、浅水珊瑚

浅水珊瑚，生物学名为巧红珊瑚（*Corallium secundum*），此名称是因为其所处水域相对深水珊瑚较浅而得名。浅水珊瑚颜色为浅粉红色到白色，颜色非常均匀，抛光面玻璃光泽，半透明—微透明。其原枝呈扇形，株体正面质地均匀（图 17-17），枝干呈扁平状，背面有类似“蜈蚣”纹状的凹槽（图 17-18），具明显生长纹理。

由于浅水珊瑚独特的外观特征，所以其成品制作的耗材量很高，加工制品多为心形或者椭圆形小戒面、吊坠和小圆珠等（图 17–19）。

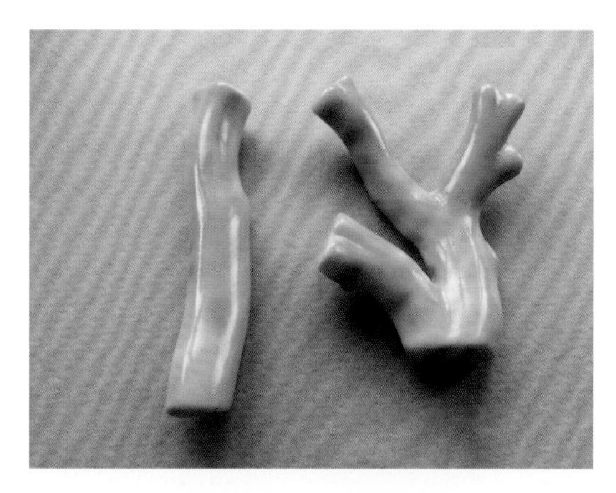

图 17–17　浅水珊瑚正面
（图片来源：张旭光提供）

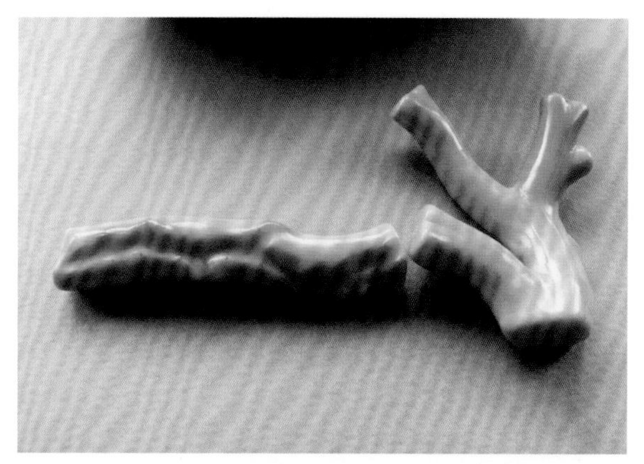

图 17–18　浅水珊瑚背面“蜈蚣”纹状凹槽
（图片来源：张旭光提供）

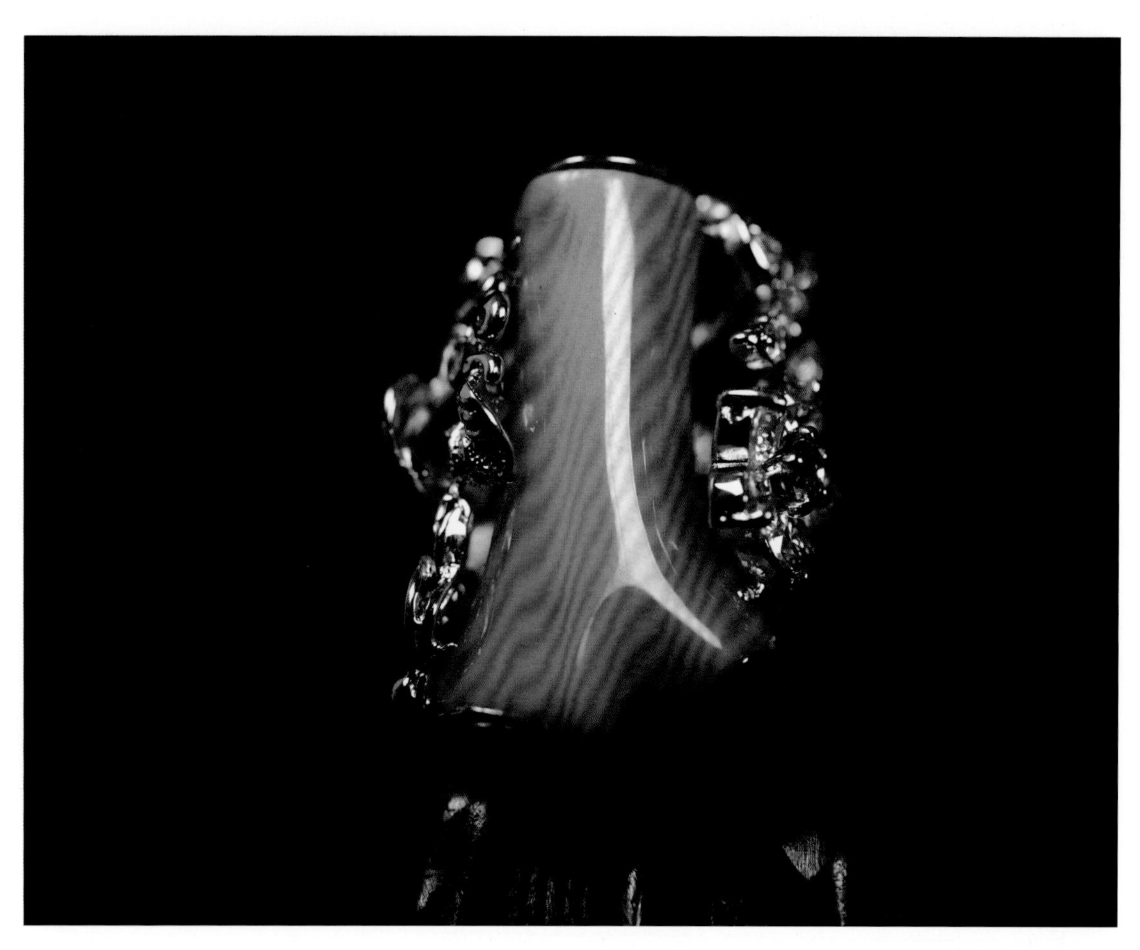

图 17–19　浅水珊瑚戒指
（图片来源：张旭光提供）

四、美都珊瑚

美都珊瑚，生物学名为巧红珊瑚（*Corallium secundum*），英文名称为 Mid Coral，与浅水珊瑚同属一个生物种，此名称的由来是以产区中途岛（Midway Islands）名称命名，又名 Mido 珊瑚、中途岛珊瑚。

美都珊瑚颜色为粉红色、浅粉橙色到白色，颜色较均匀，抛光面呈玻璃光泽（图 17–20），半透明—微透明，正面光滑，质地细腻，背面具蜈蚣沟凹痕，具明显生长纹理。美都珊瑚原枝呈扇形，它与浅水珊瑚同属巧红珊瑚，不同的是它枝干较细小，一般为 5 ~ 15 毫米，颜色比浅水珊瑚偏粉橘，白芯明显，横断面具有同心生长纹理及凹坑，表面平行纵向纹理清晰，可见白芯，位置靠近背部。一般用来做戒面、小圆珠等（图 17–21），枝体大的可用来做雕件。

图 17–20　美都珊瑚雕件
（图片来源：张旭光提供）

图 17–21　美都珊瑚项链
（图片来源：张旭光提供）

五、南枝珊瑚

南枝珊瑚，生物学名为 *Corallium regale*。颜色有白色和粉色，白色的称为“南枝白”，粉色的称为“南枝粉”，白色的居多，同质量的雕件粉色品种较贵。抛光面呈玻璃光泽，半透明至微透明，原枝呈扇形树枝状，常有细小的枝杈生长在背部，横截面为圆形，具有同心环状纹理。因其颜色喜人，多被加工成圆珠或者雕件。

目前，阿卡珊瑚、沙丁珊瑚、莫莫珊瑚、Miss 珊瑚、深水珊瑚、浅水珊瑚、美都珊瑚、南枝珊瑚等是最具市场价值的宝石级红珊瑚，这些商贸品种各自具有生物学名、宝石学特征及产地归属（表 17–1）。

表 17-1　宝石级红珊瑚品种及产地特征

商贸名称	生物学名	特征	产地
阿卡珊瑚	日本红珊瑚（*Corallium japonicum*）	颜色包括红黑色、黑红色、深红色、红色、橘红色、橘色、粉红色、米白色、白色，玻璃—树脂光泽，半透明—微透明，质地细腻，生长纹理不明显。原枝常呈扇形树枝状，横切面可见白芯、同心环状生长纹，表面可见平行纵向纹理	主要产于中国台湾及日本南部海域，水深 110 ~ 360 米
沙丁珊瑚	浓赤红珊瑚（*Corallium rubrum*）	颜色包括深红色、红色、橘红色等。玻璃—树脂光泽，不透明，质地较粗。原枝常见灌木状分枝，具明显生长纹理，凹凸感明显，横切面无白芯，可见同心环状、放射状纹理	主要产于地中海海域、大西洋西非海域，水深 10 ~ 600 米，以 30 ~ 200 米为主
莫莫珊瑚	瘦长红珊瑚（*Corallium elatius*）	颜色包括深红色、红色、桃红色、橘红色、粉红色、粉白色、白色。树脂光泽，不透明，质地较细腻。原枝呈树枝状扩展在一面上，具明显生长纹理，凹凸感明显。横截面可见以白芯为中心的同心圆状和放射状结构	主要产于中国台湾经东沙岛上方至海南岛下方、菲律宾以及日本海域，水深 100 ~ 400 米
Miss 珊瑚	*Corallium sulcatum*	颜色为淡色系，常见粉红色、粉白色到白色，玻璃—蜡状光泽，半透明—微透明。原枝呈扇形，表面平行纵向纹理清晰，多用于制作雕件	主要产于中国台湾东南部和东沙群岛南方。生长在水深 280 ~ 700 米处
深水珊瑚	*Corallium* sp.	颜色为白底带粉红色斑点、粉红色底带红色斑点等，抛光面玻璃—树脂光泽，半透明—微透明，具明显生长纹理，其原枝呈扇形，株体正面质地均匀，枝干呈扁平状，背面有类似蜈蚣纹状的凹槽，具明显生长纹理	主要产于中途岛海域，水深 900 ~ 1800 米
浅水珊瑚	巧红珊瑚（*Corallium secundum*）	颜色为粉红色、浅粉红色到白色，颜色均匀，抛光面玻璃光泽，半透明—微透明，正面光滑，背面具蜈蚣沟凹痕，质地细腻，具明显生长纹理，原枝呈扇形，表面平行纵向纹理清晰	产于夏威夷群岛—中途岛海域。分布在水深 600 ~ 940 米
美都珊瑚		粉红色、浅粉橙色到白色，与浅水珊瑚不同之处在于：美都珊瑚枝干较细小，横断面具有同心生长纹理及凹坑，表面平行纵向纹理清晰，可见白芯，位置靠近背部	主要产于夏威夷群岛—中途岛海域，分布在水深 170 ~ 550 米范围内，大多在 400 ~ 500 米
南枝珊瑚	*Corallium regale*	颜色有白色和粉色，白色的居多。抛光面呈玻璃光泽，半透明—微透明，原枝呈扇形树枝状，常有细小的枝杈生长在背部，横截面为圆形，具有同心环状纹理	产于中途岛海域，主要分布在水深 170 ~ 450 米，大多在 200 ~ 350 米处

第十八章

Chapter 18

珊瑚的产地与贸易

宝石珊瑚的生长分布地区很少，世界上主要有三个区域：意大利半岛南部海域为主的地中海沿岸一带；中国台湾海域、日本南部岛屿、琉球群岛、关岛一带；夏威夷群岛周边海域、中途岛海域一带。近些年来，人们为保护环境、保护资源，对珊瑚打捞的数量加以限制。资源的稀缺、流通的严控使得珊瑚市场供求关系极度失衡，导致近年来珊瑚的价格迅速攀升。

第一节
珊瑚的产地

珊瑚多产于岩岸和沙岸的交接处，且上述三个地区都是世界上火山地震活动的高发区，其中包括附近海底的火山活动。海底火山活动的发育，提供了大量的钙、镁、铁、锰等元素，这就为珊瑚的形成提供了极其重要的物质条件。

一、地中海海域

在古罗马时代，地中海海域就已经发现宝石珊瑚，是古代红珊瑚的主要产区。珊瑚通过陆上和海上“丝绸之路”向东方及沿途各国传播。在 19—20 世纪，珊瑚产业从意大利到突尼斯，遍布了地中海沿岸各国。近几百年来，地中海珊瑚在意大利形成了传统市场和加工中心，意大利的那不勒斯作为红珊瑚最重要的加工生产中心，有着极富创意的欧洲精致手工工艺，搭配金银的镶嵌制作出十分精美的首饰与工艺品（图 18-1），在市场上极受欢迎。但地中海珊瑚资源目前已近枯竭。

图 18-1　18 世纪意大利珊瑚手链
（图片来源：www.1stDibs.com）

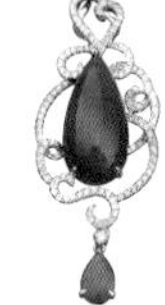

该产区主要珊瑚品种为沙丁珊瑚（图 18-2），生长于水深 10 ~ 600 米处，以 30 ~ 200 米为主。因为多生长浅水地带，所以很多都是由潜水员来捕捞。沙丁珊瑚主要产于地中海海域及大西洋东部西非海域的直布罗陀海峡及佛得角的岛屿，其中，产于意大利以北的法国、西班牙、葡萄牙和希腊的珊瑚色泽较深、珊瑚较小、虫眼较多，意大利以南的摩洛哥、阿尔及利亚和突尼斯的珊瑚色泽较浅、珊瑚较大、虫眼少。

图 18-2　沙丁珊瑚配琥珀珠串
（图片来源：张旭光提供）

地中海中部也有生长在较深水域的珊瑚，类似于日本南部及中国台湾地区附近海域的莫莫珊瑚，颜色呈桃红色，意大利人称之为“马盖”（Magai）。

二、中国台湾、日本、菲律宾海域

该产区主要位于日本琉球群岛，中国的台湾东岸、澎湖列岛、南沙群岛及菲律宾北部。水深 100 ~ 200 米的海床上盛产白珊瑚，红珊瑚多在水深 100 ~ 300 米的海床上呈群体产出，包括阿卡珊瑚、莫莫珊瑚、Miss 珊瑚等品种。

在渔业发达的岛国日本，关于珊瑚的捕捞记载早就流传于坊间。由于地中海珊瑚贸易也有延伸到日本，所以日本早期就已认识宝石珊瑚，但是到了 19 世纪后期才开始重视并发展珊瑚业，主要产出有阿卡珊瑚和莫莫珊瑚。此后日本珊瑚活跃在国际市场达 130 多年，第二次世界大战后中国台湾所产的珊瑚原料全由日本人收购，而各国珊瑚商人的目光也转向原产地中国台湾，日本的国际珊瑚市场开始萎缩，中国台湾逐渐取代了日本在国际珊瑚市场的地位。日本的阿卡珊瑚群体一般呈扇形树枝状，枝体很细，高度达 30 ~ 40 厘米，基部直径 3 ~ 5 厘米，质量多在 300 ~ 10000 克。

中国台湾地区 1923 年开始开采珊瑚，1973—1981 年达到鼎盛时期，曾一度被誉为“珊瑚王国”。中国台湾是当代红珊瑚最重要的产地，全盛时期的产量占全世界总产量的 80%，中国台湾珊瑚 98% 外销，主要销往英国、美国、法国、意大利、日本、印度、中东等国家和地区。

中国台湾盛产红珊瑚的原因主要在于台湾周边，有世界上最深的海沟——马里亚纳海沟，由于大海沟的发育，使得台湾东部海岸带较为陡峻，这就为宝石珊瑚在深海中的发育提供了条件，使台湾具备得天独厚的宝石珊瑚的生长环境。世界上最珍贵、最富变化的宝石珊瑚都产于这里，无论是形状、质地、色泽等方面都是上品，且种类繁多，包括阿卡珊瑚、莫莫珊瑚、Miss 珊瑚等。中国台湾莫莫珊瑚枝多高大，群体高度可达 50 ~ 100 厘米，基部直径 5 ~ 15 厘米，质量可超过 50 千克。

阿卡珊瑚主要产于中国台湾西部、西南部东沙群岛、东北部琉球群岛、彭佳屿、苏澳至东南部绿岛、兰屿附近等以及日本四国岛南方、小笠原诸岛、九州岛西侧海域等处，大多分布在水深 110 ~ 360 米。中国台湾兰屿海域阿卡珊瑚生长深度较深，品质最好，质地与其他产地相比更坚硬，且光泽透明度均属最佳（图 18-3）。

莫莫珊瑚是所有宝石珊瑚中产量最大的种类。其产地范围较广，主要有中国台湾的苏澳外海、鸡仔濑、巴士海峡、龟山岛、彭佳屿、赤尾屿、钓鱼岛、绿岛附近、兰屿附近、高雄以西经东沙岛上方至海南岛下方，菲律宾北部及日本琉球群岛、伊豆诸岛、小

图 18-3　阿卡珊瑚配翡翠钻石胸坠

笠原群岛等海域。莫莫珊瑚大多分布在水深 100 ~ 400 米处，而且有许多范围与阿卡珊瑚产区重叠，所以常可见到两个品种共同生长的现象（图 18-4）。

图 18-4　莫莫珊瑚（左）与阿卡珊瑚（右）共同生长

图 18-5 Miss 珊瑚吊坠
（图片来源：王礼胜提供）

Miss 珊瑚（图 18-5）主要集中在中国台湾地区东南部的台东外海兰屿南方、鹅銮鼻外海、屏东车城外海、赤尾屿东北方等区域以及东沙群岛西南，水深在 280 ~ 700 米。Miss 珊瑚最初在中国台湾并未引起关注，后来由于欧洲女性十分喜爱粉色珊瑚，因而被意大利的珊瑚商抢购一空。

三、太平洋夏威夷群岛和中途岛海域

太平洋夏威夷群岛和中途岛海域的宝石珊瑚多生长在 600 ~ 1000 米的深水处，在 1800 米的深海中也有产出，但在 1800 米以下的就非常少。1969 年，在美国帝王海岭发现了大量美都珊瑚，并于同年收获了近 150 吨，此后产量急剧下降；直到在中途岛深海海域发现了另一种珍贵的红珊瑚品种深水珊瑚（*Corallium* sp.），由此再次引发了“珊瑚狂潮”，在 19 世纪 80 年代产量达 300 ~ 400 吨的峰值。

深水珊瑚、浅水珊瑚、美都珊瑚、南枝珊瑚主要产在中途岛海域，黑珊瑚和金珊瑚主要分布在夏威夷群岛海域。

深水珊瑚是生长在太平洋中途岛海域的珊瑚品种，处于北纬 35 ~ 36 度，东经 170 ~ 180 度，大多分布在水深 900 ~ 1800 米，但也有发现从 2500 米深海域捕捞到的珊瑚。

浅水珊瑚产于夏威夷群岛—中途岛海域，处于北纬 30 ~ 32 度，东经 170 ~ 180 度。分布在水深 600 ~ 940 米。

美都珊瑚主要产于夏威夷群岛—中途岛海域，处于北纬 30 ~ 36 度，东经 170 ~ 180 度，分布在水深 170 ~ 550 米范围内，大多在 400 ~ 500 米，是太平洋海域的珊瑚品种。

南枝珊瑚与美都珊瑚都产于中途岛海域，因水深不同而品种不同，南枝珊瑚主要分布在水深 170 ~ 450 米，大多在 200 ~ 350 米处。

黑珊瑚和金珊瑚主要分布在夏威夷群岛沿海，经探明夏威夷有十四个黑珊瑚品种，这些品种在深浅环境中都有发现，主要生长在 30 ~ 110 米的深处，在茂宜岛（Maui

Island）和拉奈岛（Lanai Island）之间的奥奥海峡（Auau Channel）。

钙质型金珊瑚在夏威夷群岛有广泛的分布，珊瑚群大概有 2 ~ 3 米高。在帝王海岭盆地 350 ~ 600 米深处生长，常常寄居在其他珊瑚品种和坚硬基底之上，最终将全部代替寄主珊瑚。

第二节

珊瑚的捕捞

一、珊瑚的捕捞历史

从 16 世纪中叶开始，在意大利那不勒斯附近的托雷德尔格雷科港（Torre del Greco）就有红珊瑚的捕捞作业，至 18 世纪末期，红珊瑚的产销活动已成为该城市的主要经济贸易。近年来，红珊瑚产业的国际市场由欧洲的地中海逐渐转向太平洋的西岸和中部，日本和中国的红珊瑚产业在市场中占据了举足轻重的地位。宝石级珊瑚的捕捞集中在地中海及太平洋一带，主要国家有日本、中国、西班牙、法国、阿尔及利亚、意大利、葡萄牙、希腊、摩洛哥、美国以及越南。随着需求量的爆炸性增长，珊瑚的捕捞量远远超出其资源增量，加上采集珊瑚时，整个珊瑚礁群都会被破坏，使有些地区的珊瑚礁出现退化现象。

地中海的沙丁珊瑚生长深度浅，早期珊瑚渔夫通过潜水采集珊瑚，中国台湾海域、日本海域的珊瑚由于生长深度深，传统的浅水捕捞并不能达到珊瑚生长的深度，因而早期没能开发亚洲的珊瑚资源。氧气筒的发明使珊瑚渔夫能够潜入更深的海域打捞珊瑚，工业革命的到来使人们有能力去捕捞中国台湾海域、日本海域的珊瑚。随着浅水部分沙丁珊瑚的逐渐减少，中国台湾地区、日本的优质珊瑚进入欧洲市场，对传统的欧洲沙丁珊瑚市场造成冲击。

二、珊瑚的捕捞方式

捕捞珊瑚的方式主要有传统捕捞、潜游采捞和潜水艇捕捞三种。

（一）传统捕捞

传统捕捞珊瑚的渔民在既定捕捞时间范围内看天出海，到达规定的区域后勘察地形及洋流，经有经验的船长同意后开始捕捞。捕捞工具有石块、渔线、渔网、马达。渔网、石块与马达用渔线连接，渔网位于最下部分，将渔网与石块扔至海中，根据船长的捕捞经验预测珊瑚距离海面深度，决定石块的数量和线的长度。渔网顺着洋流捕获珊瑚，再用马达将珊瑚向上拉动（图 18-6）。

图 18-6　传统渔船捕捞示意
（图片来源：简宏道，2017）

捕捞珊瑚的地区、方式通常都由船长决定，大部分的船长自小就跟着祖辈、父辈出海捕捞，有相当丰富的经验，对海域中珊瑚的位置及洋流方向非常了解。

（二）潜游采捞

潜游采捞，打捞者潜入深海寻找珊瑚，是世界上最古老的珊瑚捕捞方式，源自地中海。沙丁珊瑚所处的是浅海海域，是最早被发现的宝石珊瑚，因此地中海的渔民很早就有潜游捕捞的技艺（图 18-7）。

潜游捕捞一般在水深 40 ~ 150 米内的珊瑚产区进行，但由于潜入的区域水压大，呼吸困难，一般潜入的时间较短，产量很低，而且会有一定的风险，逐渐被传统捕捞所取代。

图 18-7 潜游捕捞
（图片来源：张旭光，2014）

（三）潜水艇捕捞

传统捕捞与潜游采捞都各有其优点，但它们的缺点也不可忽视，这两种捕捞方式易对珊瑚枝造成破坏，很难捕捞到完整的珊瑚树，容易浪费珍贵的珊瑚资源。

随着科技发展，利用潜水艇进行珊瑚捕捞成为新的珊瑚捕捞方式，潜水艇捕捞通过潜入深海探查海底详情（图 18-8），发现珊瑚枝时使用机械臂或使用机器人开采珊瑚，

图 18-8 潜水艇捕捞
（图片来源：张旭光，2014）

可以实现完整珊瑚的捕捞。然而在实际施行时，因潜水艇捕捞成本较大，通常运用于大株完整珊瑚的捕捞，传统捕捞仍然是船家首选的捕捞方式。

三、珊瑚的捕捞原则

随着珊瑚的日益减少，各地都出台了各自的相关管理办法，尽可能地做到珊瑚产业的可持续发展。在宝石级红珊瑚的主产地中国台湾海域，开采资格必须经由世界自然保护联盟（International Union for Conservation of Nature，IUCN）的考察审批，通过认证后才能拿到开采许可，而后还要再经过当地相关部门的报批审核，才能合法开采。

第三节
珊瑚的贸易及公约

在国际珠宝市场上，珊瑚一直是热门的宝石品种，特别是在亚洲国家，更是受到了人们的追捧。随着国内珠宝市场的发展，稀有珍贵的宝石级珊瑚也掀起了一股热潮。近些年来，人们保护环境、保护资源的意识逐渐增强，各国政府均对珊瑚打捞的数量加以限制。这些举措使得珊瑚的产量大大减少，供需平衡快速失衡，市场上需求远远大于供应，导致珊瑚的价格一路飞涨。

一、珊瑚的贸易

一般来说，在国际市场上珊瑚原料是以千克或磅为单位定价的，对于一些大株的优质红珊瑚则按株论价。由于优质珊瑚的产量逐年减少，国际市场上优质红珊瑚价格不断攀升。阿卡珊瑚原枝制作的摆件，品质很好、枝形完整、造型美观的原枝，100 ~ 300 克一件，批发价每克从几百到两千元不等。

红珊瑚的雕件价格弹性最大，视材料品质和雕刻工艺而定，优质的雕刻摆件市场价格一般为数万元至几十万元，大型珊瑚雕刻摆件价格更是昂贵（图 18-9）。品质一般的淡粉色珊瑚珠项链每串的价格通常在近千元至数千元。

图 18-9　爱神维纳斯珊瑚摆件

二、珊瑚的贸易公约

为保护红珊瑚，我国于 1988 年将其列为国家一级重点保护动物。国际上，珊瑚贸易受到《国际野生动植物濒危物种贸易公约》（CITES）（2017）的管控。该公约是由世界自然保护联盟牵头，联合各缔约方，保护各个物种，确保物种的贸易不致危及野生动物和植物的生存。

依据物种保护程度的需要，CITES 将其列入三个附录之一。

附录Ⅰ：濒临灭绝的物种，只有在一些特殊的情况下（科研交换、繁殖研究等）才允许其标本的贸易。

附录Ⅱ：不一定临近灭绝的物种，但贸易必须受到控制以避免对其生存不利的影响。

附录Ⅲ：至少有一个成员国提出要求其他成员国予以协助控制贸易的物种。

目前，红珊瑚科的四种已被列入附录Ⅲ（区域性贸易管制的物种）中，包括瘦长红珊瑚（*Corallium elatius*）、日本红珊瑚（*Corallium japonium*）、皮滑红珊瑚（*Corallium konojoi*）、巧红珊瑚（*Corallium secundum*），即莫莫珊瑚、阿卡珊瑚、白珊瑚、浅水珊瑚和美都珊瑚。对于红珊瑚，CITES 并不是完全禁止开采买卖，只是要求合理利用。但是对于造礁珊瑚，则完全禁止开采买卖。

中国在 2008 年出台了《渔政渔港监督局关于加强红珊瑚保护管理工作的通知》（国渔水〔2008〕56 号），明确禁止开采红珊瑚。商家必须经农业部批准，取得农业部核发的《水生野生动物利用特许办法》所规定的《水生野生动物经营利用许可证》，并严格遵守该特许办法中的一系列规定，才可销售红珊瑚。

第十九章

Chapter 19

珊瑚的优化处理与相似品

高品质的珊瑚价高难寻，市场上逐渐出现经优化处理的珊瑚、再造珊瑚和拼合珊瑚以及其他材料仿制的珊瑚相似品。珊瑚的优化与处理方法有多种，漂白和浸蜡（油）是常见的优化方法，充填、染色、覆膜是常见的处理方法。再造珊瑚和拼合珊瑚都是以珊瑚的碎块或碎屑为主体材料，结合一些技术手段得到的人工宝石。红珊瑚、黑珊瑚、金珊瑚的相似品较为常见，大多有着明显的鉴别特征。

第一节
珊瑚的优化处理及其鉴别

天然珊瑚颜色鲜艳，质地细密，具有极高的欣赏和收藏价值，随着宝石级珊瑚在市场上的崛起，其优化处理品也越来越多。人们通过对那些颜色及质地较差的珊瑚进行优化处理，使珊瑚看起来更完美。常见的优化处理方法有漂白、浸蜡（油）、充填处理、染色处理和覆膜处理。根据我国国家标准GB/T 16553—2017《珠宝玉石鉴定》，属于优化的方法有漂白、浸蜡（油）；属于处理的方法有充填处理、染色处理和覆膜处理。经过处理的珊瑚结构和成分会发生变化，为了保护广大消费者的利益和知情权，需在鉴定证书的检验结论处写为“珊瑚（处理）”，同时必须备注使用的处理方法名称。

一、漂白

漂白是将珊瑚置入漂白剂中后使颜色变浅或去除浊色的方法，属优化方法。珊瑚制成细胚后，通常要用漂白剂去除珊瑚表面和组织中污质浑浊的颜色，尤其是死枝珊瑚，如未经过漂白处理即呈浊黄色。一般深色珊瑚经漂白后可得到浅色珊瑚，如黑色珊瑚可漂白成金黄色，而暗红色珊瑚可漂白成粉红色，但颜色仅限于表层。漂白剂大多是用双氧水、乙醚、苯、乙醇、氨水等制作的溶液漂白剂，根据原始珊瑚颜色浑浊的程度调配不同的比例。将珊瑚放置于漂白剂中 15 天左右，经漂白的珊瑚不易检测。

二、浸蜡（油）

通常采用松木油或石蜡对 4 毫米以上的沙丁珊瑚或一些珊瑚雕件的未抛光品进行浸蜡（油）优化，改善珊瑚的外观。热针探测可使油或蜡质熔化，红外光谱可显示蜡的吸收峰。

三、充填处理

对多孔劣质珊瑚可用环氧树脂等有机材料进行充填处理，目前市场上常见对黑珊瑚进行充填处理。经加工后的黑珊瑚常出现大量裂隙（图 19-1a），所以针对结构较疏松的黑珊瑚可进行充胶填隙，固化结构。经充填处理后，黑珊瑚的表面呈树脂光泽（图 19-1b），放大检查可见充填部分表面光泽与珊瑚主体有差异，密度降低，导热率下降，产生温热感；放大观察充填裂隙和充填凹坑处可见气泡；热针测试可致充填物质析出；长波紫外光下充填部分荧光多与珊瑚主体有差异；红外光谱测试可见充填物的特征峰。

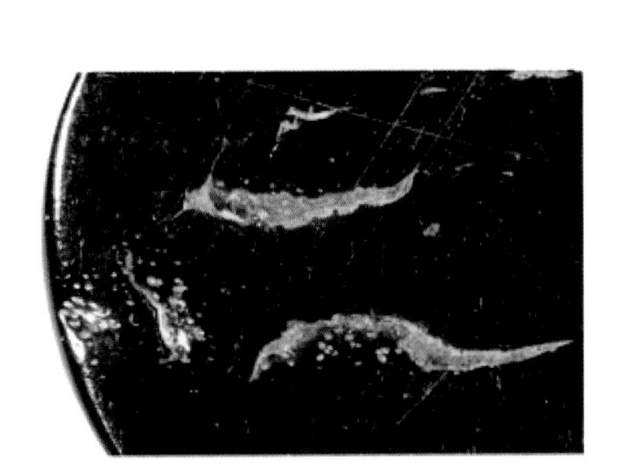

a 充填前的凹坑和裂隙

b 充填后形成树脂光泽

图 19-1 黑珊瑚凹坑与裂隙及充填后光泽
（图片来源：李琳清等，2012）

四、染色处理

染色是将白色珊瑚浸泡在红色或其他颜色的有机染料中染成相应的颜色。最简单的

鉴别方法是：用蘸有丙酮的棉签擦拭，若棉签被染色，即可确定为染色珊瑚。另外，染色珊瑚的颜色单调而且表里不一，染料集中在小裂隙及孔洞中，颜色外深内浅，着色不均。染色珊瑚佩戴后，容易褪色或失去光泽。拉曼光谱测试也可以有效地区分天然和染色的红珊瑚，尤其是对颜色不均一的红珊瑚，不失为一种快速无损的检测方法。天然红珊瑚具有稳定的拉曼谱峰，染色珊瑚的谱峰与天然品不同，其拉曼谱峰显示了不同染料的存在。

五、覆膜处理

覆膜处理常用于处理质地疏松或颜色较差的珊瑚，对黑珊瑚的覆膜处理是比较常见的（图 19–2），也有对白色珊瑚覆一层红色膜冒充红珊瑚的。覆膜处理的珊瑚光泽较强，放大观察可见局部有薄膜脱落的现象，用丙酮擦拭会掉色，另外覆膜黑珊瑚的丘疹状突起较平缓。

图 19–2　覆膜处理黑珊瑚
（图片来源：张蓓莉，2006）

第二节
再造珊瑚与拼合珊瑚及其鉴别

一、再造珊瑚

再造珊瑚是以珊瑚的碎块或碎屑为主体材料，加入胶结物质，经人工压结而成，具整体外观的人工宝石。

放大观察可见珊瑚颗粒边界、胶结物质和气泡；在长波紫外光下，胶结物质多呈中等强度的蓝白色荧光；红外光谱测试可见胶结物质的特征吸收谱带。

二、拼合珊瑚

拼合珊瑚是以珊瑚为主体材料，其他材料为仿珊瑚等，经人工拼接而成，具整体外观的人工宝石。

拼合珊瑚可分为无胎体拼合和胎体拼合两类，为了掩盖拼接的痕迹，拼合后的珊瑚多进行浸蜡或充填处理。无胎体拼合珊瑚由珊瑚小料（以红珊瑚为主）和胶结物（主要成分为甲基丙烯酸甲酯和环氧树脂）拼合而成，如小型花形雕件等。

胎体拼合珊瑚由珊瑚小料、人工胎体材料（部分材料的主要成分为掺有碳酸盐粉末的醇酸树脂和氰基丙烯酸乙酯）和胶结物组成，将珊瑚碎片粘在人工胎体材料表面而形成外观似完整珊瑚的饰品，如手镯、鼻烟壶等（图 19-3），拼合的珊瑚层厚度为 1 ~ 2 毫米。

含有树脂的拼合珊瑚比天然珊瑚相对密度要小；珊瑚具玻璃光泽，胶结物具树脂光泽，放大观察可见收缩痕迹（图 19-4a）；放大观察可见明显的拼合界限，胶结物多低于主体表面，在拼合缝和坑洞处呈下凹状（图 19-4b）；珊瑚表面可见波状纹理，而胶结物中常见密集的气泡（图 19-4c）；有时可见内部白色胎体材料，与主体珊瑚间界限明显（图 19-4d）。

图 19-3　拼合珊瑚手镯和鼻烟壶
（图片来源：李海波，2014）

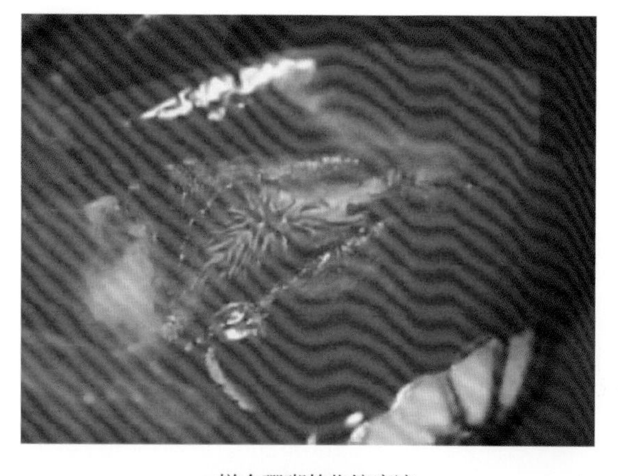

a 拼合珊瑚的收缩痕迹

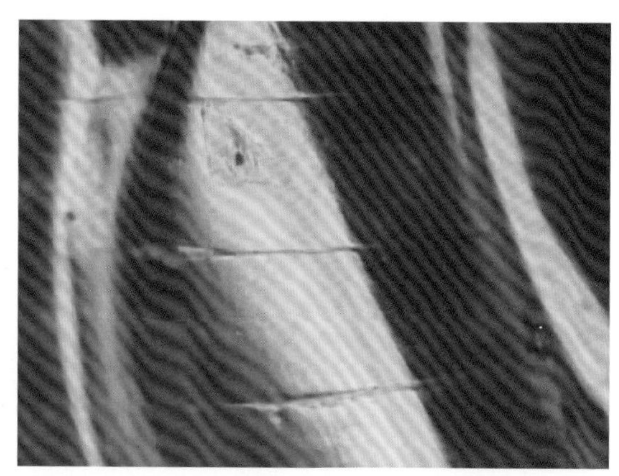

b 拼合缝

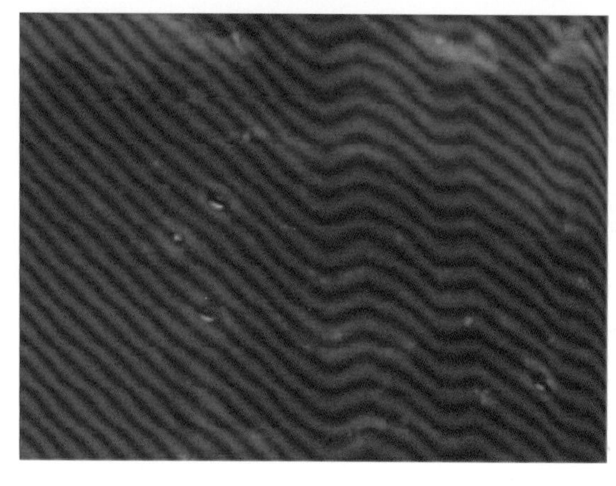

c 密集气泡

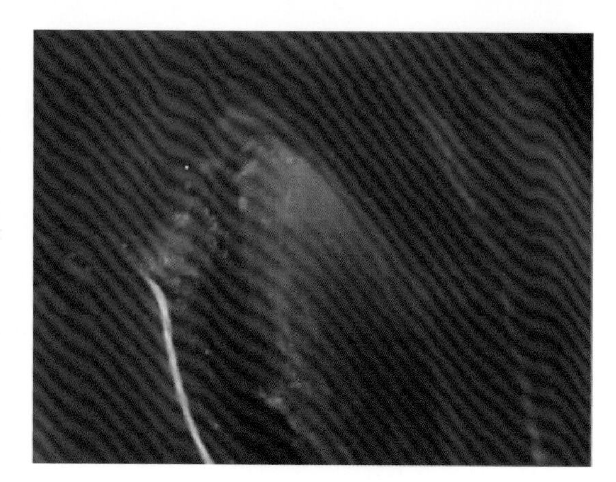

d 胎体与主体界限

图 19-4 拼合珊瑚的显微放大特征

（图片来源：李海波，2014）

在紫外荧光灯或 DiamondView™ 下（图 19-5），胶结物及胎体材料均呈强蓝白色荧光，与红珊瑚的暗红色荧光存在明显差异，且可清晰地看到拼接块；红外光谱可检测到胶结物的特征吸收峰。

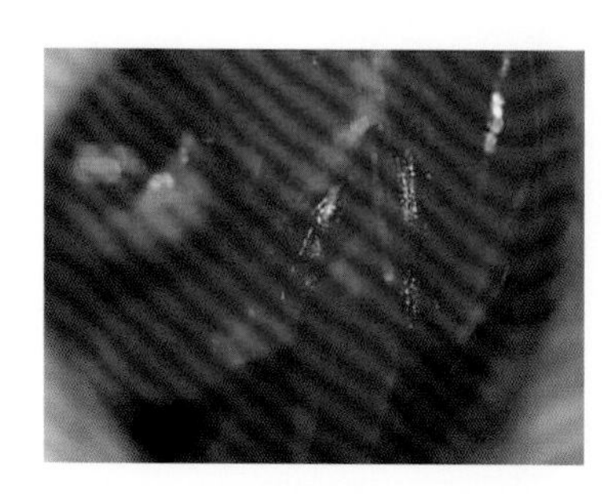

a 在 DiamondView™ 正常光下

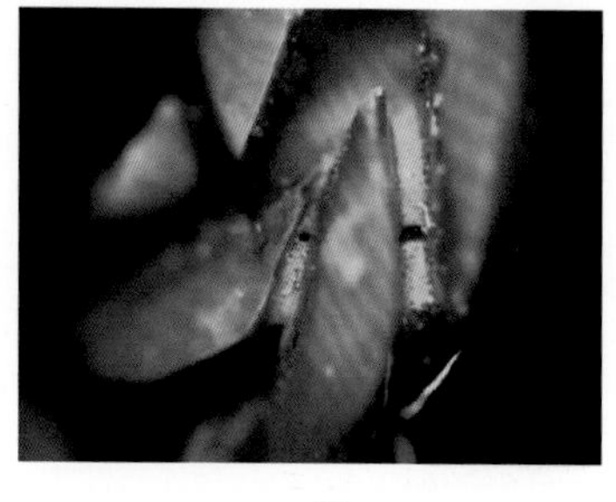

b DiamondView™ 短波紫外光下

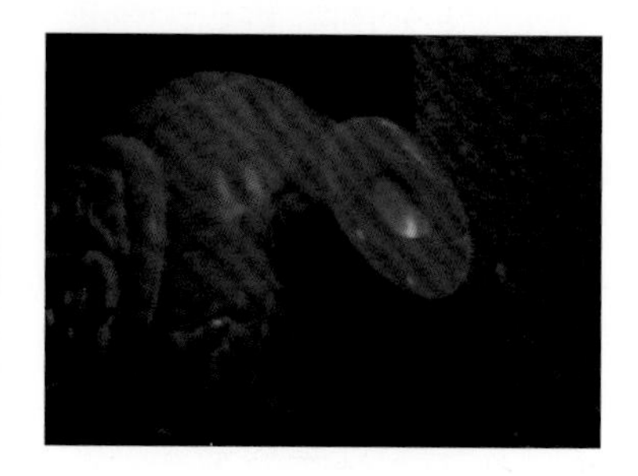

c 紫外荧光灯短波紫外光下

图 19-5 拼合珊瑚的紫外荧光特征

（图片来源：李海波，2014）

第三节

珊瑚的相似品及其鉴别

一、红珊瑚的相似品及其鉴别

红珊瑚原石具有独特的外观形态及特殊结构，很容易将它与其相似的宝石区别开来，其成品则较难鉴别。红珊瑚的相似品主要有染色海竹珊瑚、海绵珊瑚、吉尔森珊瑚、染色骨制品、染色大理岩、染色贝壳、海螺珍珠、红色塑料、红色玻璃、木材等，其主要鉴别特征见表 19-1。

（一）染色海竹珊瑚

海竹珊瑚（又称粗枝珊瑚），属于造礁珊瑚，因形状似竹节而得名，主要产于东南亚国家，如印度尼西亚、菲律宾、越南海域等，生长在 100 ~ 200 米水深处。

海竹珊瑚通常为白色、土黄色，呈竹节状生长，节与节相接的地方可见黑色的角质有机物。市场上大部分的海竹珊瑚经染色处理后用作珊瑚的仿制品，颜色鲜艳呆板多浮于表面，呈不均匀的红色、黄色或橙色，不透明（图 19-6a）。横截面具花边状同心纹理，突起的纵纹明显可见，生长纹理粗糙，可通过表面涂层掩盖（图 19-6b）；放大观察可见空洞处染料残余，局部可见内部的浅色，用丙酮或酒精擦拭会掉色。

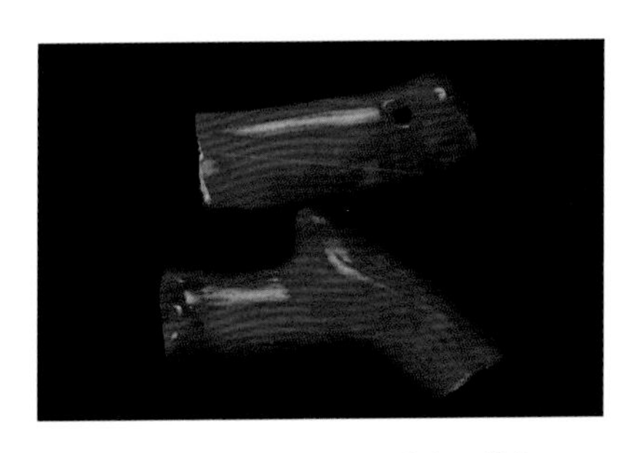

a 颜色呆板浮于表面，分布不均匀

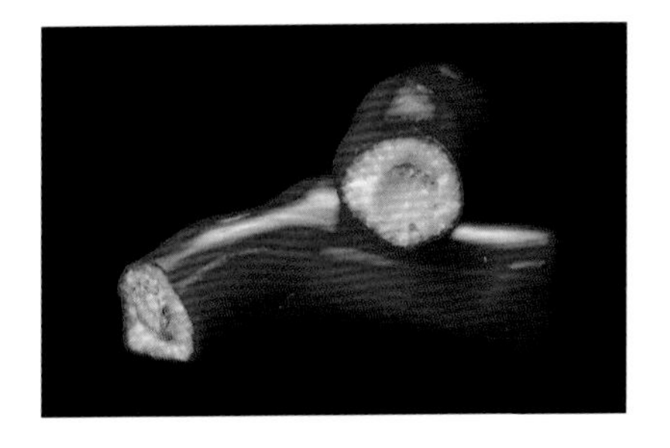

b 横截面花边状纹理

图 19-6　染色海竹外观特征

表 19-1 红珊瑚及其相似品的鉴别特征

品种	颜色	透明度	光泽	折射率	相对密度	摩氏硬度	断口	其他特征
红珊瑚	血红色、红色、粉红色、橙红色	不透明至半透明	油脂光泽	1.48 ~ 1.65	2.70（±0.05）	3 ~ 4	平坦	具有同心环状生长纹、平行纵向纹理。表面有虫孔，遇酸产生剧烈的气泡，溶液呈白色
染色海竹珊瑚	红色鲜艳呆板，浮于表面	不透明	蜡状光泽	—	—	—	参差状	横截面具花边状同心纹理，突起的纵纹明显可见，无同心环状结构，生长纹理粗糙。用丙酮或酒精擦拭掉色，遇酸不产生剧烈气泡
海绵珊瑚	褐红色	不透明	蜡状光泽	—	—	—	—	多孔结构，形似海绵，可见黄色或棕色脉状纹理。常经充填处理，热针检测“出油”现象
吉尔森珊瑚	以红色为主，颜色变化大	不透明	蜡状光泽	1.48 ~ 1.65	2.44	3.5 ~ 4	平坦	颜色分布均匀，没有天然珊瑚所具有的条带状构造和同心圆状构造，且具细微粒状结构，遇酸起泡
染色骨制品	红色	不透明	蜡状光泽	1.54	1.70 ~ 1.95	2.5	参差状	颜色表里不一，横切面圆孔状结构，纵切面具断续的平直纹理，遇酸不反应
染色大理岩	红色	不透明	玻璃光泽	1.48 ~ 1.65	2.70（±0.05）	3	不平坦	无珊瑚的结构，而具粒状结构，颜色沿颗粒间隙分布，丙酮擦拭会掉色。遇酸起泡，溶液呈红色
染色贝壳	淡红色、粉红色	不透明	蜡状光泽	1.48 ~ 1.66	2.85	3.5	参差状	具有层状结构及晕彩，颜色沿层间分布，丙酮擦拭掉色
海螺珍珠	粉红色、淡红色	不透明	蜡状光泽	1.48 ~ 1.66	2.85	3.5	参差状	具“火焰状”结构，明显的粉红色和白色呈层状分布。遇酸产生起泡
红色塑料	红色	透明至不透明	蜡状光泽	1.49 ~ 1.67	1.05 ~ 1.55	<3	平坦	不具珊瑚的结构构造，表面不平整，常见铸模痕迹，放大可见气泡和旋涡纹。遇酸不起泡，热针探测辛辣味
红色玻璃	红色	透明至不透明	玻璃光泽	1.635	3.69	5.5	贝壳状	不具珊瑚的结构构造，可见气泡、旋涡纹，覆膜层脱落。遇酸不起泡
木材	红色	不透明	—	—	<1	<2.5	—	用指甲可刮破，可见人造表面下面的木质结构。不与酸反应，可以漂在水面上

（二）海绵珊瑚

海绵珊瑚在生物学上称为海底柏，属于八放珊瑚亚纲软珊瑚目海底柏科。因其形似海绵，商业上称之为“海绵珊瑚”，也称“草珊瑚”或“玫瑰珊瑚”。市场上常见的海绵珊瑚产品有天然和优化处理两种，其天然产品呈褐红色（比红珊瑚深），可见黄色或棕色的脉状纹理，质地松软粗糙，结构疏松多孔，光泽暗淡，硬度低，易与宝石级红珊瑚区分。

由于疏松多孔，海绵珊瑚常经过注胶处理，其孔洞被环氧树脂充填，也可注入有色胶以改善其颜色，掩盖褐色调使其更接近于红色。处理后的海绵珊瑚颜色艳丽，光泽增强，呈蜡状光泽，放大观察可见充填剂在孔洞处富集，经热针刺探孔洞内有“出油”现象，相对密度从 1.53 提高至 1.85 左右，变化较大。

还有一种特殊的处理方法，是将染料涂覆在海绵珊瑚表面，处理后的海绵珊瑚仍可见多孔外观，颜色局限在表面，在沟槽中产生一种瓷状的外观（图 19-7）。

市场上有一种被称为“珊瑚和塑料复合材料”的珊瑚仿制品，是将海绵珊瑚的碎片和橙色的塑料、碾碎的其他材料（珊瑚或贝壳）混合后压结而成。放大观察它们的图案缺乏连续性，有较大范围未见任何结构，而是存在大量其他材料的不规则碎片和气泡。

a 多孔外观

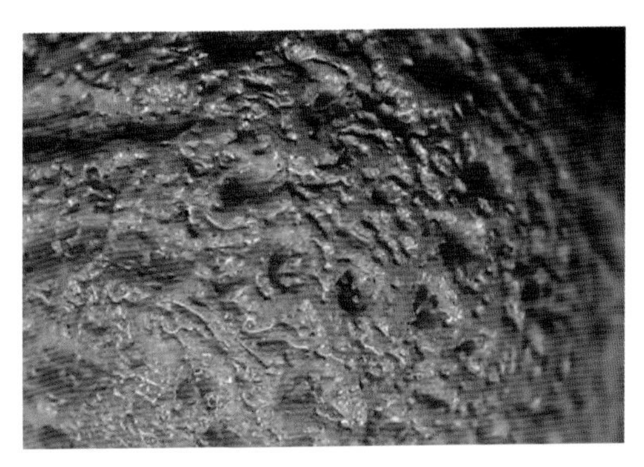

b 放大观察

图 19-7 染色处理橙粉色海绵珊瑚塔链
（图片来源：Gagan Choudhary，2013）

（三）吉尔森珊瑚

吉尔森珊瑚是由方解石粉末加少量染料在一定的温度和压力下黏结而成的一种材料。其颜色、光泽与天然珊瑚相似，但吉尔森珊瑚的颜色单调且分布比较均匀，放大观察没有天然珊瑚所具有的条带状构造和同心圆状构造，且具细微粒状结构。密度为 2.45 克 / 厘米^3，比天然珊瑚要轻。

（四）染色骨制品

染色骨制品通常是用牛骨、驼骨或象骨等动物骨头染色或涂层后的珊瑚仿制品。在横切面上，珊瑚具有放射状、同心环状结构，骨制品则具圆孔状结构；在纵切面上，珊瑚具连续的波状纹理，而骨制品具断续的平直纹理。另外，珊瑚还具白芯、白斑等特点，珊瑚颜色通体一色，而骨制品却表里不一，易掉色；珊瑚性脆，骨制品性韧；珊瑚与酸反应，骨制品与酸不反应。

染色骨制品纹理呈近似平行沿着凸圆形宝石长度方向（图 19-8a），纹理也显示橙红色的聚集为染色所致（图 19-8b）。从各侧面对样品的观察可见，近平行的纹理被局限于沿凸圆形宝石方向的圆形同心圆面（图 19-8c），且纹理被同心圆白色环进一步包围（图 19-8d）。

a 染色骨制品纹理　b 橙红色聚集

c 平行纹理　d 白色同心圆环

图 19-8　染色处理骨制品

（图片来源：Gagan Choudhary，2014）

（五）染色大理岩

染色大理岩具粒状结构，不具有珊瑚特征的放射状、同心圆状结构及平行波状条带；

颜色分布于颗粒边缘或裂隙中，用蘸有丙酮的棉签擦拭，棉签上呈现红色；遇稀盐酸起泡，反应后的溶液呈红色，与红珊瑚遇酸反应后的白色溶液不同。

（六）染色贝壳

染色贝壳可仿制粉色珊瑚。放大检查可见层状结构、表面叠覆层结构及晕彩；颜色沿层间分布，用蘸有丙酮的棉签擦拭可掉色。

（七）海螺珍珠

一些海螺珍珠的颜色和外观与红珊瑚很相似，但海螺珍珠具有特征的“火焰状”结构（图 19-9），即明显可见粉红色和白色呈层分布。另外，海螺珍珠的相对密度为 2.85，大于珊瑚。

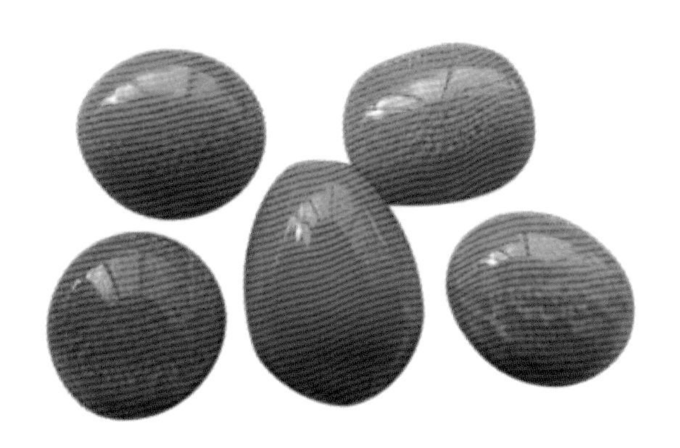

图 19-9 海螺珍珠
（图片来源：王世跃，2012）

（八）红色塑料

红色塑料表面不平整，具树脂光泽，不具珊瑚的结构构造，具模具痕迹；折射率为 1.49 ~ 1.67，相对密度为 1.05 ~ 1.55，摩氏硬度小于 3；放大观察可见大量气泡和旋涡纹，部分内部含有珊瑚碎片，呈同心放射状或随机分布，肉眼清晰可见塑料与珊瑚的边界；紫外荧光下具较强的黄—橙色荧光，且短波强于长波；遇盐酸不起泡；热针探测有辛辣味。

（九）红色玻璃

玻璃经过覆膜处理后可成为珊瑚的仿制品，膜层通常为红色。

放大检查时，玻璃仿制品不可见珊瑚的生长纹理，具有明显的玻璃光泽，内部可见气泡，摩氏硬度大，具贝壳状断口，遇盐酸不起泡，用指甲抠刮，膜层会掉落。

（十）木材

质地较软，可用指甲刮破，可见人造表面之内的木质结构，可以漂在水面上，不与酸反应。

二、黑珊瑚的相似品及其鉴别

黑珊瑚的产量极其稀少，市场上常用外观相似、产量大的海藤作为黑珊瑚的替代品，甚至直接用海藤和充胶处理海藤冒充黑珊瑚。海藤和充胶处理海藤与黑珊瑚虽然在外观上十分相似，但它们在结构和成分上都存在较大的区别。同时，由于黑珊瑚资源极其有限，其市场价格也愈来愈高。

黑珊瑚的横截面为较致密的同心环状、放射状结构，中心有多个直径较小的生长孔道，普遍发育复杂的分枝结构；海藤未抛表面布满尖的利刺（图 19-10a），横截面同心圈层结构较为疏松，放射状结构发育明显，中心有直径较大的单一生长孔道（图 19-10b），仅部分具有简单分枝结构；充胶处理海藤则可见充胶处理的痕迹（图 19-10c），具体鉴定特征见表 19-2。

表 19-2　黑珊瑚与海藤及充胶处理海藤的鉴别特征

特征＼品种	黑珊瑚	海藤	海藤（充胶处理）
颜色	黑色，可见棕色物质呈丝带状不均匀分布	棕色—黑色，分布不均匀	黑色，分布较均匀
光泽	蜡状—玻璃光泽	蜡状光泽	树脂光泽
透明度	不透明	不透明	不透明
硬度	2.5 ~ 3	2.5 ~ 3	2.5 ~ 3
折射率	1.54 ~ 1.56	1.55 ~ 1.56	1.55 ~ 1.57
相对密度	1.35 ~ 1.39	1.22 ~ 1.36	1.17 ~ 1.33
荧光	LW 绿色，SW 惰性	LW 绿色，SW 惰性	LW 无—白垩状荧光，SW 惰性
断口	不平坦状—参差状	不平坦状—参差状	不平坦状—参差状
结构	横截面同心圈层结构致密，中心可见多个生长孔道，直径较小，并伴有放射状结构，普遍发育复杂分枝结构。其内部主要由大量角质层紧密排列构成，排列具有明显的方向性和成层性	横截面同心圈层结构疏松，中心有单一生长孔道，直径较大，放射状结构发育明显，部分具有简单分枝结构。其内部由细小鳞片集合体紧密叠覆而成	横截面、表面可见充胶凹坑，气孔处可见收缩坑。表层透光度差，隐约可见内部的丘疹结构。触感温、胶感重

a 海藤未抛表面布满尖利刺

b 海藤横切面可见生长孔道和连续的放射状结构

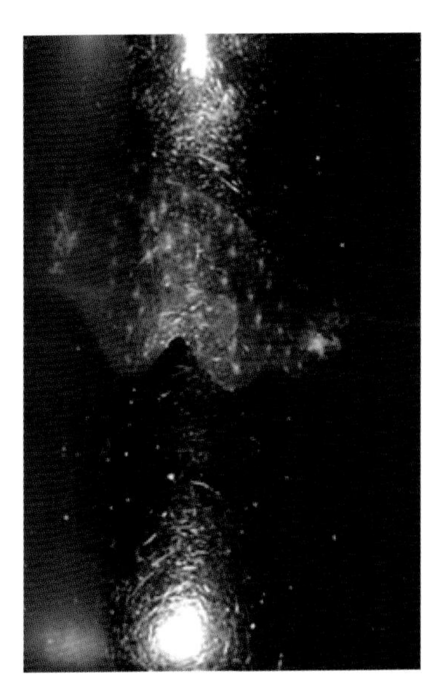

c 海藤空洞充填黑色胶（胶下可见丘疹状结构）

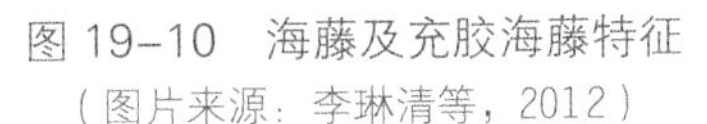

图 19-10 海藤及充胶海藤特征
（图片来源：李琳清等，2012）

三、金珊瑚的相似品及其鉴别

金珊瑚的产量极其稀少，市场上常用漂白海藤作为金珊瑚的替代品，它们在结构和成分上均存在明显区别。金珊瑚相对密度明显高于漂白海藤；金珊瑚横截面可见致密的层状结构，侧表面有平行纵纹，漂白海藤表面布满小刺，抛光后密集分布丘疹状突起（图 19-11a），横截面的同心圈层结构和放射状纹理比较疏松（图 19-11b），且见放射

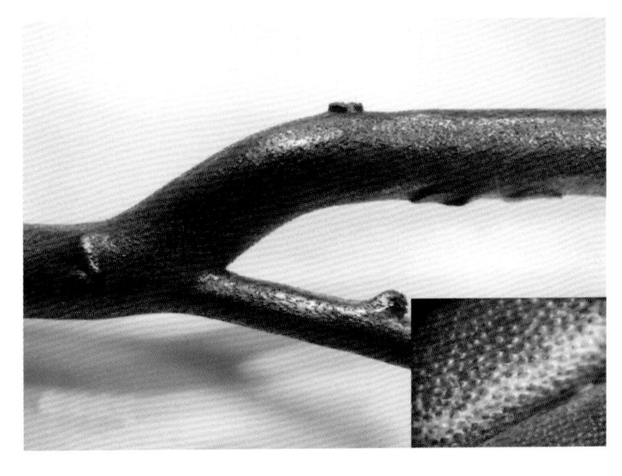

a 丘疹状突起

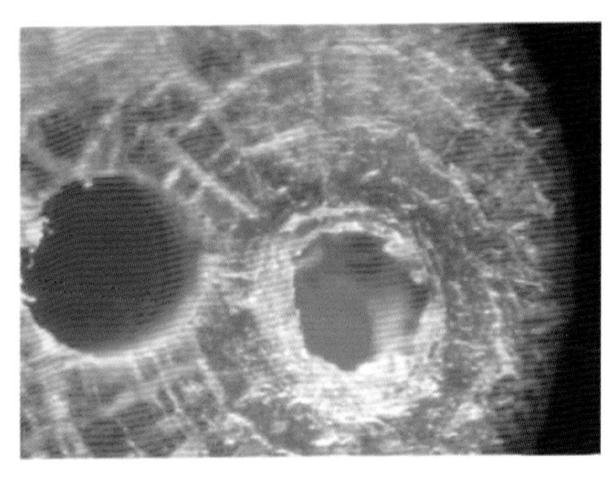

b 同心圈层结构和放射状纹理

图 19-11 漂白海藤的结构特征
（图片来源：赖萌等，2014）

状纹理；有些品种的金珊瑚可见晕彩，而漂白海藤无晕彩（表 19–3）。

表 19–3　金珊瑚与漂白海藤的鉴别特征

鉴别特征 \ 品种	金珊瑚	漂白海藤
颜色	金色—金褐色	金色—金褐色
光泽	蜡状光泽	蜡状光泽
透明度	不透明	微透明—不透明
折射率	1.52	1.56
相对密度	1.82 ~ 1.97	1.20 ~ 1.33
结构	侧表面为下凹的平行纵纹，横截面处为致密层状结构，可见同心圆状纹路，中心为牙白色的“轴心”	表面布满小刺，抛光后有明显的丘疹，横截面为比较疏松的层状结构，可见明显的放射状纹理，中心为单一生长孔道，直径较大
其他	有些品种有晕彩	无晕彩

第二十章

Chapter 20

红珊瑚的质量评价

为了红珊瑚市场良性发展，为消费者提供购物参考，中国珠宝玉石首饰行业协会、国家珠宝玉石质量监督检验中心牵头制定了 DZ/T 0311—2018《宝石级红珊瑚鉴定分级》行业标准。该行业标准主要针对阿卡珊瑚、莫莫珊瑚、沙丁珊瑚三种红珊瑚的品质级别进行划分，划分因素为颜色、净度、质地、尺寸或质量、工艺。目前，国际上还没有形成公认的珊瑚分级标准体系，因此，我国珊瑚的行业标准对市场起到规范和指导作用。

第一节
珊瑚的颜色

宝石级红珊瑚的颜色评价采用目前国际上广泛采用的孟塞尔颜色体系（Munsell color system，图 20-1），该体系按色调、明度、饱和度三个属性，可以把颜色配列成一个立体形状，称为色立体。色立体的基本结构是以从黑到白等分为 11 个明度色阶的黑灰白序列为中心轴，从中心轴的水平方向向周围展开包括 10 个主要色相的等明度纯度变化序列（图 20-2），这样就构成了一个以上下垂直方向表示明度变化、以圆周的位移表示彩度变化、以某色距中心轴的远近来表示纯度变化的三维空间的立体结构。

珊瑚的颜色是珊瑚品质和价值最重要的影响因素，珊瑚颜色越饱满均匀，品质越好。根据《宝石级红珊瑚鉴定分级》行业标准，红珊瑚的颜色分为红—橙红色系列和粉—白色系列，红—橙红色系列主要有阿卡珊瑚、莫莫珊瑚、沙丁珊瑚。粉—粉白色系列主要有浅水珊瑚、深水珊瑚、白珊瑚等。

在中国珊瑚市场中，最主要为红—橙红色系列，因此我国珊瑚行业标准对红—红

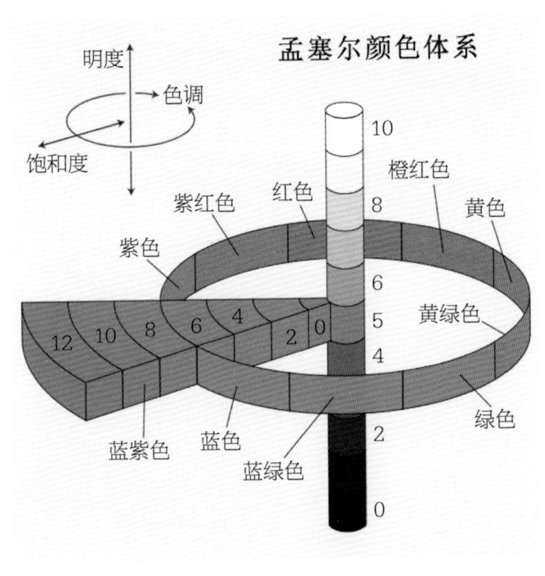

图 20-1　孟塞尔颜色体系

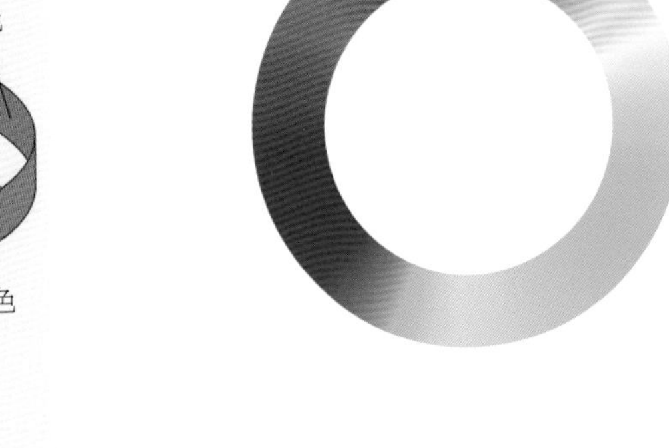

图 20-2　色相圈

橙色系列的阿卡珊瑚、莫莫珊瑚、沙丁珊瑚的颜色进行了不同的等级划分。值得注意的是，待分级珊瑚的彩度低于标样的最低级别时，则归为粉—白色珊瑚；待分级珊瑚因表面纹理出现颜色分布不均匀的现象，且不均匀程度不可忽视时，应对其差异部分进行评价。

颜色分级不同色温的光源照射到同一件宝石上所呈现的颜色不同，珊瑚分级时采用色温为 4500 ~ 5500 开尔文的光源，显色指数不低于 90。

一、阿卡珊瑚

根据阿卡珊瑚色调、彩度和明度的差异，将其划分为五个级别（表 20-1）。颜色级别依次表示为深红（DR）、浓红（IR）、艳红（VR）、红（R）、浅红（LR），见图 20-3。其中深红级别珊瑚的商贸名称为“牛血红”，价值最高（图 20-4），其他颜色明亮均匀的阿卡珊瑚也有很好的价值（图 20-5）。

表 20-1 阿卡珊瑚颜色级别及表示方法（GB/T 0311—2018）

颜色级别			色调（H）参考值	彩度（C）参考值	明度（V）参考值	肉眼观测特征
深红	DR	Deep Red	7.5R，8.75R，10R	6≤C≤10	2≤V≤3	样品主体颜色为红色，颜色浓郁饱满，极暗
浓红	IR	Intense Red	6.25R，7.5R	8≤C≤12	3＜V≤4	样品主体颜色为红色，颜色浓郁，暗
艳红	VR	Vivid Red		10≤C≤16	4＜V≤5	样品主体颜色为红色，颜色鲜艳饱满，较暗
红	R	Red	6.25R，7.5R，8.75R，10R	12≤C≤14	5＜V≤6	样品主体颜色为红色，伴有极轻微的黄色调，颜色浓淡适中，较明亮
浅红	LR	Light Red	7.5R，8.75R，10R，1.25YR，2.5YR	6≤C≤10	6≤V≤8	样品主体颜色为红色，伴有极轻微的黄色调，颜色较浅，明亮

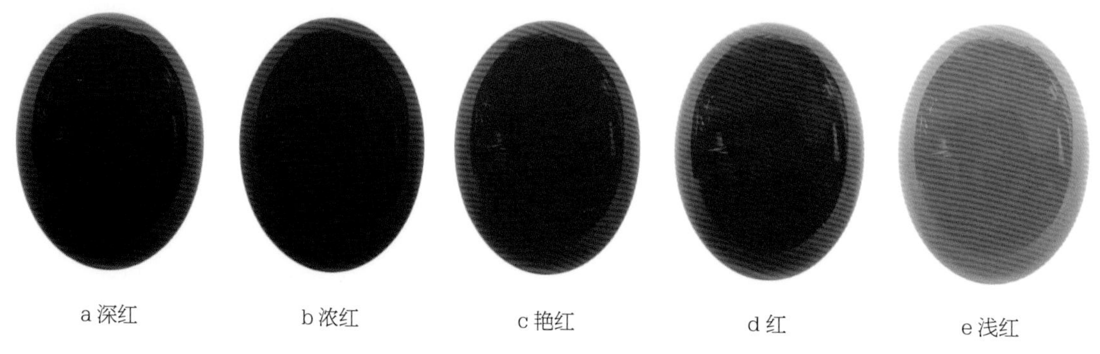

a 深红　b 浓红　c 艳红　d 红　e 浅红

图 20-3 阿卡珊瑚颜色级别

图 20-4 “牛血红”阿卡珊瑚配钻石胸坠

图 20-5 阿卡珊瑚配钻石翡翠胸针

二、莫莫珊瑚

莫莫珊瑚分为红色调与橙色调，根据莫莫珊瑚色调、彩度和明度的差异，将其划分为八个级别（表 20-2）。颜色级别依次表示为深红（DR）、浓红（IR）、艳红（VR）、红（R）、浅红（LR）、深橙红（DOR）、橙红（OR）、浅橙红（LOR）（图 20-6、图 20-7）。

表 20-2　莫莫珊瑚颜色级别及表示方法（GB/T 0311—2018）

颜色级别			色调（H）参考值	彩度（C）参考值	明度（V）参考值	肉眼观测特征
深红	DR	Deep Red	5R，6.25R，7.5R，8.75R，10R，1.25YR	8≤C≤12	3≤V≤4	样品主体颜色为红色，颜色浓郁，暗
浓红	IR	Intense Red	3.75R，5R，6.25R，7.5R，8.75R	10≤C≤14	4<V≤5	样品主体颜色为红色，颜色鲜艳饱满，较暗
艳红	VR	Vivid Red	3.75R，5R，6.25R，7.5R	10≤C≤12	5<V≤6	样品主体颜色为红色，颜色浓淡适中，较明亮
红	R	Red	5R，6.25R，7.5R	8≤C≤10	6<V≤7	样品主体颜色为红色，明亮
浅红	LR	Light Red		6≤C≤8	7<V≤8	样品主体颜色为红色，颜色较浅，明亮
深橙红	DOR	Deep Orangish Red	10R，1.25YR，2.5YR	10≤C≤14	5<V≤6	样品主体颜色为红色，伴有轻微的黄色调，颜色鲜艳饱满，较明亮
橙红	OR	Orangish Red		10≤C≤12	6<V≤7	样品主体颜色为红色，伴有轻微的黄色调，颜色浓淡适中，明亮
浅橙红	LOR	Light Orangish Red		6≤C≤10	7≤V≤8	样品主体颜色为红色，伴有黄色调，颜色较浅，明亮

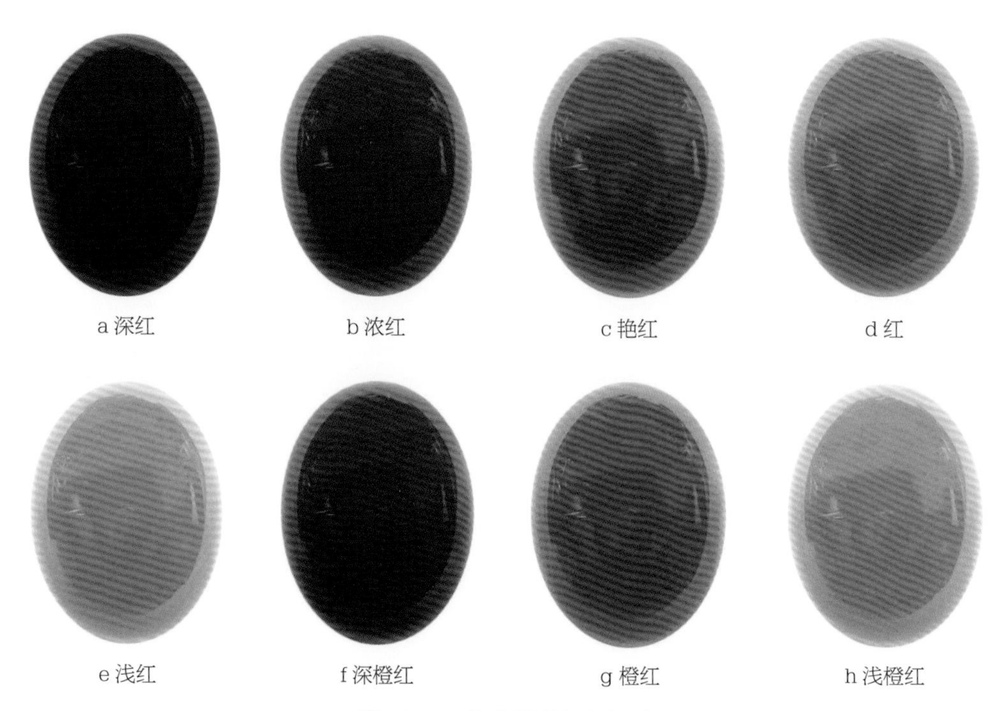

图 20-6　莫莫珊瑚颜色级别

图 20-7　橙红色莫莫珊瑚鼻烟壶

三、沙丁珊瑚

根据沙丁珊瑚色调、彩度和明度的差异，将其划分为五个级别（表 20-3）。颜色级别依次表示为深红（DR）、浓红（IR）、艳红（VR）、红（R）、浅红（LR）（图 20-8、图 20-9）。

表 20-3　沙丁珊瑚颜色级别及表示方法（GB/T 0311—2018）

<table>
<tr><th colspan="3">颜色级别</th><th>色调（H）
参考值</th><th>彩度（C）
参考值</th><th>明度（V）
参考值</th><th>肉眼观测特征</th></tr>
<tr><td>深红</td><td>DR</td><td>Deep Red</td><td>5R，6.25R，7.5R</td><td>8≤C≤12</td><td>2≤V≤3</td><td>样品主体颜色为红色，颜色浓郁，极暗</td></tr>
<tr><td>浓红</td><td>IR</td><td>Intense Red</td><td>6.25R，7.5R</td><td rowspan="3">10≤C≤14</td><td>3＜V≤4</td><td>样品主体颜色为红色，颜色鲜艳饱满，暗</td></tr>
<tr><td>艳红</td><td>VR</td><td>Vivid Red</td><td rowspan="2">6.25R，7.5R，8.75R</td><td>4＜V≤5</td><td>样品主体颜色为红色，伴有极轻微的黄色调，颜色浓淡适中，较暗</td></tr>
<tr><td>红</td><td>R</td><td>Red</td><td>5＜V≤6</td><td>样品主体颜色为红色，伴有轻微的黄色调，颜色浓淡适中，较明亮</td></tr>
<tr><td>浅红</td><td>LR</td><td>Light Red</td><td>7.5R，8.75R，10R</td><td>6≤C≤8</td><td>6≤V≤8</td><td>样品主体颜色为红色，伴有黄色调，颜色较浅，明亮</td></tr>
</table>

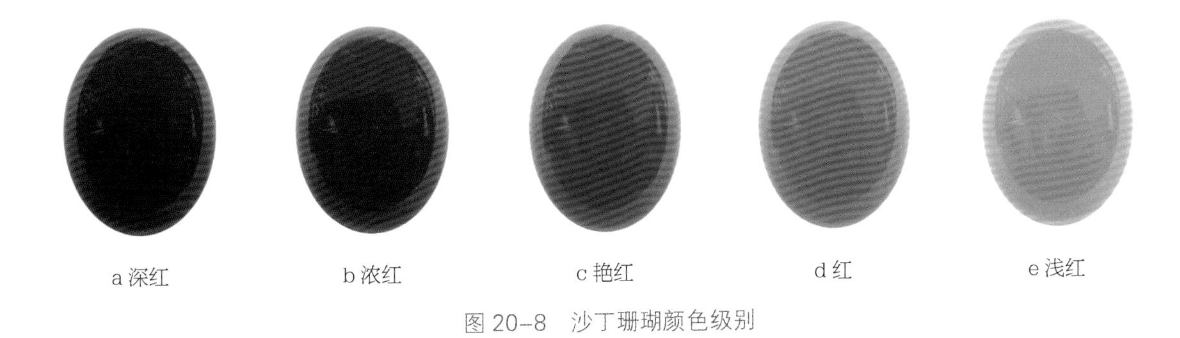

a 深红　　b 浓红　　c 艳红　　d 红　　e 浅红

图 20-8　沙丁珊瑚颜色级别

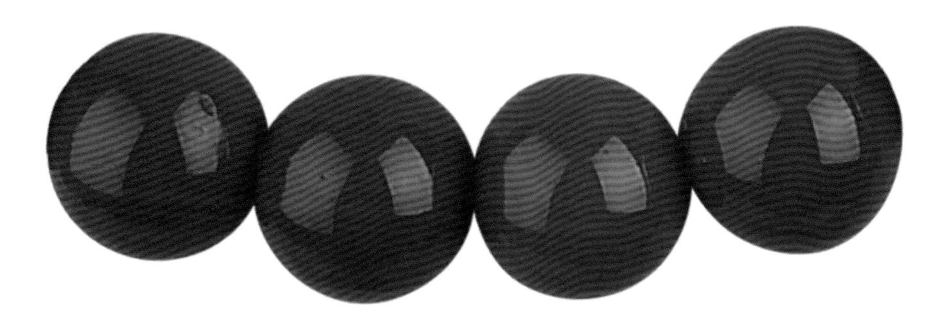

图 20-9　浓红色沙丁珊瑚珠串
（图片来源：懿德提供）

第二节

珊瑚的净度与质地

一、珊瑚的净度

根据珊瑚净度的差异，将其划分为四个级别，净度级别依次为极好（EX）、很好（VG）、好（G）、一般（F）（表20-4）。净度由瑕疵的大小、位置、数量及明显程度决定，瑕疵类型包括白点、孔洞、裂纹、包裹物、破损等（图20-10）。

孔洞：珊瑚在生长过程中形成的孔隙，或珊瑚经海水、生物侵蚀等形成的空洞，或包裹物脱落后形成的空洞等。

裂纹：珊瑚在打捞、搬运、加工等过程中，由于压力变化、受力不当、受热不均而产生的裂隙。

包裹物：在珊瑚生长过程中包裹的、可能会对珊瑚的净度产生影响的物质，如藤壶等生物的壳或砂砾等。

净度级别极好的珊瑚价值最高（图20-11），有的珊瑚表面有白点或白斑，但只要不在首饰的显著位置，对珊瑚的品质影响不大。

表20-4　红珊瑚净度分级及表示方法（GB/T 0311—2018）

净度级别	肉眼观测特征
极好（EX）	极难观察到表面瑕疵
很好（VG）	表面有非常少的瑕疵，似针点状，较难观察到
好（G）	瑕疵较明显，占表面积的四分之一以下
一般（F）	瑕疵明显，严重地占据表面积的四分之一以上

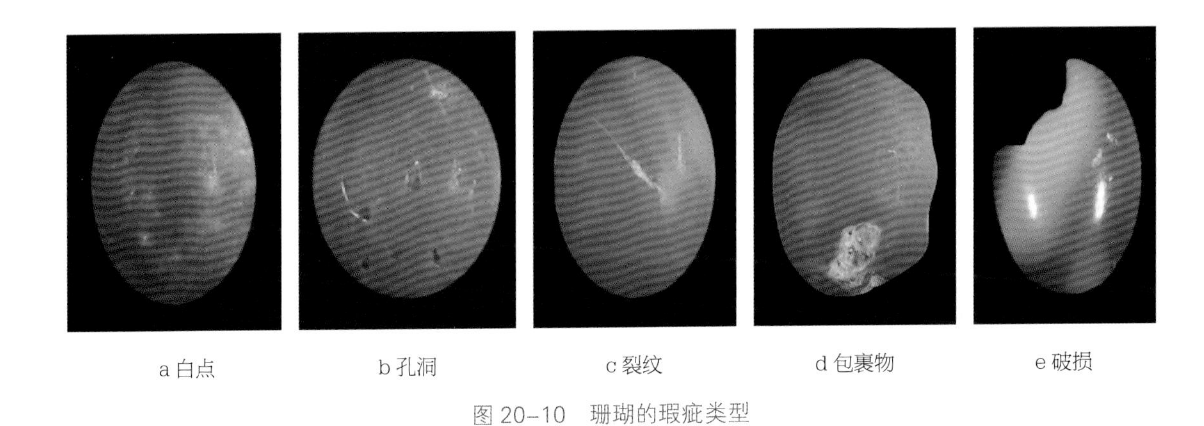

a 白点　　b 孔洞　　c 裂纹　　d 包裹物　　e 破损

图 20-10　珊瑚的瑕疵类型

图 20-11　净度极好的珊瑚配钻石戒指

二、珊瑚的质地

根据珊瑚质地的差异，将其划分为三个级别，依次为极好（EX）、好（G）、一般（F）（表 20-5）。珊瑚的结构、构造以及生长纹理的明显程度是质地的决定性因素。质地好的珊瑚细腻致密，矿物颗粒细小，10 倍放大镜下无颗粒感，抛光后光泽也较强（图

20-12、图 20-13），质地较差的珊瑚结构松散，具明显的颗粒感，光泽较差，不能作首饰用。

由于三种珊瑚质地本身就有差别，沙丁珊瑚和莫莫珊瑚质地大部分不如阿卡珊瑚，因此应将三种珊瑚分别进行质地分级。

表 20-5　红珊瑚质地级别及表示方法（GB/T 0311—2018）

品种	质地级别	肉眼观测特征
阿卡珊瑚	极好（EX）	质地极细腻，极难见生长纹理
	好（G）	质地细腻，难见生长纹理
	一般（F）	质地较细腻，较难见生长纹理
莫莫珊瑚	极好（EX）	质地细腻，难见生长纹理
	好（G）	质地较细腻，较难见生长纹理
	一般（F）	质地较粗，较易见生长纹理
沙丁珊瑚	极好（EX）	质地较细腻，较难见生长纹理
	好（G）	质地较粗，较易见生长纹理
	一般（F）	质地粗，易见生长纹理

图 20-12　质地细腻的珊瑚配钻石胸坠

图 20-13　质地细腻的珊瑚配钻石翡翠胸针

第三节

珊瑚的块度大小

珊瑚的规格大小也是影响珊瑚价值的重要因素，有尺寸测量和质量称重两种方式。大件的珊瑚常制作成摆件或雕件（图 20-14），块度较小者可用来制作小件的雕刻首饰和串珠（图 20-15、图 20-16）。大多数珊瑚打捞上岸为小枝，相同条件下（颜色、净度、切磨等），尺寸越大、质量越重的珊瑚越稀少珍贵。

一、尺寸

珊瑚圆珠以最小直径来表示，其他形状的珊瑚，包括但不限于戒面、枝条、雕件，以最大直径乘最小直径表示。用分度值不大于 0.01 毫米的量具测量，以毫米为单位的尺寸数值保留至小数点后第二位；用分度值不大于 1 毫米的量具测量，以厘米为单位的尺寸数值保留至小数点后第一位。

二、质量

采用经法定计量检定机构检定合格的计量器具称量。用分度值不大于 0.0001 克的天平测量，以克为单位的质量数值保留至小数点后第三位；用分度值不大于 10 克的天平测量，以千克为单位的质量数值保留至小数点后第二位。

图 20-14　人件珊瑚原枝摆件

图 20-15　沙丁珊瑚玫瑰花雕刻件
（图片来源：懿德提供）

图 20-16　莫莫珊瑚手串
（图片来源：懿德提供）

第四节

珊瑚的工艺

工艺评价可分为造型评价与抛光评价。自古以来玉器就有“工就料”与“料就工”的区别，宝石珊瑚也不例外。从海中打捞出的珊瑚形态各异，自然生动，大多呈树枝状、扇状等，巧妙优秀的设计和制作能给珊瑚首饰和工艺品增添不少价值（图 20-17 ~ 图 20-19）。

图 20-17　珊瑚御龙观音雕件

图 20-18　珊瑚兰花雕件

图 20-19　珊瑚白菜雕件

一、造型

由于每枝珊瑚外形和粗细都不一样，不同品种的珊瑚所具备的特性更是不尽相同，例如是否有白芯、白芯生长的位置，以及硬度与韧性的大小、光泽的强弱等，好的作品往往要结合珊瑚的特性进行设计加工。珊瑚的造型评价分为自然枝造型评价、戒面造型评价、珠子造型评价、雕件造型评价（表 20-6）。

表 20-6　造型评价要求（GB/T 0311—2018）

类别	评价要求
自然枝	树形完整、主干粗壮、枝条多而展布均匀，形态自然、多姿
戒面	腰型长宽比适中，形状对称（随形除外），弧面弧度合适，厚度适中
珠子	珠型对称、弧面圆滑、打孔正中、无凹陷
雕件	题材设计恰当、雕刻线条流畅、生动形象

二、抛光

对于珊瑚首饰及摆件的抛光总体要求为：平顺细致、亮度均匀（图 20-20）。

珊瑚的抛光质量与珊瑚的品种有很大的关联，以折射率来讲，沙丁珊瑚、莫莫珊瑚这两个品种在折射率上没有明显的差异，大多集中在 1.49 ~ 1.55。但阿卡珊瑚的折射率可以达到 1.65 左右，因此相比其他品种而言，阿卡珊瑚看起来会比较亮。

a 整体

b 局部

图 20-20　珊瑚观音净瓶雕件

第二十一章

Chapter 21

珊瑚的加工与成品类型

珊瑚分为钙质型珊瑚和角质型珊瑚，不同类型的珊瑚力学性质存在较大差异，首先分清珊瑚的类型，再确定加工方式，尤其是抛光。

珊瑚按其加工特性、品质高低和规格大小，可划分为首饰用珊瑚、摆件用珊瑚两类。

第一节 珊瑚的加工

珊瑚的加工过程主要有清洗、切割、预型、打磨、雕刻和抛光（图 21-1、图 21-2）。

一、清洗

清除杂枝后，珊瑚在正式加工前都需要经过清洗的程序，把表面的薄膜去掉，方法就是在清水中加点盐酸浸泡一段时间，然后置于清水中清洗，洗除珊瑚的表皮后才能进行后续的加工。

二、切割

珊瑚的硬度小，容易切开，但对热敏感，可用切割玉石的钢丝锯将珊瑚锯成段，还可沿平行珊瑚枝体方向从中心剖开。对于小块料则无须切割，直接进入成型机或者粗磨即可。切割时需要注意加水冷却，防止珊瑚受热损伤。

三、预型

珊瑚硬度小，使得弧面型的加工非常简单，可用小刀刮削成型，也可用粒度较细

（如 180 目的碳化硅）的砂轮旋转研磨成型，还可用玉雕机或预型机进行圈型和预型。造型时速度要慢，用力要适当，以免局部磨削过度。同样要注意冷却的问题。

四、打磨

珊瑚硬度低，磨削迅速，弧面型珊瑚可用 280 目和 400 目的碳化硅或石英砂纸或砂布完成粗磨，宜滴水用湿式砂磨法以防止发热，因过热会使得珊瑚变白。转速要慢，用力要小，然后用布轮细磨。大块的珊瑚可用手拿着打磨，而小块的珊瑚必须粘胶上杆，由于珊瑚对热敏感，最好用 502 胶或 AB 胶冷粘。珊瑚的颜色通常不均匀，表面颜色深，内部颜色浅，最好的颜色通常集中在表面，因而要尽量少磨削原料表面，以免最好的颜色部分被磨损。

五、雕刻

珊瑚质虽软但不脆，可用小刀或锉刀和各种雕刻刀具进行雕刻。首先进行粗胚雕刻，

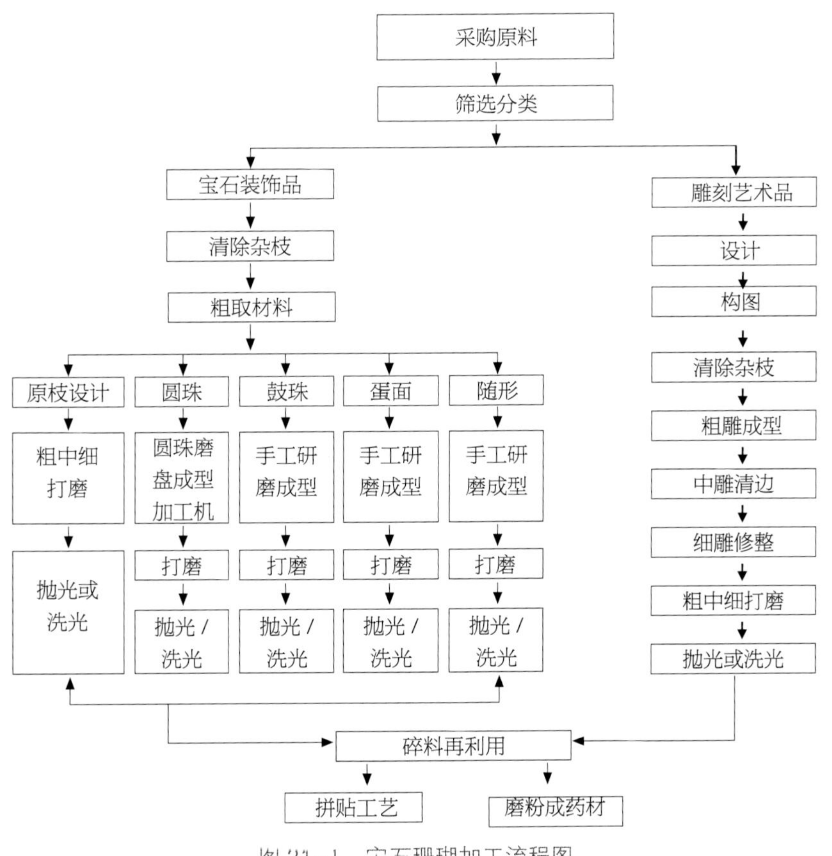

图 21-1　宝石珊瑚加工流程图
（图片来源：简弘道，2013 年修改）

然后进行精细雕刻成半成品，用于挂件的珊瑚则需钻孔。

六、抛光

抛光剂选用氧化铁或玛瑙粉，在任何一种软盘，如毛呢盘或皮革盘上进行均可使珊瑚得到良好的抛光。因为多数珊瑚存在孔洞，所以抛光时注意不要选用颜色与珊瑚体色反差较大且容易造成污染的抛光剂，有时抛光剂会残留在孔洞处难以清洗。

珊瑚原枝或雕件死角过多时，不易直接抛光，又因珊瑚的硬度较低，当加工时速度太快，造成磨削过量，也无法高度抛光。这时常采用一种特殊的“洗光”方法，即用盐酸处理方法抛光钙质型珊瑚，将细磨后的珊瑚洗净后放入清水中，加入与珊瑚重量成正比的稀盐酸一边加热一边搅拌。要注意始终保持盐酸液体的流动，否则盐酸会侵蚀珊瑚的毛细管道，进而破坏珊瑚的结构，使之变得疏松。当珊瑚的表面像被烤化流动的蜡烛一样光滑时，表明“洗光”已经完成，再注入凉水降温取出珊瑚，冲洗干净再用柔软的棉布擦干即可。

最后的珊瑚碎料可以运用拼贴工艺结合雕刻工艺，成就一件美丽的作品，或是研磨成粉入药材。

a 第一步：切割

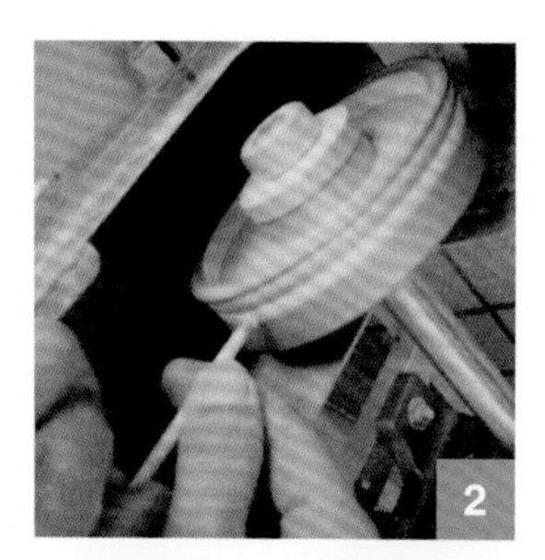

b 第二步：研磨成型

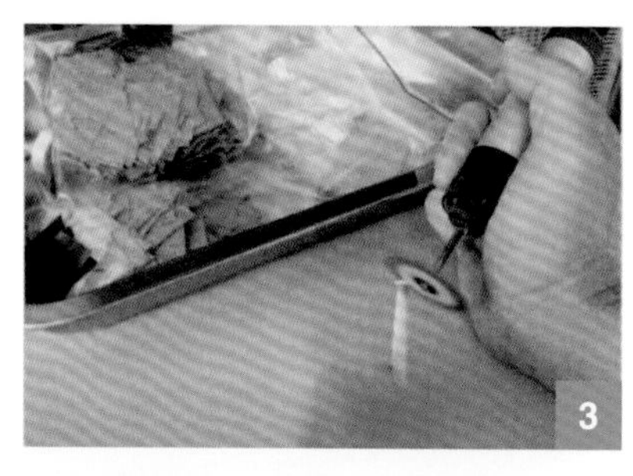

c 第三步：粗磨、中磨和细磨

d 第四步：抛光

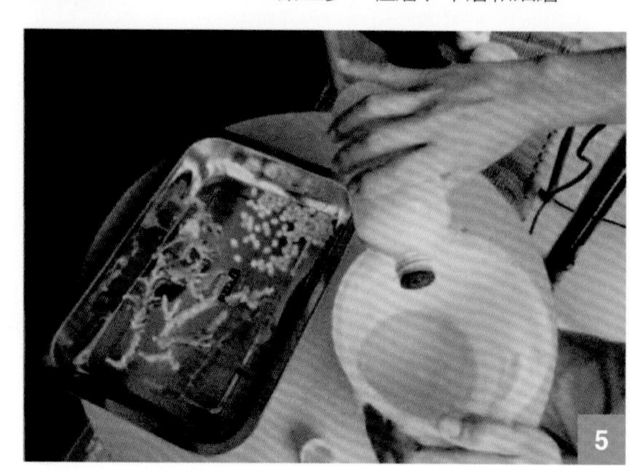

e 第五步：洗光

图 21–2　珊瑚的加工过程
（图片来源：简宏道，2013）

第二节

珊瑚的成品类型

近些年来，中国珠宝首饰的消费结构正在发生变化，珠宝首饰的装饰功能远远超过了原有的保值功能，更多地体现出艺术性。根据珊瑚的装饰功能，珊瑚的成品主要有珊瑚首饰、珊瑚摆件等。

一、珊瑚首饰

在众多珠宝玉石品种中，作为三大有机宝石之一的珊瑚，以其自身独特的颜色、光泽、形态、成因、文化而有别于其他珠宝玉石。稀有、美丽、典雅的宝石级珊瑚，充当着人与海洋生命之间的使者，记录了大自然生命演化的进程。她用独特的生命色彩来装点人生，成为女性在挑选珠宝首饰时的佳选。

一块好的宝石珊瑚成品来之不易，除了精细的工艺、精湛的雕工，好的设计同样不可或缺。经工匠加工完成的宝石珊瑚，再由极富巧思的设计师为其量身定制华丽外衣，方能成为高贵的珊瑚首饰（图 21-3）。

图 21-3　珊瑚配钻石手链
（图片来源：摄于故宫博物院卡地亚珠宝展）

品质优颜色好的珊瑚枝，只需抛光就可直接用来镶嵌成胸坠和胸针（图 21-4）。正所谓料尽其用，小断枝或边角余料则常用来琢磨成弧面型戒面和珊瑚珠，最常见为圆形珠和卵形珠，可用来镶嵌成戒指（图 21-5）、胸针（图 21-6）、胸坠（图 21-7）和耳坠（图 21-8），或串成念珠、手链和项链等首饰。

图 21-4　镶嵌阿卡珊瑚枝胸针
（图片来源：王礼胜提供）

图 21-5　珊瑚戒指

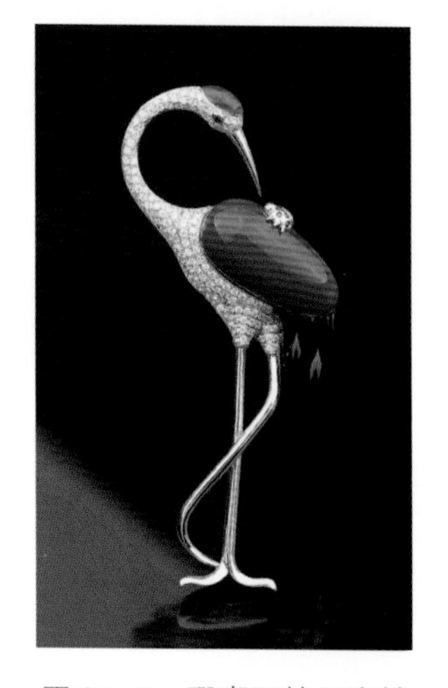

图 21-6　珊瑚配钻石胸针

图 21-7　珊瑚配钻石胸坠

图 21-8　珊瑚配钻石翡翠耳坠

有许多质优色好的小珊瑚残枝也用来雕刻成玫瑰花型或其他小型雕件（图 21-9），用来镶嵌成胸坠、饰针和耳环等，或串成项链或手串（图 21-10）。

图 21-9　莫莫珊瑚雕龙纹珠
（图片来源：王礼胜提供）

图 21-10　珊瑚雕珠项链

二、珊瑚摆件

珊瑚枝完整高大者可用来制作原枝摆件或雕件（图 21-11）。珊瑚原枝的形成要经过漫长的岁月，体积大的原枝摆件非常稀有（图 21-12）。优质的原枝摆件枝体造型自然完整，树形主干粗壮、枝条多而展布均匀且富有变化。

图 21-11　珊瑚原枝摆件及雕件

图 21-12　珊瑚原枝摆件

对于雕刻类珊瑚摆件来说，雕刻师会尽量以不损耗珊瑚的重量为主，顺着珊瑚的形状来雕刻，并巧妙地运用恰当的设计题材掩盖原料缺陷。优秀的设计与工艺能为珊瑚作品赋予更高的艺术价值（图 21-13 ~图 21-16）。

图 21-13　观音珊瑚雕件（第五届玉石雕刻陆子冈杯精品展作品《赏梅》）

图 21-14　珊瑚观音雕件

图 21-15　珊瑚童子闹佛雕件

图 21-16　珊瑚童子观音雕件

还有一种珊瑚摆件，是运用珊瑚的切片或碎片去粘贴、拼接、修补的工艺，结合珊瑚雕刻，把优质的珊瑚片料组合成赏心悦目的珊瑚摆件作品。这种工艺突破了珊瑚自然形态的限制，实现了珊瑚造像更多的可能性（图 21-17）。

图 21-17　珊瑚金銮宝塔

第三节

珊瑚的保养维护

宝石级珊瑚大多生长在亚热带和热带海域，从海底打捞上来后，陆地环境的湿度低于海底环境，使得珊瑚容易失去光泽，显得暗淡。作为有机宝石家族中的珍贵一员，珊瑚容易在佩戴过程中受到人为的损伤，所以对珊瑚首饰要精心保养和呵护，才能保持住柔美的光泽和鲜亮的颜色。

一、避免酸碱

无论是钙质珊瑚还是角质珊瑚，其成分中都含有碳酸钙，所以在酸性或碱性环境中，珊瑚都容易受到侵蚀。弱酸性的人体汗液会使珊瑚表面发生不可逆转的反应，颜色会变得暗淡、表面光泽减弱，甚至会留下白色的痕迹，因此在夏日佩戴珊瑚格外需要护理和保养。此外，尽量避免珊瑚与肥皂水、化妆品等有直接的接触。

二、避免碰撞或摩擦

钙质珊瑚的摩氏硬度为 3 ~ 4.5，角质珊瑚的摩氏硬度只有 2 ~ 3，比日常物品如玻璃和金属的硬度都要低，受到碰撞或摩擦易产生不可逆转的损伤，因此在佩戴珊瑚首饰时需要格外小心。另外，污浊空气中的微小颗粒也会附着在珊瑚表面或者孔洞中，这些颗粒与珊瑚长期相互摩擦，也会使珊瑚失去光泽。

三、放置与保存

通过一段时间的佩戴，可用纯净水将珊瑚擦拭，需用软布轻轻擦拭珊瑚，拭去其表面的污渍，继续佩戴或存放在温度适宜、安全的环境中。避免在阳光下暴晒，由于珊瑚多孔隙，暴晒会使珊瑚失去水分，导致珊瑚光泽暗淡。如果长期不佩戴珊瑚首饰，可在其表面涂上一层液态蜡，再用塑封袋密封保存。

四、修复

若珊瑚表面出现严重损伤，或者发污变脏，可以到信誉好、专业性强的珠宝商家进行专业的修复。但是修复后的珊瑚可能会变小，所以最好能做到好好爱惜、悉心保养，胜过事后补救。

参考文献

第一篇 珍珠

[1] 代会茹，苏隽，房杰生，等. “爱迪生”淡水有核珍珠的鉴定特征［J］. 宝石和宝石学杂志，2016（18）：18-23.
[2] 高亚峰. 天然珍珠、养殖珍珠及仿制品的鉴赏［J］. 珠宝科技，1999（1）：18-19.
[3] 郭守国. 珍珠——成功与华贵的象征［M］. 上海：上海文化出版社，2004.
[4] 何乃华. 珍珠鉴赏［M］. 北京：地质出版社，2001.
[5] 华夫. 中国古代名物大典（下）珠玉部·珠［M］. 济南：济南出版社，1993.
[6] 赖旺，李举子，罗理婷. 宝石镶嵌技法［M］. 上海：上海人民美术出版社，2011.
[7] 兰延，张珠福，张天阳. X 荧光能谱技术鉴别淡水珍珠和海水珍珠的应用［J］. 宝石和宝石学杂志，2010，12（4）：31-35.
[8] 李家乐，刘越. 影响养殖珍珠质量的主要因子［J］. 水产学报，2011，35（11）：1753-1760.
[9] 李立平，陈钟惠. 养殖珍珠的辐照处理［J］. 宝石和宝石学杂志，2002（4）：16-21.
[10] 李立平. 海水及淡水养殖珍珠的物质组成［J］. 地球科学：中国地质大学学报，2009（9）：752-758.
[11] 凌艳华. 珍珠饰品的正确佩戴与日常护理［J］. 中国宝玉石，2012（4）：110-111.
[12] 刘道荣，丛桂新，王玉民. 珠宝首饰镶嵌学［M］. 武汉：中国地质大学出版社，2011.
[13] 刘雯雯，李立平. 珍珠的金黄色染色工艺及染色珍珠的鉴定［J］. 宝石和宝石学杂志，2007，9（4）：33-36.
[14] 马红艳. 海水珍珠微结构棱柱层的新认识［J］. 矿物学报，2003，23（3）：241-244.
[15] 潘炳炎. 我国珍珠历史的考证［J］. 水产养殖，1998（02）：263-271.
[16] 蒲利云. 俯首拾珠——我国珍珠利用的历史［J］. 生命世界杂志，2008（6）：262-271.
[17] 亓利剑，黄艺兰，曾春光. 各类金色海水珍珠的呈色属性及 UV-NIS 反射光谱［J］. 宝石和宝石学杂志，2008，10（4）：1-8.
[18] 秦作路，马红艳，木士春，等. 优质淡水珍珠的体色及其与拉曼光谱的关系［J］. 矿物学报，2007，27（1）：73-76.
[19] 沙拿利，张晓辉. 珍珠［M］. 北京：地质出版社，2013.
[20] 沈澍农. 真朱与真珠的名称沿革与古今错乱考［J］. 中华医史杂志，2000（1）：9-13.

[21] 史凌云，郭守国，杨明月. 珍珠染色技术的研究 [J]. 珠宝科技，2003，15 (1)：58-60.
[22] 童银洪，邓陈茂，陈敬中. 中国珍珠业的历史、现状和发展 [J]. 中国宝玉石，2005 (3)：27-30.
[23] 童银洪，杜晓东，黄海立. 珍珠珠核材料的历史、现状和发展 [J]. 中国宝玉石，2008 (6)：44-49.
[24] 王方. 异形材质饰品化设计——浅谈异形珍珠的首饰设计 [C]. 中国珠宝首饰学术交流会论文集，2013.
[25] 伊丽莎白 · 奥尔弗. 首饰设计 [M]. 刘超，甘治欣，译. 北京：中国纺织出版社，2004.
[26] 作者不详. 月上宝石，"皇后" 归来 [J]. 浙江工艺美术，2013 (9)：32-36.
[27] 张蓓莉，陈华，孙凤民. 珠宝首饰评估 [M]. 北京：地质出版社，2000.
[28] 张蓓莉. 系统宝石学 [M]. 北京：地质出版社，2006.
[29] 张恩，邢铭，彭明生. 珍珠的成分特点研究 [J]. 岩石矿物学杂志，2007，26 (4)：382-386.
[30] 张根芳. 河蚌育珠学 [M]. 北京：中国农业出版社，2005.
[31] 张军. 东珠朝珠 [J]. 紫禁城，2001 (1)：19-20.
[32] 张艳苹，童银洪，杜晓东. 染色对海水珍珠结构和光泽的影响 [J]. 宝石和宝石学杂志，2011，13 (3)：12-17.
[33] 赵前良. 第二讲　珍珠形成的原理和结构 [J]. 珠宝科技，1991 (2)：73-75.
[34] 赵前良. 珍珠的历史及其现状 [J]. 珠宝，1991 (1)：59-61.
[35] 郑全英，毛叶盟. 海水珍珠与淡水珍珠的成分、药理作用及功效 [J]. 上海中医药杂志，2004，38 (3)：54-55.
[36] 周佩玲，杨忠耀. 有机宝石学 [M]. 武汉：中国地质大学出版社，2005.
[37] 周佩玲. 珍珠——珠宝皇后 [M]. 北京：地质出版社，1994.
[38] 全国珠宝玉石标准化技术委员会. 珠宝玉石　名称：GB/T 16552—2017[S]. 2017.
[39] 全国珠宝玉石标准化技术委员会. 珠宝玉石　鉴定：GB/T 16553—2017[S]. 2017.
[40] 全国首饰标准化技术委员会. 珍珠分级：GB/T 18781—2008[S]. 2008.
[41] 全国水产标准化技术委员会珍珠分技术委员会. 海水育珠品种及其珍珠分类：GB/T 35940—2018 [S]. 2018.
[42] 全国水产标准化技术委员会珍珠分技术委员会. 淡水育珠品种及其珍珠分类：GB/T 37063—2018 [S]. 2018.
[43] Andy Muller. Cultured South Sea Pearls [J]. [2021-01-28] Gems & Gemology, 1999, 36 (3): 77-79.
[44] CIBJO. CIBJO Pearl Guide [DB/OL]. [2021-04-28]. http://www.cibjo.org/cibjo-pearl-guide.
[45] Cuif. Shape. Structure and Colors of Polynesian pearls [J]. The Australian gemologist, 1996 (19): 205-210.
[46] Douglas Mclaurin. Pearl and Pearl Oyster in the Gulf of Califonia, Mexico [J]. The Australian gemologist, 1997.
[47] E J Gubelin. An Attempt to Explain the Instigation of the Formation of the Natural Pearl [J]. Journal of gemology, 1995, 24 (8): 539-545.
[48] Fred Ward. Pearls [M]. CA: Gem Book Publishers, 1998.
[49] GIA. Pearl Care and Cleaning Guide [DB/OL]. [2021-04-28]. http://www.gia.edu/pearl-

care-cleaning.
[50] GIA. Pearl Quality Factorse [DB/OL]. [2021-04-28]. https://www.gia.edu/pearl-quality-factor.
[51] Gilles Le Moullac, Claude Soyez, Chin-Long Ky. Low energy cost for cultured pearl formation in grafted chimeric Pinctada margaritifera [J]. Scientific Reports, 2018 (7520) .
[52] Habermann D, Banerjee A, Meijer J, et al. Investigation of Manganese in Salt and Freshwater Pearls [J]. Nuclear Instruments and Methods in Physics Research B, 2001, 181 (1): 739-743.
[53] Kim Y C, Choi H, Lee B, et al. Identification of Irradiated Southsea Cultured Pearls Using Electron Spin Resonance Spectroscopy [J]. Gems & Gemology, 2012,48 (4): 292-299.
[54] Kripa V, Mohamed K S, Appukuttan K K, et al. Production of Akoya Pearls from the Southwest Coast of India [J]. Aquaculture, 2007, 262 (2): 347-354.
[55] Liu Y,Hurwit K N, L Tian. Relationship Between the Groove Density of the Grating Structure and the Strength of Iridescence in Mollusc Shells [J]. Australian Gemmologist, 2003, 21 (10): 405-407.
[56] Maggie Campbell Pedersen. Gem And Ornamental Material of Orgabic Origin [J]. Burlington: Butterworth-Heinemann Publication, 2004.
[57] Notes from the Gem and Pearl Testing Laboratory [J]. Journal of gemology, 1995, 24 (6): 401.
[58] Pearl Science Laboratory. Discrimination [DB/OL]. [2021-04-28]. https://www.sinjuken.co.jp/discrimination.
[59] Robert Wan. The Tahitian Cultured Pearl: Past, Present, and Future [J]. Gems & Gemology, 1999, 36 (3): 76.
[60] Shane Elen. Spectral Reflectance and Fluorescence Characteristics of Natural-Color and Heat-Treated “Golden” South Sea Cultured Pearls [J]. Gems and Gemology, 2001 (2): 114.
[61] Shigeru Akamatsu. The current status of Chinese freshwater cultured pearls [J]. Gems & Gemology, 2001 (2): 96-109.
[62] Shigeru Akamatsu. The Present and Future of Akoya Cultured Pearls [J]. Gems & gemology, 1999 (4): 73-79.
[63] Stephen J Kennedy, et al. The Hope Pearl [J]. The Journal of Gemmology, 2001, 27 (5): 265-274.

第二篇　琥珀

[1] 边昭明. 缅甸琥珀的宝石学特征分析 [J]. 中国宝玉石，2014 (S1): 158-165.
[2] 曹克清. 琥珀 [J]. 上海地质，2000，73 (1): 15-23.
[3] 传奇翰墨编委会. 琥珀之路：大国崛起 [M]. 北京：北京理工大学出版社，2011.

[4] 陈彩凤，王安东．珠宝材料概论 [M]．北京：中国轻工业出版社，2012.
[5] 陈培嘉，曹姝旻．蓝珀的特征及颜色成因研究 [J]．宝石和宝石学杂志，2004，6（1）：20-21.
[6] 董雅洁．几种不同产地琥珀及其仿制品的宝石学和谱学特征研究 [D]．北京：中国地质大学（北京），2013.
[7] 洪友崇．中国琥珀昆虫图志 [M]．郑州：河南科学技术出版社，2002.
[8] 李海波，梁洁，陆太进，等．贴皮琥珀的鉴定特征 [C]// 2013 中国珠宝首饰学术交流会论文集，2013.
[9] 李海波，陆太进，沈美冬，等．不同时期再造琥珀的微细结构对比及鉴定 [J]．宝石和宝石学杂志，2012，14（2）：36-39.
[10] 李江彦．琥珀：人鱼的眼泪 [M]．重庆：重庆出版社，2007.
[11] 刘自强．宝石加工工艺学 [M]．武汉：中国地质大学出版社，2011.
[12] 路凤香，桑隆康．岩石学 [M]．北京：地质出版社，2006.
[13] 吕林素．实用宝石加工技法 [M]．北京：化学工业出版社，2007.
[14] 马扬威，张蓓莉，柯捷．压制处理琥珀的鉴定 [J]．宝石和宝石学杂志，2006，8（1）：21.
[15] 孟凡巍．琥珀的前世今生 [J]．生物进化，2009（3）：29-34.
[16] 彭国祯，朱莉．多米尼加琥珀 [J]．宝石和宝石学杂志，2006，8（3）：32-35.
[17] 帅长春，尹作为，薛秦芳，等．缅甸琥珀“留光”效应和变色效应的谱学特征 [J]．光谱学与光谱分析，2020（4）：1174-1178.
[18] 沈锡田．立陶宛波罗的海琥珀工厂参访记 [J]．宝石和宝石学杂志，2016，18（1）：72-75.
[19] 施光海，张睿，David A. Grimaldi 等．缅甸琥珀的特征及年龄确定 [C]．2012 国际珠宝学术年会．北京：中国地质大学，2012.
[20] 孙汉董．二萜化学 [M]．北京：化学工业出版社，2012.
[21] 王徽枢．辽宁抚顺煤田琥珀的矿物学特征 [J]．国外非金属矿与宝石，1990（5）：47-50.
[22] 王昶，申柯娅．中国古代对琥珀的认识 [J]．超硬材料工程，1998（1）：38-45.
[23] 王雅玫，杨明星，杨一萍，等．鉴定热处理琥珀的关键证据 [J]．宝石和宝石学杂志，2010，12（4）：25-30.
[24] 王雅玫，杨明星，牛盼．不同产地琥珀有机元素组成及变化规律研究 [J]．宝石和宝石学杂志，2014（2）：10-16.
[25] 肖秀梅．琥珀图鉴：琥珀鉴赏与选购 [M]．北京：化学工业出版社，2010.
[26] 徐红奕，杨如增，李敏捷，等．琥珀的有机元素分析 [J]．宝石和宝石学杂志，2007，9（1）：12-14.
[27] 姚志光，白剑臣，郭俊峰．高分子化学 [M]．北京：北京理工大学出版社，2013.
[28] 杨一萍，王雅玫．琥珀与柯巴树脂的有机成分及其谱学特征综述 [J]．宝石和宝石学杂志，2010，12（1）：16-22.
[29] 杨颖．格但斯克琥珀之旅 [J]．中国宝石，2011（7）：158-163.
[30] 于春敏．浅谈我国琥珀市场现状 [J]．中国宝石，2016（2）：122-125.
[31] 张蓓莉．系统宝石学 [M]．北京：地质出版社，2006.
[32] 章鸿钊．石雅 [M]．北京：百花文艺出版社，2010.
[33] 钟华邦．中国的琥珀资源 [J]．宝石和宝石学杂志，2003，5（2）：33.
[34] 周佩玲，杨忠耀．有机宝石学 [M]．武汉：中国地质大学出版社，2004.
[35] 全国珠宝玉石标准化技术委员会．珠宝玉石　名称：GB/T 16552—2017[S]．2017.

[36] 全国珠宝玉石标准化技术委员会．珠宝玉石　鉴定：GB/T 16553—2017[S]．2017.
[37] Abduriyim A，Kimura H，Yokoyama Y，et al. Characterization of "Green Amber" With Infrared and Nuclear Magnetic Resonance Spectroscopy [J]．Gems & Gemology，2009，45(3)：158–177.
[38] Anderson K B，Crelling J C . Amber，Resinite，and Fossil Resins [M]．Washington：American Chemical Society，1995.
[39] Andrew Ross. Amber：the natural time capsule [M]．Richmond Hill：Firefly Books Ltd.，2010.
[40] Bellani V，Giulotto E，Linati L，et al. Origin of the blue fluorescence in Dominican amber [J]．Journal of applied physics，2005，97(1)：016101–016101–2.
[41] Bray P S，Anderson K B. Identification of Carboniferous (320 million years old) classic amber [J]．Science，2009，326 (5949)：132–134.
[42] Cai C，Leschen R，Hibbett D S，et al. Mycophagous rove beetles highlight diverse mushrooms in the Cretaceous [J]．Nature Communications，2017 (8)：94，148.
[43] Michael S Engel，David A Grimaldi. New light shed on the oldest insect [J]．Nature，2004，427 (6975)：627–630.
[44] Hirth F. China and the Roman Orient：Researches into Their Ancient and Medieval Relations as Represented in Old Chinese Records [J]．Journal of the American Oriental Society，1967，87 (2)：219.
[45] Iturralde–Vinent M A. Geology of the amber–bearing deposits of the Greater Antilles [J]．Caribbean Journal of Science，2001，37 (3)：141–167.
[46] Klein B E. A comprehensive etymological dictionary of the English Language：Dealing with the origin of words and their sense development thus illustrating the history of civilization and culture / Ernest Klein [M]．Netherlands：Elsevier Pub. Co.，1971.
[47] Lambert J B，Santiago - Blay J A，Anderson K B. Chemical signatures of fossilized resins and recent plant exudates [J]．Angewandte Chemie，2008，47 (50)：9608–9616.
[48] MJ Czajkowski. Amber from the Baltic [J]．Merican Geologist，2009，17 (2)：86–92.
[49] Penney D. Miocene spiders in Dominican amber (Oonopidae，Mysmenidae) [J]．Palaeontology，2000，43 (2)：343–357.
[50] Rice C M，Ashcroft W A，Batten D J，et al. A Devonian auriferous hot spring system，Rhynie，Scotland [J]．Journal of the Geological Society，1995，152 (2)：229–250.
[51] Rice P C. Amber，the golden gem of the ages [M]．New York：Van Nostrand Reinhold Co.，1980.
[52] Samolin R. The Golden Peaches of Samarkand [J]．Journal of the American Oriental Society，1965，85 (2)：211.
[53] Xing L，Mckellar R C，Wang M，et al. Mummified precocial bird wings in mid–Cretaceous Burmese amber [J]．Nature Communications，2016 (7)：12089.
[54] Xing L，Mckellar R C，Xu X，et al. A Feathered Dinosaur Tail with Primitive Plumage Trapped in Mid–Cretaceous Amber [J]．Current Biology，2016，26 (24)：3352–3360.

[55] Yan Liu, Guanghai Shi, Shen Wang. Color Phenomena of Blue Amber [J]. Gems & Gemology, 2014, 50 (2): 134-140.
[56] Villanueva-García M, Martínez-Richa A, Robles J. Assignment of vibrational spectra of labdatriene derivatives and ambers: A combined experimental and density functional theoretical study [J]. Arkivoc, 2005 (6): 449-458.

第三篇　珊瑚

[1] 安晓华. 珊瑚礁及其生态系统的特征 [J]. 海洋信息，2003 (3)：19-21.
[2] 陈连庆. 公元七世纪以前中国史上的大秦与拂菻 [J]. 社会科学战线，1982 (1)：106-115.
[3] 陈雨帆，李立平，简宏道. 我国珠宝市场中几种低价钙质珊瑚特征探讨 [J]. 宝石和宝石学杂志，2010，12 (2)：16-20.
[4] 崔树增.《大正新修大藏经》所见唐代佛教典籍中的外来宝石研究 [D]. 重庆：西南大学，2018.
[5] 戴铸明. 台湾珊瑚——世之瑰宝 [J]. 宝石和宝石学杂志，2008 (3)：49-50.
[6] 单峰，林佳蓉. 红珊瑚鉴真与收藏入门 [M]. 北京：印刷工业出版社，2014.
[7] 范陆薇，杨明星，王方正. 瘦长红珊瑚的微尺度结构特征 [J]. 宝石和宝石学杂志，2008 (2)：9-12，2.
[8] 范陆薇，杨明星. 红珊瑚的结构特征研究进展 [J]. 宝石和宝石学杂志，2009，11 (4)：15-19.
[9] 方力行. 珊瑚学：兼论台湾的珊瑚资源 [M]. 台北：教育当局大学联合出版委员会，1989.
[10] 高岩，张辉. 天然及染色红珊瑚的拉曼光谱研究 [J]. 宝石和宝石学杂志，2002 (4)：20-23.
[11] 简宏道. 宝石珊瑚工艺与保养 [J]. 中国宝石，2013 (11)：100-105.
[12] 江静波，等. 无脊椎动物学 [M]. 北京：高等教育出版社，1965.
[13] 姜峰，陈明茹，杨圣云. 福建东山造礁石珊瑚资源现状及其保护 [J]. 资源科学，2011，33 (2)：364-371.
[14] 赖萌，杨如增. 黑珊瑚与海藤微生长结构的差异性及鉴定 [J]. 宝石和宝石学杂志，2014 (6)：14-20.
[15] 李海波，岳周旌，梁洁，等. 拼合珊瑚的鉴定特征 [J]. 宝石和宝石学杂志，2014，16 (5)：44-48.
[16] 李宏博，吕林素，章西焕. 珊瑚的加工技法 [J]. 中国宝玉石，2007 (2)：72-74.
[17] 李立平，李姝萱，燕唯佳，等. 角质珊瑚的品种及鉴别特征 [C]. 中国地质大学. 2012 国际珠宝学术年会论文集，2012：2-10.
[18] 马遇伯，简宏道. 黑珊瑚、金珊瑚及海藤的鉴别特征 [J]. 宝石和宝石学杂志，2012，14(4)：1-10.
[19] 李琳清，简宏道. 宝石珊瑚系列中的黑珊瑚 [J]. 中国宝玉石，2012 (S1)：146-153.
[20] 李玉霖，狄敬如. 角质型金珊瑚与黑珊瑚的宝石学特征研究 [J]. 宝石和宝石学杂志，2009，11(2)：15-19.
[21] 梁景芬，曾昭璇. 中国现代浅水造礁珊瑚地理分布概述 [J]. 海洋科技资料，1980 (4)：75-117.
[22] 廖宝丽，张良钜，雷威. 海南黑珊瑚的宝石学特征 [J]. 桂林工学院学报，2009，29 (1)：136-139.
[23] 任进. 珠宝首饰设计基础 [M]. 武汉：中国地质大学出版社，2011.

[24] 吴勇．新疆尼雅遗址出土的珊瑚及相关问题 [J]．西域研究，1998 (4)：48-54.
[25] 肖秀梅．珊瑚图鉴：珊瑚鉴赏与选购 [M]．北京：化学工业出版社，2010.
[26] 许人和．珊瑚和珊瑚的骨骼 [J]．生物学通报，1988 (8)：22-23.
[27] 燕唯佳．角质珊瑚和钙质红珊瑚、金珊瑚的宝石学特征对比研究 [D]．武汉：中国地质大学 (武汉)，2013.
[28] 杨幸何．珊瑚东传与珊瑚文化 [J]．中山大学研究生学刊 (社会科学版)，2008 (4)：38-48.
[29] 张蓓莉，陈华，孙凤民．珠宝首饰评估 [M]．北京：地质出版社，2018.
[30] 张蓓莉．系统宝石学 [M]．北京：地质出版社，2006.
[31] 张欣，杨明星，付静，等．台湾瘦长红珊瑚的纳微结构特征 [J]．宝石和宝石学杂志，2012，14 (2)：1-7.
[32] 张旭光．红珊瑚收藏投资完全指南 [M]．北京：北京联合出版社，2014.
[33] 周佩玲，杨忠耀．有机宝石学 [M]．武汉：中国地质大学出版社，2004.
[34] 邹仁林．红珊瑚 [M]．北京：科学出版社，1993.
[35] 国土资源部全国国土资源标准化技术委员会．宝石级红珊瑚鉴定分级：DZ/T 0311—2018 [S]．2018.
[36] 全国珠宝玉石标准化技术委员会．珠宝玉石　名称：GB/T 16552—2017[S]．2017.
[37] Bersani Danilo, Lottici Pier Paolo. Applications of Raman spectroscopy to gemology [J]. Analytical & Bioanalytical Chemistry, 2010, 397 (7): 2631-2646.
[38] Christopher P S, Shane F McClure, Sally Eaton-Magana, et al. Pink-red coral: A guide to determining origin of color [J]. Gem& Gemology, 2007, 43 (1): 4-15.
[39] Gagan Choudhary. Dyed Bone as a Red Coral Imitation [J]. Gems & Gemology, 2014, 50 (2): 164-166.
[40] Gagan Choudhary. Orangy pink coated "soft coral" [J]. Gems & Gemology, 2013, 49 (2): 121.
[41] Georgios Tsounis, Sergio Rossi, Josep-Maria Gili, et al. Red Coral Fishery at the Costa Brava (NW Mediterranean): Case Study of an Overharvested Precious Coral [J]. Ecosystems, 2007, 10 (6): 975-986.
[42] JIK, Maha Tannou. Interesting Red Coral [J]. Gems & Gemology, 2003, 39 (4): 315.
[43] Li H, Yue Z, Liang J, et al. Composite Coral Veneer Glued to Artificial Matrix [J]. Gems & Gemology, 2014, 50 (2): 163-164.
[44] Liverino B. Redcoral: jewel of the sea [M]. Bologna: Malvasia Analisi Trend, 1989.
[45] Rockwell, Kimberly M. Composite of coral and plastic [J]. Gems & Gemology, 2008, 44 (3): 253.
[46] Stefanos Karampelas, Emmanuel Fritsch, Benjamin Rondeau, et al. Identification of the Endangered Pink-to-Red Stylaster Corals by Raman Spectroscopy [J]. Gems&Gemology, 2009, 45 (1): 48-52.
[47] Su J, Lu T J, Song Z H. A composite coral bangle [J]. Gems&Gemology, 2010, 46 (2): 158-159.
[48] Torntore, Susan J. Precious Red Coral: Markets and Meanings [J]. BEADS: Journal of the Society of Bead Researchers, 2015 (6): 3-16.